普通高等学校"十三五"数字化建设规划教材

大学物理学

（第二册）

主　编　　鲁耿彪　黄祖洪

主　审　　唐立军

北京大学出版社

PEKING UNIVERSITY PRESS

内 容 简 介

本书是为适应当前教学改革的需要,根据教育部高等学校物理学与天文学教学指导委员会非物理类专业物理基础课程教学指导分委员会制定的《理工科类大学物理课程教学基本要求》(2010 年版),结合编者多年的教学实践和教学改革经验编写而成的.

全书分三册,共 19 章.教材编写力求简明凝练,内容的深度、难度适中,结构由经典物理过渡到近代物理,重在基本训练、实用.同时,本教材针对各类学校及不同专业对物理知识要求的差异做了适当的安排,以适应不同的要求.

本书可作为高等学校理工科类大学物理课程的教材.

本书配套云资源使用说明

本书配有网络云资源,资源类型包括:阅读材料、名家简介、动画视频和应用拓展.

一、资源说明

1. 阅读材料:介绍一些高新技术所蕴含的基础物理原理,对一些相关知识进一步阐述,有利于学生开阔视野、了解物理学与科学技术的紧密联系,激发学生的求知欲.

2. 名家简介:提供相关科学家的简介,加深学生对科学发展史的了解,从而提高学生对物理的认识,以及学习物理的兴趣.

3. 动画视频:针对重要知识点、抽象内容,提供相关演示动画,便于学生理解和掌握.

4. 应用拓展:结合具体应用场景,针对应用物理知识进行拓展.

二、使用方法

1. 打开微信的"扫一扫"功能,扫描关注公众号(公众号二维码见封底).

2. 点击公众号页面内的"激活课程".

3. 刮开激活码涂层,扫描激活云资源(激活码见封底).

4. 激活成功后,扫描书中的二维码,即可直接访问对应的云资源.

注:1. 每本书的激活码都是唯一的,不能重复激活使用.

2. 非正版图书无法使用本书配套云资源.

前　言

本教材是为适应当前教学改革的需要,根据教育部高等学校物理学与天文学教学指导委员会非物理类专业物理基础课程教学指导分委员会制定的《理工科类大学物理课程教学基本要求》(2010 年版),汲取优秀大学物理课程教材的长处,结合编者多年的教学实践和教学改革经验编写而成的.本教材具有如下四个特点.

1. 核心凝练、文字简明

本教材力求核心凝练、文字简明、内容精细紧凑.一方面在保证理工科类大学物理课程教学基本要求的同时,对某些专业需要的内容以阅读材料的形式讲述,可自行增补,如时空对称性和守恒定律、超声、次声、压电效应、铁电体等.另一方面为以后学习高新科技知识打基础,精心选择了有代表性的前沿内容作为阅读材料.

2. 立足方法、难易适中

本教材在现象的分析、概念的引入、规律的形成和理论的构建过程中,强调物理学分析、研究和处理问题的方法,内容的深度、难度适中.例如,在力学中,引入"相对运动"以描述运动的相对性,但并不在动力学中的相关部分深化该问题的讨论.对于数学工具的运用,在保证基本要求的前提下,尽量避免繁杂的数学推演,如在量子物理部分,重在讨论方程求解的思路和理解计算结果的物理意义.在学习物理知识的过程中,注意对知识的消化、归纳、总结,帮助学生掌握科学的学习方法.例如,每章均有"本章提要",并在第 19 章阐述每章的学习要求、要点、重点、难点分析及典型问题.为了更好地帮助学生建立矢量概念,对矢量采用带箭头的矢量符号,而不采用黑体.

3. 加强训练、重在实用

本教材的编写原则是精讲经典,加强近代,选讲现代.经典物理是理工科各专业后续课程的必备基础知识,必须讲透、讲够.就篇幅而言,本教材共有 19 章,其中经典内容有 14 章;就结构而言,由经典物理过渡到近代物理;就训练而言,例题和习题集中在经典部分.对于近代物理内容,主要是突出相对论的时空观和量子思想.除了注重讲清楚这些物理理论知识、启迪思维外,还引导学生学习前辈科学家勇于创新的进取精神.每章均有"内容提要",相应重点、难点分析及典型例题汇编在第三册.

4. 围绕基础、优化结构

本教材既考虑到物理体系的完整性和系统性,又尽量考虑到各类学校及不同专业对物理知识要求的差异,因此在某些章节的内容前面加了"＊"号.教师可以根据学校课程设置、教学专业特点和教学课时数来取舍,也可以跳过这些带"＊"号的内容,而不会影响整个体系的完整性和系统性.教材围绕基础,加强主干,几何光学、激光和固体电子学、原子核物理和粒子物理采取单独成篇、专题选讲的形式.

本教材第一册由刘新海和鲁耿彪主编,第二册由鲁耿彪和黄祖洪主编,第三册由黄祖洪和刘新海主编.参加编写工作的人员有唐立军(第 1 章、第 2 章)、丁开和(第 3 章、第 4 章)、史向华(第 5 章、第 6 章、第 7 章、第 16 章)、刘新海(第 8 章、第 9 章)、方家元(第 10 章、第 11 章)、鲁耿彪(第 12 章、第 13 章)、黄祖洪(第 14 章、第 19 章)、郭裕(第 15 章、第 18 章)、王成志(第 17 章).全书(共三册)由刘新海统稿第一册,鲁耿彪统稿第二册,黄祖洪统稿第三册,唐立军主审并定稿.张华制作了电子教案.在全书编写过程中,赵近芳、罗益民、杨友田、龚志强、施毅敏等提出了许多宝贵的意见和建议.本书配有数字化教学资源.数字资源建设成员有:邓之豪、付小军、苏美华、李小梅、邹杰、罗芸、柳明华、贺振球、熊太知.在此一并感谢.

编　者
2019 年 1 月

目　录

第5篇　电磁学基础

第 6 篇　近代物理学基础

第 5 篇　电磁学基础

　　电磁学是研究电荷、电流产生电场、磁场的规律，研究电场和磁场的相互联系、电磁场对电荷和电流的作用、电磁场对实物的作用及所引起的各种效应等.电磁现象是自然界中普遍存在的一种现象，涉及的领域很广泛.人类有关电磁现象的认识可追溯到公元前 6 世纪，但直到 18 世纪后期才开始定量研究电荷之间相互作用.1785 年库仑通过扭秤实验研究总结出了库仑定律. 1820 年奥斯特发现了电流的磁效应，人们才认识到电和磁的联系.受此影响，同年关于电流的磁效应取得了一系列重大发现，安培通过一系列电流相互作用的精巧实验，总结出了电流元之间相互作用的规律 —— 安培定律，并提出物质磁性的分子电流假说.安培定律是认识电流产生磁场以及磁场对电流作用的基础.1831 年法拉第发现电磁感应现象，并提出场和力线的概念，进一步揭示了电与磁的联系.19 世纪中叶，麦克斯韦在总结前人工作的基础上，提出了感应电场和位移电流假说，建立了描述宏观电磁场的系统理论 —— 麦克斯韦方程组，并从理论上预言了电磁波的存在，并根据电磁波在真空中的传播速度与光在真空中的传播速度相同，大胆预言光是电磁波.1888 年，赫兹利用振荡器在实验上证实了麦克斯韦关于电磁波的预言.麦克斯韦的电磁场理论是从牛顿建立经典力学理论到爱因斯坦提出相对论的这段时期中物理学最重要的理论成果.

　　1905 年，爱因斯坦创立了相对论，解决了经典力学时空观与新的电磁现象实验事实的矛盾.根据电磁现象规律必须满足洛伦兹变换的要求，人们发现：从不同参考系观测，同一电磁场可表现为或只是电场，或只是磁场，或电场和磁场并存.这说明电磁场是一个统一的整体，而描述电磁场的物理量 —— 电场强度和磁感应强度 —— 是随参考系改变的.

　　电磁学知识是许多工程技术和科学研究的基础，电磁学理论的发展与应用紧密联系在一起.电能是应用最广泛的能源之一，电磁波的传播实现了信息传递，新材料电磁性质的研究成果促进了新技术的诞生.显然,电磁学和工程技术各个领域有十分密切的联系.电磁学对理论研究也很重要,物质的各种性能是由物质的电结构决定的,在分子和原子等微观领域中,电磁力起主要作用.许多物理现象,如物质的弹性、金属的导热性、光学材料的折射率等都可从物质的电结构中得到解释.电磁学理论在现代物理学中占有重要地位.

　　本篇共分为 4 章:真空中的静电场,静电场中的导体和电介质,稳恒电流的磁场,电磁感应电磁场.电磁学的内容主要有"场"和"路"两部分,"路"可视为"场"的应用,故本篇侧重于从场的观点阐述问题.

第 10 章　真空中的静电场

本章研究相对于观察者静止的电荷所产生的电场,主要研究真空中静电场的基本性质.从电场对电荷的作用及电荷在电场中运动时电场力做功这两个方面分别引入描述电场性质的两个重要物理量:电场强度和电势.从静电场的基本规律库仑定律出发,导出静电场的两条基本定理:高斯定理和环路定理.本章主要内容有库仑定律、电场及电场强度、高斯定理、环路定理、电势.

本章是电磁学的入门,介绍的一些概念、规律、研究和处理问题的方法贯穿整个电磁学,因此真空中的静电场是整个电磁学部分的基础.学习本章时应重点掌握电场强度、电势的概念和计算方法.

10.1　电场　电场强度

10.1.1　电荷及其性质

用丝绸摩擦过的玻璃棒和用毛皮摩擦过的硬橡胶棒等都能吸引轻小物体,物体具有这种吸引轻小物体的性质,就说它带了电或有了电荷.带电的物体叫作带电体.大量实验表明,自然界只存在两种电荷:正电荷(用丝绸摩擦过的玻璃棒所带的电荷)和负电荷(用毛皮摩擦过的硬橡胶棒所带的电荷),且同种电荷互相排斥、异种电荷互相吸引.静止电荷之间的相互作用力称为静电力.根据带电体之间相互作用力的大小能够确定物体所带电荷的多少,表示物体所带电荷多少的量叫作电量.在国际单位制(SI)中,电量的单位是库[仑],符号为 C.

由物质的分子结构可知,在正常状态下,物体内部的正电荷和负电荷量值相等,对外不显电性,称为电中性.使物体带电的过程就是使它获得或失去电子的过程,获得电子的物体带负电,失去电子的物体带正电.因此,物体带电的过程实际上就是把电子从一个物体(或物体的一部分)转移到另一个物体(或物体的另一部分)的过程.

实验表明,在一孤立系统内,无论发生怎样的物理过程,该系统电荷的代数和保持不变,这就是电荷守恒定律.该定律于 1747 年由富兰克林提出.电荷守恒定律不仅在一切宏观过程中成立,近代科学证明,它也是一切微观过程所普遍遵守的,是物理学中普遍的基本定律之一.例如,高能光子(γ 射线)与原子核相碰时,会产生一对正负电子(电子对的"产生");反之,当一个正电子和一个负电子在一定条件下相遇,又会同时消失而产生 γ 辐射(电子对的"湮没"). 光子不带电,正负电子所带的电荷等量异号,所以这种电荷的"产生"和"消失"并不改变系统中电荷的代数和,电荷守恒定律仍然保持有效.

迄今为止,所有实验表明,任何带电体所带的电量是不连续的,是基本电量 e(一个质子或一个电子所带电量的绝对值)的整数倍. 这种电量只能取分立的、不连续的量值的性质称为**电荷的量子化**. 这个基本电量是由实验测定的,其量值为

$$e = 1.602\ 176\ 634 \times 10^{-19}\ \text{C},$$

一般取近似值为 $e = 1.60 \times 10^{-19}$ C. 因为 e 非常小,在研究宏观现象的绝大多数实验中电荷的量子性未能表现出来,所以常把带电体当作电荷连续分布来处理,并认为电荷的变化是连续的. 近代物理从理论上预言基本粒子由若干种夸克或反夸克组成,每一个夸克或反夸克可能带有 $\pm\dfrac{1}{3}e$ 或 $\pm\dfrac{2}{3}e$ 的电量. 然而,单独存在的夸克尚未在实验中发现.

实验还表明,一个电荷的电量与它的运动状态无关. 例如加速器将电子或质子加速时,随着粒子速度的变化,电量没有任何变化. 在不同的参考系内观察,同一带电粒子的电量不变,这一性质称为**电荷的相对论不变性**.

10.1.2　库仑定律

最早对电荷之间相互作用的定量研究是在 18 世纪末,库仑通过实验总结出点电荷间相互作用的规律,称为**库仑定律**. 所谓**点电荷**,是指带电体本身的几何线度比起它与其他带电体的距离小得多时,带电体的形状和电荷分布情况已无关紧要,这时带电体可抽象为一个几何点.

库仑定律可表述如下:**真空中两个静止点电荷之间相互作用力的大小与这两个点电荷所带电量 q_1 和 q_2 的乘积成正比,与它们之间的距离 r 的平方成反比,作用力的方向沿着两个点电荷的连线,同号电荷相互排斥、异号电荷相互吸引**,如图 10.1 所示.

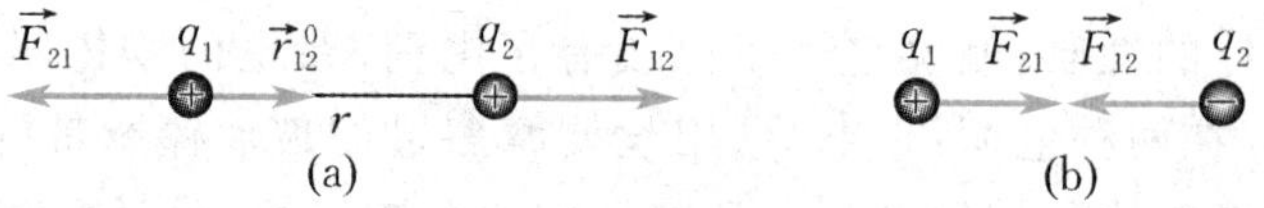

图 10.1　库仑定律

令 $\vec{F}_{12}$ 代表 q_1 对 q_2 的作用力,$\vec{r}_{12}^{\,0}$ 代表 q_1 到 q_2 的单位矢量,库仑定律的数学表达式为

$$\vec{F}_{12} = k\frac{q_1 q_2}{r^2}\vec{r}_{12}^{\,0}. \tag{10.1}$$

无论 q_1, q_2 的正负如何,上式都适用. 式(10.1)还表明,两个静止的点电荷之间的作用力满足牛顿第三定律,即 q_2 对 q_1 的作用力 $\vec{F}_{21} = -\vec{F}_{12}$.

式(10.1)中 k 为比例系数,它的大小取决于选用的单位制. 在国际单位制中,常将 k 写成

$$k = \frac{1}{4\pi\varepsilon_0},$$

则库仑定律表示为

$$\vec{F}_{12} = \frac{1}{4\pi\varepsilon_0}\frac{q_1 q_2}{r^2}\vec{r}_{12}^{\,0}. \tag{10.2}$$

ε_0 是物理学中的一个基本常数,称为真空介电常量.真空介电常量由实验测定,其值为

$$\varepsilon_0 = 8.854\ 188 \times 10^{-12}\ C^2/(N \cdot m^2),$$

一般取近似值为

$$\varepsilon_0 = 8.85 \times 10^{-12}\ C^2/(N \cdot m^2),$$

相应的 k 值为

$$k = \frac{1}{4\pi\varepsilon_0} = 8.99 \times 10^9\ N \cdot m^2/C^2.$$

近代物理实验表明,当两个点电荷之间的距离在 $10^{-17} \sim 10^7$ m 范围内,库仑定律是极其准确的.

库仑定律只适用于两个点电荷之间的作用.当空间同时存在多个点电荷时,它们共同作用于某一点电荷的静电力等于其他各点电荷单独存在时作用在该点电荷上的静电力的矢量和.这就是**静电力的叠加原理**.

例 10.1　氢原子由一个质子和一个电子组成.根据经典模型,在正常状态下,电子绕核(质子)做圆周运动,轨道半径是 5.29×10^{-11} m. 已知质子质量 $M = 1.67 \times 10^{-27}$ kg,电子质量 $m = 9.11 \times 10^{-31}$ kg,电荷分别为 $\pm e = \pm 1.60 \times 10^{-19}$ C,万有引力常数 $G = 6.67 \times 10^{-11}$ N $\cdot$ m^2/kg^2. (1) 求电子所受的库仑力;(2) 库仑力是万有引力的多少倍?

解　(1) 根据库仑定律,电子所受的库仑力为

$$F_e = \frac{1}{4\pi\varepsilon_0} \frac{q_1 q_2}{r^2} = 8.22 \times 10^{-8}\ N.$$

(2) 根据万有引力公式 $F_g = G\dfrac{Mm}{r^2}$,库仑力与万有引力的比值为

$$\frac{F_e}{F_g} = \frac{q_1 q_2}{4\pi\varepsilon_0 MmG} = 2.27 \times 10^{39}.$$

可见在原子内,电子和质子之间的库仑力远大于万有引力,因此,在处理电子和质子之间的相互作用时,只需要考虑库仑力,万有引力可略去不计.

10.1.3　电场　电场强度

1. 电场

关于电荷之间的相互作用,在历史上曾有过两种不同的观点:一种认为电荷之间的作用力既不需要任何媒介,也不需要时间(瞬时传递),称为超距作用;另一种观点认为电荷之间的作用力是近距作用的,是通过一种充满空间的弹性介质"以太"传递的.

近代物理证明,"超距作用"观点是错误的,电力的传递虽然速度很快(光速),但并非不需要时间,而历史上"近距作用"观点中所假定的弹性介质"以太"也是不存在的.

19 世纪 30 年代,法拉第提出了另一种观点,认为电荷之间的相互作用是通过"电场"这种特殊的物质来实现的.近代物理学也证实,凡是有电荷的地方,周围就存在着电场,即任何电荷都在自己周围的空间激发电场,而电场的基本性质是对处于其中的任何其他电荷都有作用力,称作**电场力**.因此,电荷之间的相互作用是通过电场进行的,其作用可表示为

| 电荷 | ⟷ | 电场 | ⟷ | 电荷 |

现代科学完全证实了场的存在,并且证明了电磁场可以脱离电荷和电流独立存在,具有自己的运动规律.电磁场和实物一样具有能量和动量等物质的基本属性,即电磁场是物质的一种形态,但它又不同于一般的实物.空间某处不能同时被两个物体所占据,而由多个带电体所激发的电场却可以同时占有同一空间,即电场具有叠加性.

相对于观察者静止的电荷产生的电场称为**静电场**.

2. 电场强度

电场对外表现主要有:① 电场对处于其中的电荷施加作用力;② 当电荷在电场中移动时,电场力对电荷做功.

我们可以根据电荷在电场中受力的特点来定量描述电场.为了使测量精确,所引入的电荷 q_0 应该满足:① 电荷 q_0 的电量充分小,以保证将它引入电场后,对原来的电荷分布和电场分布不会带来很大的影响;② 电荷 q_0 的几何线度充分小,即为点电荷,以保证确定的是空间任一点的电场性质.把满足这样条件的电荷 q_0 叫作**试探电荷**.

通过实验测定可以知道,当试探电荷 q_0 放在电场中的不同位置时,其受到的电场力的大小和方向一般是不相同的.当试探电荷 q_0 放在电场中一固定点处,若 q_0 的电量改变时它所受的力方向不变,但力的大小将随电量的改变而改变;如果把 q_0 换成等量异号的电荷,则力的大小不变,方向反转.总之,对于电场中的固定点来说,试探电荷 q_0 所受的电场力 $\vec{F}$ 与 q_0 的比值 $\dfrac{\vec{F}}{q_0}$ 为一恒矢量,与试探电荷 q_0 无关,反映了电场在该点的性质,我们把它定义为**电场强度**,简称场强,用 $\vec{E}$ 表示,

$$\vec{E} = \frac{\vec{F}}{q_0}, \tag{10.3}$$

即电场中任一点的电场强度等于单位正电荷在该处所受的电场力.在国际单位制中,电场强度 $\vec{E}$ 的单位为牛[顿]每库[仑](N/C),也可表示为伏[特]每米(V/m).

一般情况下,电场中空间不同点的场强大小和方向是不同的,即 $\vec{E}$ 为空间位置的矢量函数.如果电场中电场强度的大小和方向处处相同,即 $\vec{E}$ 为恒矢量,这种电场叫作**均匀电场**.

10.1.4 场强叠加原理

1. 场强叠加原理

设空间电场是由 n 个点电荷组成的点电荷系所激发,将试探电荷 q_0 放在电场中的任一点,根据力的叠加性,它所受到的电场力 $\vec{F}$ 可表示为

$$\vec{F} = \vec{F}_1 + \vec{F}_2 + \cdots + \vec{F}_n = \sum_{i=1}^{n} \vec{F}_i$$

式中 $\vec{F}_1, \vec{F}_2, \cdots, \vec{F}_n$ 分别是 $q_1, q_2, \cdots, q_n$ 单独存在时作用于 q_0 的电场力.根据场强的定义,q_0 所在处的场强

$$\vec{E} = \frac{\vec{F}}{q_0} = \frac{\vec{F}_1}{q_0} + \frac{\vec{F}_2}{q_0} + \cdots + \frac{\vec{F}_n}{q_0} = \sum_{i=1}^{n} \frac{\vec{F}_i}{q_0}.$$

上式右边各项分别为各点电荷单独存在时在 q_0 所在处产生的场强 $\vec{E}_1, \vec{E}_2, \cdots, \vec{E}_n$，则

$$\vec{E} = \vec{E}_1 + \vec{E}_2 + \cdots + \vec{E}_n = \sum_{i=1}^{n} \vec{E}_i. \tag{10.4}$$

式(10.4)说明，点电荷系所激发的电场中某点的电场强度等于各点电荷单独存在时在该点激发的电场强度的矢量和，这一结论称为电场强度叠加原理（简称场强叠加原理）.

2. 场强的计算

如果已知电荷的分布，根据场强叠加原理，从点电荷的场强公式出发，原则上可求出任意带电体所产生的电场中各点的场强分布.

（1）点电荷的场强

设真空中有一点电荷 q，在其电场中任取一点 P（称为场点），设 q 到 P 点的距离为 r. 将一试探电荷 q_0 放在 P 点处，根据库仑定律，q_0 所受力为

$$\vec{F} = \frac{1}{4\pi\varepsilon_0} \frac{qq_0}{r^2} \vec{r}^0,$$

式中 $\vec{r}^0$ 为 q 指向 P 点的单位矢量. 根据电场强度的定义，P 点处的场强为

$$\vec{E} = \frac{\vec{F}}{q_0} = \frac{1}{4\pi\varepsilon_0} \frac{q}{r^2} \vec{r}^0. \tag{10.5}$$

由于 P 点是空间任意一点，故可以得出点电荷在空间所产生电场的分布情况：$\vec{E}$ 的方向处处沿以 q 为中心的矢径（$q > 0$）或其反方向（$q < 0$）；$\vec{E}$ 的大小只与距离 r 有关，所以在以 q 为中心的每一个球面上场强的大小相等. 这样的电场通常称为球对称电场.

（2）点电荷系的场强

设真空中点电荷系由 $q_1, q_2, \cdots, q_n$ 组成，它们在任意场点 P 处产生的场强分别为

$$\vec{E}_1 = \frac{q_1}{4\pi\varepsilon_0 r_1^2} \vec{r}_1^0, \quad \vec{E}_2 = \frac{q_2}{4\pi\varepsilon_0 r_2^2} \vec{r}_2^0, \quad \cdots, \quad \vec{E}_n = \frac{q_n}{4\pi\varepsilon_0 r_n^2} \vec{r}_n^0.$$

根据场强叠加原理，可得 P 点处的总场强为

$$\vec{E} = \frac{q_1}{4\pi\varepsilon_0 r_1^2} \vec{r}_1^0 + \frac{q_2}{4\pi\varepsilon_0 r_2^2} \vec{r}_2^0 + \cdots + \frac{q_n}{4\pi\varepsilon_0 r_n^2} \vec{r}_n^0 = \frac{1}{4\pi\varepsilon_0} \sum_{i=1}^{n} \frac{q_i}{r_i^2} \vec{r}_i^0, \tag{10.6}$$

式中 r_i 为 q_i 到场点 P 的距离，$\vec{r}_i^0$ 为 q_i 指向 P 点的单位矢量.

（3）电荷连续分布带电体的场强

对于电荷连续分布的带电体，可把带电体分割成无限多个电荷元 dq，每个电荷元都可以当作点电荷处理. 电荷元 dq 在场中任一点 P 处产生的场强为

$$d\vec{E} = \frac{dq}{4\pi\varepsilon_0 r^2} \vec{r}^0,$$

式中 r 为电荷元 dq 到 P 点的距离，$\vec{r}^0$ 为电荷元 dq 指向 P 点的单位矢量. 根据场强叠加原理，带电体在 P 点处的总场强为

$$\vec{E} = \frac{1}{4\pi\varepsilon_0} \int \frac{dq}{r^2} \vec{r}^0. \tag{10.7}$$

若电荷连续分布在一体积 V 内，引入电荷体密度 ρ 来表示电荷的分布，定义为单位体积的电荷，即

$$\rho = \lim_{\Delta V \to 0} \frac{\Delta q}{\Delta V} = \frac{dq}{dV}.$$

将带电体看成由许多电荷元 $dq = \rho dV$ 构成,则带电体周围空间任一点 P 处的场强可表示为

$$\vec{E} = \frac{1}{4\pi\varepsilon_0} \int_V \frac{\rho dV}{r^2} \vec{r}^0. \tag{10.8}$$

若电荷连续分布在一曲面 S 上,引入**电荷面密度** σ,定义为单位面积的电荷,即

$$\sigma = \lim_{\Delta S \to 0} \frac{\Delta q}{\Delta S} = \frac{dq}{dS},$$

则带电体周围空间任一点 P 处的场强可表示为

$$\vec{E} = \frac{1}{4\pi\varepsilon_0} \int_S \frac{\sigma dS}{r^2} \vec{r}^0. \tag{10.9}$$

若电荷连续分布在一曲线 l 上,引入**电荷线密度** λ,定义为单位长度的电荷,即

$$\lambda = \lim_{\Delta l \to 0} \frac{\Delta q}{\Delta l} = \frac{dq}{dl},$$

则带电体周围空间任一点 P 的场强可表示为

$$\vec{E} = \frac{1}{4\pi\varepsilon_0} \int_l \frac{\lambda dl}{r^2} \vec{r}^0. \tag{10.10}$$

例 10.2　如图 10.2 所示,一对等量异号点电荷 $+q$ 和 $-q$ 组成的点电荷系,其间距为 l,求两点电荷延长线上一点 A 和中垂面上一点 B 的场强.设 A 和 B 到两点电荷连线中点 O 的距离均为 r.

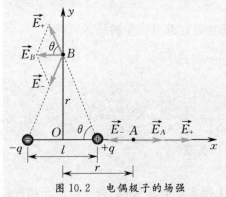

图 10.2　电偶极子的场强

解　建立如图 10.2 所示的坐标系,O 为坐标原点,先计算 A 点的场强.A 点到电荷 $+q$ 和 $-q$ 的距离分别为 $r - \dfrac{l}{2}$ 和 $r + \dfrac{l}{2}$.$+q$ 和 $-q$ 在 A 点产生的场强大小分别为

$$E_+ = \frac{1}{4\pi\varepsilon_0} \frac{q}{\left(r - \dfrac{l}{2}\right)^2}, \quad E_- = \frac{1}{4\pi\varepsilon_0} \frac{q}{\left(r + \dfrac{l}{2}\right)^2},$$

$\vec{E}_+$ 沿 x 轴正方向,$\vec{E}_-$ 沿 x 轴负方向.

A 点的总场强大小为

$$E_A = E_+ - E_- = \frac{q}{4\pi\varepsilon_0} \left[\frac{1}{\left(r - \dfrac{l}{2}\right)^2} - \frac{1}{\left(r + \dfrac{l}{2}\right)^2} \right] = \frac{2qlr}{4\pi\varepsilon_0 \left(r^2 - \dfrac{l^2}{4}\right)^2},$$

$\vec{E}_A$ 沿 x 轴正方向.

下面计算 B 点的场强.B 点到电荷 $+q$ 和 $-q$ 的距离都为 $\sqrt{r^2 + \dfrac{l^2}{4}}$,$+q$ 和 $-q$ 在 B 点产生的场强大小相等,即

$$E_+ = E_- = \frac{q}{4\pi\varepsilon_0} \frac{1}{r^2 + \dfrac{l^2}{4}},$$

方向如图 10.2 所示. 根据场强叠加原理, B 点的总场强 $\vec{E}_B = \vec{E}_+ + \vec{E}_-$. 因 $\vec{E}_+$, $\vec{E}_-$ 方向不同, 可先将 $\vec{E}_+$ 和 $\vec{E}_-$ 分别投影到 x, y 轴方向后再叠加. 由于对称性, $\vec{E}_+$ 和 $\vec{E}_-$ 的 y 轴方向分量大小相等、方向相反, 故 B 点总场强在 x 和 y 方向的分量值分别为

$$E_x = E_{+x} + E_{-x} = 2E_{+x} = -2E_+ \cos\theta, \quad E_y = E_{+y} - E_{-y} = 0.$$

从图 10.2 中可以看出 $\cos\theta = \dfrac{\dfrac{l}{2}}{\sqrt{r^2 + \dfrac{l^2}{4}}}$, 故 B 点总场强的大小为

$$E_B = |E_x| = 2E_+ \cos\theta = \frac{1}{4\pi\varepsilon_0} \frac{ql}{\left(r^2 + \dfrac{l^2}{4}\right)^{\frac{3}{2}}},$$

$\vec{E}_B$ 沿 x 轴负方向.

当两个点电荷之间的距离 l 远小于场点到它们的距离 r 时($r \gg l$), 这样的带电体系称为电偶极子. 当 $r \gg l$ 时, 电偶极子延长线上一点 A 处的场强大小为

$$E_A \approx \frac{1}{4\pi\varepsilon_0} \frac{2ql}{r^3},$$

中垂面上一点 B 处的场强大小为

$$E_B \approx \frac{1}{4\pi\varepsilon_0} \frac{ql}{r^3}.$$

结果表明: 电偶极子的场强与距离 r 的三次方成反比, 它比点电荷的场强随 r 增大递减的速度快得多. 场强与 q 和 l 乘积有关, 这表明 q 和 l 的乘积是描述电偶极子属性的一个物理量, 称为电偶极矩, 用 $\vec{p}_e$ 表示, 即 $\vec{p}_e = q\vec{l}$. $\vec{l}$ 的方向是由负电荷 $-q$ 指向正电荷 $+q$ 的, $\vec{l}$ 称为电偶极子的轴. 电偶极子的场强公式可表示为

延长线上:
$$\vec{E}_A = \frac{1}{4\pi\varepsilon_0} \frac{2\vec{p}_e}{r^3}, \tag{10.11}$$

中垂面上:
$$\vec{E}_B = -\frac{1}{4\pi\varepsilon_0} \frac{\vec{p}_e}{r^3}. \tag{10.12}$$

电偶极子的物理模型在研究电介质的极化以及电磁波的辐射时都要用到.

> **例 10.3**　真空中有一均匀带电直线, 其长为 l, 总电量为 q, 试计算距直线距离为 a 的 P 点处的场强. 已知 P 点和直线两端的连线与直线之间的夹角分别为 θ_1 和 θ_2, 如图 10.3 所示.

解　取 P 点到直线的垂足 O 点为坐标原点, x 轴与 y 轴正向如图 10.3 所示. 在直线上 x 处取一线元 dx, dx 上所带电荷为 $dq = \lambda dx$, $\lambda = \dfrac{q}{l}$. 设 P 点到 dq 的距离为 r, 则 dq 在 P 点产生的场强 $d\vec{E}$ 的大小为

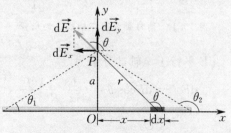

图 10.3　均匀带电直线外任一点的场强

$$dE = \frac{1}{4\pi\varepsilon_0}\frac{\lambda dx}{r^2},$$

$d\vec{E}$ 的方向如图 10.3 所示, $d\vec{E}$ 与 x 轴正向夹角为 θ, 直线上各电荷元 dq 在 P 点产生的 $d\vec{E}$ 的方向不同, $d\vec{E}$ 沿 x 轴和 y 轴方向的分量分别为

$$dE_x = dE\cos\theta = \frac{1}{4\pi\varepsilon_0}\frac{\lambda dx}{r^2}\cos\theta, \quad dE_y = dE\sin\theta = \frac{1}{4\pi\varepsilon_0}\frac{\lambda dx}{r^2}\sin\theta,$$

式中 r, x, θ 都是变量, 为便于积分, 统一选取 θ 为变量, 由图中几何关系可知

$$x = a\tan\left(\theta - \frac{\pi}{2}\right) = -a\cot\theta, \quad dx = a\csc^2\theta d\theta, \quad r^2 = a^2\csc^2\theta,$$

所以

$$dE_x = \frac{\lambda}{4\pi\varepsilon_0 a}\cos\theta d\theta, \quad dE_y = \frac{\lambda}{4\pi\varepsilon_0 a}\sin\theta d\theta.$$

将以上两式分别积分得

$$E_x = \int dE_x = \int_{\theta_1}^{\theta_2}\frac{\lambda}{4\pi\varepsilon_0 a}\cos\theta d\theta = \frac{\lambda}{4\pi\varepsilon_0 a}(\sin\theta_2 - \sin\theta_1), \tag{10.13}$$

$$E_y = \int dE_y = \int_{\theta_1}^{\theta_2}\frac{\lambda}{4\pi\varepsilon_0 a}\sin\theta d\theta = \frac{\lambda}{4\pi\varepsilon_0 a}(\cos\theta_1 - \cos\theta_2). \tag{10.14}$$

最后由 E_x 和 E_y 求出总场强 $\vec{E}$ 的大小和方向, 请读者自己完成.

如果均匀带电直线为无限长, 即 $l \to \infty$ 时, $\theta_1 = 0, \theta_2 = \pi$, 代入式(10.13)和式(10.14)可得

$$E_x = 0, \quad E = E_y = \frac{\lambda}{2\pi\varepsilon_0 a}. \tag{10.15}$$

当 $\lambda > 0$ 时, 则 $E_y > 0$, $\vec{E}$ 的方向垂直带电直线向外; 当 $\lambda < 0$ 时, 则 $E_y < 0$, $\vec{E}$ 的方向垂直带电直线向里.

例 10.4　真空中有一均匀带电圆环, 环的半径为 R, 带电量为 q, 试计算圆环轴线上任一点 P 处的场强.

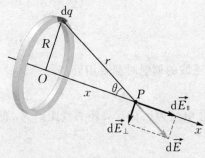

图 10.4　均匀带电圆环轴线上的场强

解　取环的轴线为 x 轴, 轴上 P 点离环心 O 的距离为 x, 如图 10.4 所示. 在环上取线元 dl, 它到 P 点的距离为 r, 所带电量为

$$dq = \lambda dl = \frac{q}{2\pi R}dl.$$

电荷元 dq 在 P 点产生的场强 $d\vec{E}$ 的方向如图所示, 大小为

$$dE = \frac{1}{4\pi\varepsilon_0}\frac{dq}{r^2} = \frac{1}{4\pi\varepsilon_0}\frac{\lambda dl}{R^2 + x^2}.$$

$d\vec{E}$ 平行于 x 轴的分量为

$$dE_{/\!/} = dE\cos\theta = \frac{1}{4\pi\varepsilon_0}\frac{\lambda dl}{R^2 + x^2}\cos\theta = \frac{1}{4\pi\varepsilon_0}\frac{\lambda dl}{R^2 + x^2}\frac{x}{\sqrt{R^2 + x^2}} = \frac{1}{4\pi\varepsilon_0}\frac{x\lambda dl}{(R^2 + x^2)^{\frac{3}{2}}}.$$

$d\vec{E}$ 垂直于 x 轴的分量为

$$dE_\perp = dE\sin\theta = \frac{1}{4\pi\varepsilon_0}\frac{\lambda dl}{R^2+x^2}\sin\theta = \frac{1}{4\pi\varepsilon_0}\frac{\lambda dl}{R^2+x^2}\frac{R}{\sqrt{R^2+x^2}} = \frac{1}{4\pi\varepsilon_0}\frac{R\lambda dl}{(R^2+x^2)^{\frac{3}{2}}}.$$

根据对称性,带电圆环在同一直径两端的电荷元在 P 点处产生的场强在垂直于 x 轴方向的分量大小相等、方向相反,故互相抵消,所以 P 点处总场强的方向沿 x 轴,即

$$E = \int dE_{/\!/} = \oint \frac{1}{4\pi\varepsilon_0}\frac{x\lambda dl}{(R^2+x^2)^{\frac{3}{2}}} = \frac{1}{4\pi\varepsilon_0}\frac{2\pi R\lambda x}{(R^2+x^2)^{\frac{3}{2}}} = \frac{qx}{4\pi\varepsilon_0(R^2+x^2)^{\frac{3}{2}}}. \tag{10.16}$$

当 $q>0$ 时,$\vec{E}$ 沿 x 轴离开原点 O 的方向;当 $q<0$ 时,$\vec{E}$ 沿 x 轴指向原点 O 的方向.当 $x=0$ 时,即在圆环中心处,$E=0$,这是圆环上每一电荷元在环中心产生的场强相互抵消的结果;当 $x\gg R$ 时,$E\approx\frac{1}{4\pi\varepsilon_0}\frac{q}{x^2}$,这正是点电荷场强公式,此时带电圆环近似为一点电荷.

例 10.5　真空中有一均匀带电圆盘,半径为 R,所带电量为 q,试计算圆盘轴线上任一点的场强.

解　本题可以利用例 10.4 的结果来计算.把圆盘分割成无限多个同心细圆环,在圆盘上任取一半径为 r、宽度为 dr 的细圆环,如图 10.5 所示.细圆环所带电量为

$$dq = \sigma dS = \sigma 2\pi r dr,$$

式中 $\sigma=\frac{q}{\pi R^2}$ 为带电圆盘的电荷面密度.根据式(10.16)可得该带电细圆环在轴线上任一点 P 处产生的场强大小为

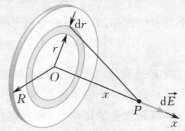

图 10.5　均匀带电圆盘轴线上的场强

$$dE = \frac{1}{4\pi\varepsilon_0}\frac{x dq}{(r^2+x^2)^{\frac{3}{2}}} = \frac{1}{4\pi\varepsilon_0}\frac{x\sigma 2\pi r dr}{(r^2+x^2)^{\frac{3}{2}}},$$

$d\vec{E}$ 方向沿 x 轴.由于圆盘上各带电细圆环在 P 点处产生的场强方向都相同,整个带电圆盘在 P 点处产生的场强为

$$E = \int dE = \int_0^R \frac{1}{4\pi\varepsilon_0}\frac{x\sigma 2\pi r dr}{(r^2+x^2)^{\frac{3}{2}}} = \frac{\sigma}{2\varepsilon_0}\left(\frac{x}{|x|}-\frac{x}{\sqrt{R^2+x^2}}\right),$$

其方向沿 x 轴.

当 $R\to\infty$ 时,圆盘变为无限大平面,则上式变为

$$E = \pm\frac{\sigma}{2\varepsilon_0}\quad(x>0\text{ 时取正},x<0\text{ 时取负}). \tag{10.17}$$

这就是无限大均匀带电平面两侧的场强公式.无限大均匀带电平面的两侧分别是均匀电场.

例 10.6　两个平行无限大均匀带电平面,分别带有等量异号电荷,电荷面密度分别为 $+\sigma$ 和 $-\sigma$,如图 10.6 所示,试计算各点的场强.

解　利用场强叠加原理和例 10.5 结果的推论很容易求解本题.空间任一点的场强 $\vec{E}$ 是 1,2 两带电平面各自产生的场强 $\vec{E}_1$ 和 $\vec{E}_2$ 的矢量和.由式(10.17)可知,$\vec{E}_1$ 和 $\vec{E}_2$ 的大小都等于 $\frac{\sigma}{2\varepsilon_0}$,方向如图 10.6 所示,故在两带电平面间任一点的总场强 $\vec{E}$ 的大小为

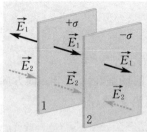

图 10.6　两无限大均匀带
电平面的场强

$$E = E_1 + E_2 = \frac{\sigma}{\varepsilon_0}, \qquad (10.18)$$

方向垂直带电平面由正电荷指向负电荷.

在两带电平面外侧, $\vec{E}_1$ 和 $\vec{E}_2$ 方向相反,因此,两带电平面外侧任一点场强的大小为

$$E = E_1 - E_2 = 0.$$

由以上讨论可见,两无限大平行平面分别带有等量异号电荷时,在两平面之间产生的场强是大小为 $\frac{\sigma}{\varepsilon_0}$ 的均匀电场,两平面外侧的场强为零.在实验中,常用均匀带电平板来产生均匀电场.

10.1.5　带电体在外电场中所受的作用

如前所述,一方面电荷在周围空间要激发电场;另一方面,处于外电场中的电荷会受到电场力的作用.若点电荷 q 处于外电场 $\vec{E}$ 中,它所受到的电场力为

$$\vec{F} = q\vec{E}, \qquad (10.19)$$

式中 $\vec{E}$ 是除 q 以外的所有其他电荷在 q 处产生的场强.

要计算一个带电体在电场中所受的作用,一般要把带电体划分为许多电荷元,先计算每个电荷元所受的作用力,然后用积分求带电体所受的合力和合力矩.

例 10.7　已知电偶极子的电偶极矩为 $\vec{p}_e = q\vec{l}$,均匀电场的场强为 $\vec{E}$,计算电偶极子在均匀电场中所受的合力和合力矩.

解　如图 10.7 所示,电偶极子处于均匀电场中,电偶极矩 $\vec{p}_e$ 的方向与场强 $\vec{E}$ 的方向间的夹角为 θ.正、负电荷所受电场力分别为

$$\vec{F}_+ = q\vec{E}, \quad \vec{F}_- = -q\vec{E}.$$

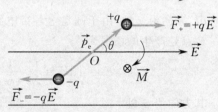

图 10.7　均匀电场中的电偶极子

它们大小相等、方向相反,所以电偶极子所受的合力为 $\vec{F} = \vec{F}_+ + \vec{F}_- = 0$. 但是 $\vec{F}_+$ 和 $\vec{F}_-$ 不在同一直线上,这样的两个力称为力偶,它们对于中点 O 的力矩 $\vec{M}$(也称力偶矩)的大小为

$$M = F_+ \frac{l}{2}\sin\theta + F_- \frac{l}{2}\sin\theta = qlE\sin\theta = p_e E\sin\theta.$$

考虑到 $\vec{M}$ 的方向,上式可写成矢量式:

$$\vec{M} = q\vec{l} \times \vec{E} = \vec{p}_e \times \vec{E}. \qquad (10.20)$$

电偶极子在电场作用下总要使电偶极矩 $\vec{p}_e$ 转向场强 $\vec{E}$ 的方向,以达到稳定平衡状态.

静电场的高斯定理

10.2.1　电通量

1. 电场线

由前面的讨论我们知道,描述电场的重要物理量 $\vec{E}$ 是矢量,它会在空间形成一定的分布,因而电场是矢量场,并且电场中每一点的场强 $\vec{E}$ 都有确定的大小和方向. 为了形象地描述电场中场强分布情况,我们在电场中画出一系列曲线,使曲线上每一点的切线方向与该点场强 $\vec{E}$ 的方向一致,曲线的疏密程度反映场强的大小,这样的曲线称为电场线,简称 $\vec{E}$ 线. 电场线可以借助于实验方法显示出来,图 10.8 是几种常见带电体系的电场线图.

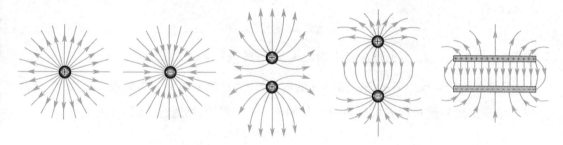

图 10.8　几种常见带电体系的电场线图

从电场线图可以看出,电场线具有如下性质:

① 电场线起自于正电荷(或来自无穷远),终止于负电荷(或伸向无穷远),不会在没有电荷的地方中断;

② 任意两条电场线不会相交;

③ 静电场中的电场线不会形成闭合曲线.

实际上在电场中一根根分立的电场线并不存在,是人们为了形象地描绘电场分布而引入的,实际的电场是连续分布于其所处的空间,不要因为电场线图而认为电场是分立分布的.

2. 电通量

作电场线图时,为了反映场强 $\vec{E}$ 的大小,规定电场中任一点的电场线数密度 $\Delta N/\Delta S$ 与该点的场强大小 E 成正比,即

$$E \propto \frac{\Delta N}{\Delta S},$$

式中 ΔN 为穿过垂直于场强方向的面元 ΔS 的电场线数. 这里 ΔS 与 $\vec{E}$ 垂直,如图 10.9(a) 所示,规定上式中的比例系数为 1,则有

$$E = \frac{\Delta N}{\Delta S} \quad 或 \quad \Delta N = E\Delta S.$$

若面元 ΔS 与 $\vec{E}$ 不垂直,设面元 ΔS 的法线方向的单位矢量 $\vec{n}$ 与 $\vec{E}$ 的夹角为 θ,如图 10.9(b) 所示,则通过 ΔS 的电场线数为

$$\Delta N = E\Delta S\cos\theta.$$

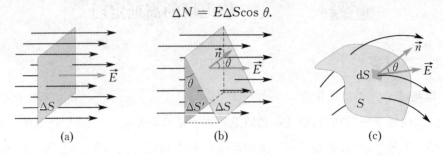

(a)　　　　　(b)　　　　　(c)

图 10.9　电通量

通过电场中某一面的电场线的条数称为**电通量**.在均匀电场中,通过任一面元 ΔS 的电通量定义为场强的大小 E 与 ΔS 在垂直于场强方向的投影面积 $\Delta S'(\Delta S\cos\theta)$ 的乘积.用 $\Delta\Phi_e$ 表示,则有

$$\Delta\Phi_e = E\Delta S\cos\theta. \tag{10.21}$$

当 $0 \leqslant \theta < \frac{\pi}{2}$ 时,$\Delta\Phi_e > 0$;当 $\theta = \frac{\pi}{2}$ 时,$\Delta\Phi_e = 0$;当 $\frac{\pi}{2} < \theta \leqslant \pi$ 时,$\Delta\Phi_e < 0$.

计算非均匀电场中通过任一曲面 S 的电通量时,把该曲面分割为无限多个面元.设面元 dS 的单位法线矢量 $\vec{n}$ 与 $\vec{E}$ 的夹角为 θ,如图 10.9(c) 所示,则通过面元 dS 的电通量为

$$d\Phi_e = E\cos\theta dS.$$

通过曲面 S 的总电通量等于通过各面元的电通量的总和.即

$$\Phi_e = \int_S E\cos\theta dS = \int_S \vec{E}\cdot d\vec{S}, \tag{10.22}$$

式中 $d\vec{S} = \vec{n}dS$ 叫作面元矢量(有向面元).

若曲面 S 为闭合曲面,则通过 S 的电通量为

$$\Phi_e = \oint_S E\cos\theta dS = \oint_S \vec{E}\cdot d\vec{S}. \tag{10.23}$$

对单个面元或不闭合的曲面来说,其法线的正、负方向没有固定的取法;但对于闭合曲面,规定外法线方向为正方向.

例 10.8　图 10.10 所示为一立方形的闭合面,边长为 a.空间场强分布为 $E_x = bx$,$E_y = 0, E_z = 0, b$ 为正常数.求通过该闭合面的电通量.

解　因为场强只有 x 轴分量,所以只有图中位于 $x = a$ 和 $x = 2a$ 且与 Oyz 平面平行的两面 S_1 和 S_2 上有电通量通过.因为左侧面 S_1 的单位法线矢量 $\vec{n}$ 与场强 $\vec{E}_x$ 的夹角为 π,所以通过 S_1 的电通量为

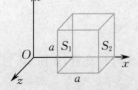

图 10.10　穿过闭合面的电通量

$$\Phi_{e1} = E_x S_1 \cos \pi = -ba^3.$$

同理,通过 S_2 的电通量为

$$\Phi_{e2} = E_x S_2 \cos 0 = 2ba^3.$$

通过闭合面的总电通量为

$$\Phi_e = \Phi_{e1} + \Phi_{e2} = ba^3.$$

如果场强是沿 x 轴的均匀电场,则通过该闭合面的电通量为零.

10.2.2　静电场的高斯定理

1. 高斯定理

高斯定理是静电场的一条基本定理,它反映了闭合曲面的电通量与电荷之间的关系. 表述如下:通过电场中任一闭合曲面 S 的电通量 Φ_e 等于该曲面所包围的电荷代数和 $\sum\limits_{(S内)} q_i$ 除以 ε_0,与闭合曲面外的电荷无关. 其数学表达式为

$$\Phi_e = \oint_S \vec{E} \cdot d\vec{S} = \frac{1}{\varepsilon_0} \sum_{(S内)} q_i. \tag{10.24}$$

通常把闭合曲面 S 称为**高斯面**. 高斯定理可以由库仑定律和场强叠加原理导出,下面从特殊到一般,分几个步骤来验证高斯定理.

(1) 穿过包围点电荷 q 的闭合球面 S(q 位于该球面的中心) 的电通量

如图 10.11(a) 所示,点电荷 q 位于闭合球面 S 的中心,则在球面 S 上的场强为

$$\vec{E} = \frac{q}{4\pi\varepsilon_0 r^2} \vec{r}^0,$$

式中 $\vec{r}^0$ 为 q 指向球面上场点的单位矢量,并与球面的外法线 $\vec{n}$ 方向相同. 在球面上任取一面元 $d\vec{S}$,则通过 $d\vec{S}$ 的电通量为

$$d\Phi_e = \vec{E} \cdot d\vec{S} = \frac{q}{4\pi\varepsilon_0 r^2} \vec{r}^0 \cdot d\vec{S} = \frac{q}{4\pi\varepsilon_0 r^2} \cos\theta dS = \frac{q}{4\pi\varepsilon_0 r^2} dS,$$

则通过整个球面的电通量为

$$\Phi_e = \oint_S \vec{E} \cdot d\vec{S} = \oint_S \frac{q}{4\pi\varepsilon_0 r^2} dS = \frac{q}{\varepsilon_0}.$$

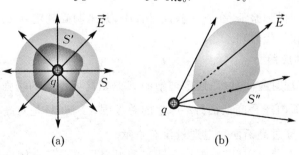

图 10.11　高斯定理图

(2) 穿过包围点电荷 q 的任意闭合曲面 S' 的电通量

若包围点电荷 q 的曲面为任意闭合曲面 S',如图 10.11(a) 所示,此时 $\Phi'_e = \oint_{S'} \vec{E} \cdot \mathrm{d}\vec{S} =$ $\oint_{S'} \dfrac{q}{4\pi\varepsilon_0 r^2} \cos\theta \mathrm{d}S$ 仍然成立,所不同的是,在 S' 面上,r 不再为常数,θ 也不再处处等于 0,因而上述积分一般很难求.

根据电通量的意义,穿过一闭合曲面的电通量等于穿过该曲面的电场线数. 由于电场线不会在没有电荷的地方中断,因此,只要 S' 和 S 之间没有其他电荷,穿过任意闭合曲面 S' 和球面 S 的电通量必然相等,即

$$\Phi'_e = \Phi_e = \frac{q}{\varepsilon_0}.$$

(3) 点电荷 q 位于任意闭合曲面 S'' 之外

当点电荷 q 在闭合曲面 S'' 之外时,如图 10.11(b) 所示,由于单个点电荷产生的电场线是辐射状的直线,在周围空间是连续不断的,从某个面元进入闭合面的电场线必然从另一面元穿出. 这样,进入该曲面的电场线数与穿出的电场线数相等,即通过这一曲面的电通量的代数和为零. 也就是说,在闭合曲面 S'' 之外的电荷对穿过该闭合曲面 S'' 的电通量没有贡献.

(4) 多个点电荷存在时穿过任一闭合曲面 S 的电通量

当带电体系由 n 个点电荷组成时,根据场强叠加原理,在高斯面 S 上任一点的场强 $\vec{E}$ 是所有点电荷单独存在时在该点产生的场强矢量和,即

$$\vec{E} = \vec{E}_1 + \vec{E}_2 + \cdots + \vec{E}_n.$$

通过整个闭合曲面的电通量为

$$\Phi_e = \oint_S \vec{E} \cdot \mathrm{d}\vec{S} = \oint_S \vec{E}_1 \cdot \mathrm{d}\vec{S} + \oint_S \vec{E}_2 \cdot \mathrm{d}\vec{S} + \cdots + \oint_S \vec{E}_n \cdot \mathrm{d}\vec{S}$$

$$= \Phi_{e1} + \Phi_{e2} + \cdots + \Phi_{en} = \sum_{i=1}^{n} \Phi_{ei},$$

其中 Φ_{ei} 为第 i 个点电荷 q_i 产生的电场穿过闭合曲面 S 的电通量. 由上述讨论可知,当 q_i 在闭合曲面内时,$\Phi_{ei} = \dfrac{q_i}{\varepsilon_0}$;当 q_i 在闭合曲面外时,$\Phi_{ei} = 0$. 所以上式可以写成

$$\Phi_e = \oint_S \vec{E} \cdot \mathrm{d}\vec{S} = \frac{1}{\varepsilon_0} \sum_{(S\text{内})} q_i.$$

至此,高斯定理得到验证. 在以上验证过程中,并未明确规定 q_i 的正负,实际上对正负电荷都适用,上式求和是代数和.

2. 高斯定理的应用

在使用高斯定理时应注意:高斯定理中的 $\vec{E}$ 是指高斯面上的场强,是带电体系中所有电荷(无论处于高斯面内还是高斯面外)产生的总场强;$\sum q_i$ 只是对高斯面内的电荷求和,而高斯面外的电荷对穿过高斯面总电通量没有贡献.

如果带电体的电荷分布已知,根据高斯定理很容易求得任意闭合曲面的电通量,但利用高斯定理求高斯面上的场强时,要求电荷分布、场强分布具有一定的对称性,常见的有三种情况:球对称、轴对称和面对称. 现举例说明.

例 10.9　求均匀带电球体的场强分布,已知球体半径为 R,电量为 q,如图 10.12 所示.

解　先分析场分布的对称性,由于电荷均匀分布球体内,其电场线必由球心向外辐射,故以 O 为球心的各同心球面上场强量值相等,方向垂直球面向外,这样的电场分布具有球对称性.设空间某点 P 到球心的距离为 r,以 O 点为球心、r 为半径作球形高斯面 S,通过高斯面 S 的电通量为

$$\Phi_e = \oint_S \vec{E} \cdot d\vec{S} = \oint_S E\,dS = 4\pi r^2 E.$$

当 P 点在带电球体内时($r < R$),高斯面 S_1 所包围的电荷为

$$q' = \rho \frac{4}{3}\pi r^3 = \frac{q}{\frac{4}{3}\pi R^3}\frac{4}{3}\pi r^3 = \frac{qr^3}{R^3}.$$

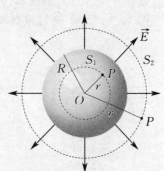

图 10.12　均匀带电球体的场强

根据高斯定理

$$\Phi_e = \oint_S \vec{E} \cdot d\vec{S} = 4\pi r^2 E = \frac{q'}{\varepsilon_0} = \frac{qr^3}{\varepsilon_0 R^3},$$

可得带电球体内 P 点处的场强为

$$E_1 = \frac{qr}{4\pi\varepsilon_0 R^3}.$$

可见,均匀带电球体内任意一点的场强 E 与 r 成正比.

当 P 点在带电球体外时($r > R$),高斯面 S_2 所包围的电荷为 q,根据高斯定理

$$\Phi_e = \oint_S \vec{E} \cdot d\vec{S} = 4\pi r^2 E = \frac{q}{\varepsilon_0},$$

可得带电球体外 P 点处的场强为

$$E_2 = \frac{q}{4\pi\varepsilon_0 r^2}.$$

可见,均匀带电球体外任一点的场强 E 与 r^2 成反比,即等价于球体上的电荷全部集中于球心处所产生的场强.

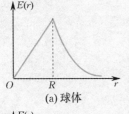

(a) 球体

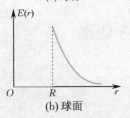

(b) 球面

图 10.13　均匀带电球体和球面的场强分布

上述计算表明,均匀带电球体在空间的场强分布为

$$\vec{E}(r) = \begin{cases} \dfrac{qr}{4\pi\varepsilon_0 R^3}\vec{r}^0, & r \leqslant R, \\[3mm] \dfrac{1}{4\pi\varepsilon_0}\dfrac{q}{r^2}\vec{r}^0, & r > R, \end{cases} \quad (10.25)$$

式中 $\vec{r}^0$ 为球心 O 点指向场点 P 的单位矢量.

类似于本题的解法,可求得半径为 R 的均匀带电球面(电量为 q)产生的场强分布为

$$\vec{E}(r) = \begin{cases} 0, & r < R, \\[3mm] \dfrac{1}{4\pi\varepsilon_0}\dfrac{q}{r^2}\vec{r}^0, & r > R. \end{cases} \quad (10.26)$$

均匀带电球体和球面的场强分布 $E(r)$ 的函数曲线如图 10.13 所示.

例 10.10 求无限长均匀带电圆柱面的场强分布.已知圆柱面半径为 R,电荷面密度为 σ.

解 由于电荷分布是轴对称的,且圆柱面无限长,场强分布也必然是轴对称的,即在离轴的垂直距离相同的同轴圆柱面上各点的场强大小相等,方向沿半径呈辐射状.现在计算圆柱面外任一点 P 的场强($r > R$),过 P 点作一半径为 r、高为 l 的同轴闭合圆柱面为高斯面,如图 10.14 所示.通过该高斯面的电通量为

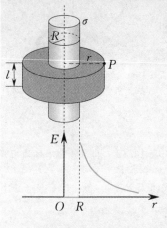

$$\Phi_e = \oint_S \vec{E} \cdot d\vec{S} = \int_{侧面} \vec{E} \cdot d\vec{S} + \int_{上底} \vec{E} \cdot d\vec{S} + \int_{下底} \vec{E} \cdot d\vec{S}.$$

在上、下两底面上场强方向与底面的法线方向垂直,所以通过上、下两底面的电通量为零.于是

$$\Phi_e = \int_{侧面} \vec{E} \cdot d\vec{S} = \int_{侧面} E dS = 2\pi r l E.$$

高斯面内包围的电荷为 $q = 2\pi R l \sigma$,由高斯定理可得

$$\Phi_e = 2\pi r l E = \frac{q}{\varepsilon_0} = \frac{2\pi R l \sigma}{\varepsilon_0}, \quad E = \frac{R\sigma}{\varepsilon_0 r}.$$

若用 λ 表示圆柱面上沿轴线方向单位长度的电量,则 $\sigma = \frac{\lambda}{2\pi R}$,上式可写成

$$E = \frac{\lambda}{2\pi\varepsilon_0 r}.$$

图 10.14 无限长均匀带电圆柱面的场强

计算表明,无限长均匀带电圆柱面外一点的场强与假设圆柱面上的所有电荷集中到轴线上的无限长均匀带电细直线的场强相同(见式(10.15)).

圆柱面内任一点场强的计算与上述过程完全相同,只是高斯面内包围的电量 $q' = 0$,所以

$$\Phi_e = 2\pi r l E = \frac{q'}{\varepsilon_0} = 0, \quad E = 0,$$

即无限长均匀带电圆柱面内的场强为零.

无限长均匀带电圆柱面在空间的场强分布为

$$\vec{E}(r) = \begin{cases} 0, & r < R, \\ \dfrac{\lambda}{2\pi\varepsilon_0 r}\vec{r}^0, & r > R, \end{cases} \tag{10.27}$$

式中 $\vec{r}^0$ 为场点 P 在圆柱面轴线上的垂足点指向 P 点的单位矢量.

同理,可求得半径为 R 的无限长均匀带电圆柱体在空间的场强分布为

$$\vec{E}(r) = \begin{cases} \dfrac{\lambda r}{2\pi\varepsilon_0 R^2}\vec{r}^0, & r \leqslant R, \\ \dfrac{\lambda}{2\pi\varepsilon_0 r}\vec{r}^0, & r > R. \end{cases} \tag{10.28}$$

例 10.11 求无限大均匀带电平面的场强分布.已知平面上电荷面密度为 σ.

解 本题的结果在例 10.5 的推论中已经给出,现利用高斯定理求解要简便得多.

　　由于电荷在平面上均匀分布,可以判断空间各点场强分布具有面对称性,即平面两侧离平面等距离处的场强大小相等,方向均垂直于带电平面.现计算离平面距离为 r 的空间任一点 P 的场强.过 P 点作一闭合圆柱面为高斯面,其轴线与平面垂直,两底面与平面平行,且与平面距离相等,如图 10.15 所示.通过该高斯面总电通量为

$$\Phi_e = \oint_S \vec{E} \cdot \mathrm{d}\vec{S} = \int_{S_1} \vec{E} \cdot \mathrm{d}\vec{S} + \int_{S_2} \vec{E} \cdot \mathrm{d}\vec{S} + \int_{S_3} \vec{E} \cdot \mathrm{d}\vec{S},$$

式中 S_1, S_2 为两底面,S_3 为侧面.由于侧面处场强方向总是与该处法线方向垂直,通过侧面的电通量为零.于是

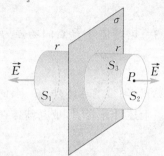

$$\begin{aligned}
\Phi_e &= \int_{S_1} \vec{E} \cdot \mathrm{d}\vec{S} + \int_{S_2} \vec{E} \cdot \mathrm{d}\vec{S} \\
&= \int_{S_1} E \mathrm{d}S + \int_{S_2} E \mathrm{d}S \\
&= ES_1 + ES_2 = 2ES_1.
\end{aligned}$$

高斯面内包围的电荷为 $q = \sigma S_1$,由高斯定理可得

$$\Phi_e = 2ES_1 = \frac{q}{\varepsilon_0} = \frac{\sigma S_1}{\varepsilon_0}, \quad E = \frac{\sigma}{2\varepsilon_0}.$$

图 10.15　无限大均匀带电平面的电场

例 10.12　设在半径为 R 的球体内,电荷分布是对称的,电荷的体密度为

$$\rho = \begin{cases} kr, & 0 \leqslant r \leqslant R, \\ 0, & r > R, \end{cases}$$

k 为一常数,试用高斯定理求场强与 r 的函数关系.

　　解　由于电荷在球体内是对称分布的,其电场分布也具有球对称性.设空间某点 P 到球心的距离为 r,以 O 点为球心、r 为半径作球形高斯面 S,如图 10.16 所示.通过高斯面 S 的电通量为

$$\Phi_e = \oint_S \vec{E} \cdot \mathrm{d}\vec{S} = \oint_S E \mathrm{d}S = 4\pi r^2 E.$$

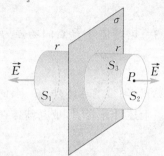

(a)　　　　　　　　(b)

图 10.16　带电球体的电场

根据高斯定理,

$$\Phi_e = 4\pi r^2 E = \frac{q'}{\varepsilon_0}.$$

当 P 点在带电球体内时$(0 \leqslant r \leqslant R)$,如图 10.16(a) 所示,高斯面 S 所包围的电荷为

$$q' = \int_V \rho \mathrm{d}V = \int_0^r 4\pi k r'^3 \mathrm{d}r' = k\pi r^4,$$

可得带电球体内 P 点的场强为

$$E = \frac{kr^2}{4\varepsilon_0}.$$

可见,均匀带电球体内任意一点的场强 E 与 r^2 成正比.

当 P 点在带电球体外时($r > R$),如图 10.16(b)所示,高斯面 S 所包围的电荷为

$$q' = \int_V \rho \mathrm{d}V = \int_0^R 4\pi kr'^3 \mathrm{d}r' = k\pi R^4,$$

可得带电球体外 P 点的场强为

$$E = \frac{kR^4}{4\varepsilon_0 r^2}.$$

可见,均匀带电球体外任一点的场强 E 与 r^2 成反比.

上述计算表明,带电球体在空间的场强分布

$$\vec{E}(r) = \begin{cases} \dfrac{kr^2}{4\varepsilon_0}\, \vec{r}^{\,0}, & r \leqslant R, \\[3mm] \dfrac{kR^4}{4\varepsilon_0 r^2}\, \vec{r}^{\,0}, & r > R, \end{cases}$$

式中 $\vec{r}^{\,0}$ 为球心 O 点指向场点 P 的单位矢量.

利用高斯定理求场强的关键在于对电场的对称性进行分析,以及选择合适的高斯面.选择高斯面时应选择场强在此高斯面上分布对称,以便使积分 $\oint_S \vec{E} \cdot \mathrm{d}\vec{S}$ 中的 $\vec{E}$ 能以标量的形式从积分号内提出来;或者在某些面上,$\vec{E}$ 和 $\mathrm{d}\vec{S}$ 处处垂直使积分的某些项为零.当电场的分布不具对称性时,高斯定理仍然成立,但不能由高斯定理求解场强,场强的计算需采用其他方法.

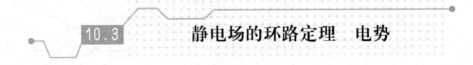

10.3 静电场的环路定理 电势

10.3.1 静电场的环路定理

1. 静电场力做功的特点

当电荷在电场中运动时电场力会做功.研究静电场力做功的规律,对了解静电场的性质具有重要的意义.

先讨论单个点电荷 q 的静电场.如图 10.17 所示,在电场中将一试探电荷 q_0 从 a 点沿任意路径 $\overset{\frown}{acb}$ 移到 b 点,现计算静电场力对 q_0 所做的功.

作用在试探电荷 q_0 的电场力为 $\vec{F} = q_0 \vec{E}$,当 q_0 移动元位移 $\mathrm{d}\vec{l}$ 时,电场力所做的元功

$$\mathrm{d}A = \vec{F} \cdot \mathrm{d}\vec{l} = F\cos\theta \mathrm{d}l = q_0 E\cos\theta \mathrm{d}l,$$

式中 θ 为 $\mathrm{d}\vec{l}$ 与 $\vec{F}$ 的夹角. 由图 10.17 可见, $\cos\theta\mathrm{d}l = \mathrm{d}r$, 所以

$$\mathrm{d}A = q_0 E \mathrm{d}r = \frac{1}{4\pi\varepsilon_0}\frac{qq_0}{r^2}\mathrm{d}r.$$

故将 q_0 由 a 点移动到 b 点电场力做的总功为

$$A_{ab} = \int_{r_a}^{r_b} q_0 E \mathrm{d}r = \int_{r_a}^{r_b} \frac{1}{4\pi\varepsilon_0}\frac{qq_0}{r^2}\mathrm{d}r = \frac{qq_0}{4\pi\varepsilon_0}\Big(\frac{1}{r_a} - \frac{1}{r_b}\Big),$$

$$(10.29)$$

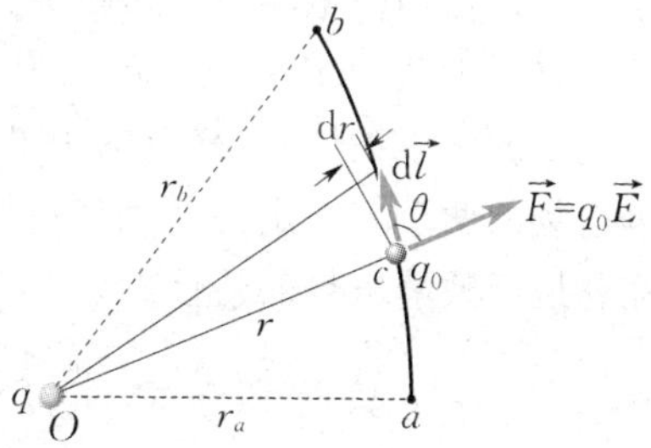

图 10.17　静电场力做功与路径无关

式中 r_a, r_b 分别表示路径的起点 a 和终点 b 与点电荷 q 的距离. 式(10.29)表明, 在点电荷 q 的电场中, 静电场力对试探电荷 q_0 所做的功与路径无关, 只与起点和终点位置有关.

上述结论可以推广到任意带电体的电场. 任何一个带电体可以看成是许多点电荷的集合. 电场中某点的场强 $\vec{E}$ 是各点电荷 $q_1, q_2, \cdots, q_n$ 产生的场强 $\vec{E}_1, \vec{E}_2, \cdots, \vec{E}_n$ 的矢量和, 即

$$\vec{E} = \vec{E}_1 + \vec{E}_2 + \cdots + \vec{E}_n.$$

当试探电荷 q_0 从 a 点沿任意路径 $\overset{\frown}{acb}$ 移到 b 点时电场力做的总功为

$$A_{ab} = \int_a^b \vec{F}\cdot\mathrm{d}\vec{l} = q_0\int_a^b \vec{E}\cdot\mathrm{d}\vec{l} = q_0\int_a^b (\vec{E}_1 + \vec{E}_2 + \cdots + \vec{E}_n)\cdot\mathrm{d}\vec{l}$$

$$= q_0\int_a^b \vec{E}_1\cdot\mathrm{d}\vec{l} + q_0\int_a^b \vec{E}_2\cdot\mathrm{d}\vec{l} + \cdots + q_0\int_a^b \vec{E}_n\cdot\mathrm{d}\vec{l}.$$

由于上式右边每一项都与路径无关, 故总电场力的功 A_{ab} 也与路径无关.

综上所述, 可以得出结论: **试探电荷在任何静电场中移动时, 电场力所做的功只与试探电荷的电量及路径的起点和终点位置有关, 而与路径无关.** 这说明静电场力是**保守力**, 静电场是**保守力场(保守场)**.

2. 静电场的环路定理

静电场力做功与路径无关的特点还可以用另外一种形式表达. 如图 10.18 所示, 设试探电荷 q_0 从电场中 a 点经任意路径 $\overset{\frown}{acb}$ 到达 b 点, 再从 b 点经另一路径 $\overset{\frown}{bda}$ 回到 a 点, 由于静电场力做功与路径无关, 则电场力在整个闭合路径 $\overset{\frown}{acbda}$ 上做功为

$$A = \oint_L \vec{F}\cdot\mathrm{d}\vec{l} = \oint_L q_0\vec{E}\cdot\mathrm{d}\vec{l} = q_0\oint_L \vec{E}\cdot\mathrm{d}\vec{l}$$

$$= q_0\int_{acb} \vec{E}\cdot\mathrm{d}\vec{l} + q_0\int_{bda} \vec{E}\cdot\mathrm{d}\vec{l}$$

$$= q_0\int_{acb} \vec{E}\cdot\mathrm{d}\vec{l} - q_0\int_{adb} \vec{E}\cdot\mathrm{d}\vec{l} = 0.$$

一般 $q_0 \neq 0$, 所以

$$\oint_L \vec{E}\cdot\mathrm{d}\vec{l} = 0. \qquad (10.30)$$

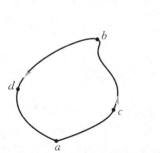

图 10.18　静电场力沿闭合路径做功

式(10.30)左边是场强 $\vec{E}$ 沿任意闭合路径的线积分, 称为**电场强度 $\vec{E}$ 的环流**. 式(10.30)表明, **在静电场中, 电场强度 $\vec{E}$ 的环流恒等于零,**

这一结论称为静电场的环路定理,它是静电场为保守场的数学表述. 由此可见,"静电场力做功与路径无关"与"静电场环流为零"两种说法是完全等价的. 由静电场的环路定理可以证明电场线的第三条性质"静电场中的电场线不会形成闭合曲线". 高斯定理和环路定理是描述静电场的两个基本定理,它们各自独立地反映了静电场的两个侧面,只有两者结合起来才能完整地反映静电场的特性.

10.3.2 电势能和电势

1. 电势能

在力学中我们知道,任何保守力场都可以引入势能,静电场是保守力场,相应地也可以引入电势能. 在电场中,将试探电荷 q_0 由 a 点移到 b 点,其电势能的减少量 W_{ab} 定义为在此过程中静电场力对它所做的功 A_{ab},即

$$W_{ab} = W_a - W_b = A_{ab} = q_0 \int_a^b \vec{E} \cdot \mathrm{d}\vec{l}. \tag{10.31}$$

式(10.31)所给出的是试探电荷 q_0 在 a,b 两点的电势能差,W_a,W_b 分别表示试探电荷 q_0 在 a 点和 b 点的电势能. 和其他形式的势能一样,电势能也是相对量,其值与电势能参考点(一般取电势能为零)选择有关. 电势能零点可以任意选择,如选择试探电荷 q_0 在 b 点的电势能为零,即 $W_b = 0$,则在 a 点的电势能为

$$W_a = A_{ab} = q_0 \int_a^b \vec{E} \cdot \mathrm{d}\vec{l}. \tag{10.32}$$

如果带电体系局限在有限的空间里,通常把电势能零点选在无穷远处,即令 $W_\infty = 0$,则

$$W_a = A_{a\infty} = q_0 \int_a^\infty \vec{E} \cdot \mathrm{d}\vec{l}, \tag{10.33}$$

即电荷 q_0 在电场中任一点 a 的电势能等于将 q_0 从 a 点沿任意路径移至无穷远处(或电势能零点)电场力所做的功.

应该指出,电势能与其他势能一样,也是属于一定的系统的,式(10.33)表明电势能是试探电荷和电场的相互作用能,是属于试探电荷和电场所组成的系统. 试探电荷在电场中某点的电势能与参考点的选择有关,但在电场中任意两点的电势能差与参考点的选择无关.

2. 电势差和电势

式(10.31)表明,W_{ab} 与试探电荷的电量 q_0 成正比,而比值 $\dfrac{W_{ab}}{q_0} = \int_a^b \vec{E} \cdot \mathrm{d}\vec{l}$ 与试探电荷 q_0 无关,仅与电场的分布及 a,b 两点的位置有关,因而反映了电场在 a,b 两点的性质. 将这个量定义为电场中 a,b 两点的电势差,用 U_{ab} 表示,

$$U_{ab} = \frac{W_{ab}}{q_0} = \frac{A_{ab}}{q_0} = \int_a^b \vec{E} \cdot \mathrm{d}\vec{l}, \tag{10.34}$$

即电场中 a,b 两点之间的电势差等于将单位正电荷从 a 点沿任意路径移到 b 点时电场力所做的功,或者表述为单位正电荷的电势能差.

要确定空间某点的电势值,则需要选择参考点(一般取参考点的电势为零),其他各点与电势零点的电势差定义为该点的电势. 若带电体系局限在有限的空间里,通常把电势零点选在无穷远处,则电场中 a 点的电势为

$$U_a = U_{a\infty} = \int_a^\infty \vec{E} \cdot \mathrm{d}\vec{l}. \tag{10.35}$$

实际上,在选择无穷远处为电势能零点后(即选取了无穷远处为电势零点),a 点的电势还可以由式(10.33) 给出:

$$U_a = \frac{W_a}{q_0} = \frac{A_{a\infty}}{q_0} = \int_a^\infty \vec{E} \cdot \mathrm{d}\vec{l},$$

即**电场中某点的电势等于单位正电荷在该点处的电势能,或等于将单位正电荷从该点沿任意路径移到无穷远时电场力所做的功**.电势是标量.在国际单位制中,电势的单位为伏[特](V).

由于电场力做功与路径无关,对空间中任意两点 a 和 b 有

$$\int_a^b \vec{E} \cdot \mathrm{d}\vec{l} = \int_a^\infty \vec{E} \cdot \mathrm{d}\vec{l} + \int_\infty^b \vec{E} \cdot \mathrm{d}\vec{l} = \int_a^\infty \vec{E} \cdot \mathrm{d}\vec{l} - \int_b^\infty \vec{E} \cdot \mathrm{d}\vec{l},$$

即

$$U_{ab} = U_a - U_b. \tag{10.36}$$

式(10.36)表明 a,b 两点的电势差等于 a 点的电势减 b 点的电势.

例 10.13 求点电荷 q 产生的电场中各点的电势.

解 设无穷远处的电势为零,因静电场力做功与路径无关,利用式(10.35)计算时,选取一条便于计算的路径,即沿矢径的直线,则电场中任一点 a 的电势为

$$U_a = \int_a^\infty \vec{E} \cdot \mathrm{d}\vec{l} = \int_a^\infty \vec{E} \cdot \mathrm{d}\vec{r} = \int_a^\infty \frac{q}{4\pi\varepsilon_0 r^2} \vec{r}^0 \cdot \mathrm{d}\vec{r} = \int_r^\infty \frac{q}{4\pi\varepsilon_0 r^2} \mathrm{d}r = \frac{1}{4\pi\varepsilon_0} \frac{q}{r}, \tag{10.37}$$

式中 r 为点电荷 q 到场点 a 的距离,$\vec{r}^0$ 为从点电荷 q 指向矢径上场点的单位矢量.

有了电势差的概念后,将电荷 q_0 从 a 点移到 b 点时电场力所做的功可用电势差表示,即为

$$A_{ab} = q_0 \int_a^b \vec{E} \cdot \mathrm{d}\vec{l} = q_0(U_a - U_b) = q_0 U_{ab}. \tag{10.38}$$

与电势能类似,电势也是相对量,虽然电场中任一点的电势值与电势零点选择有关,但两点之间电势差与电势零点选择无关.电势零点可以任意选择,通常带电体系分布于有限空间内时,选无穷远处为电势零点,但当带电体系分布延伸到无限远处时(如无限长带电直线、无限大带电平面),就不能选无穷远处为电势零点.在实际应用中,常常选择大地或电器外壳为电势零点.

10.3.3 电势叠加原理

1. 电势叠加原理

由场强叠加原理可推出电势叠加原理.设空间有由 n 个点电荷 $q_1, q_2, \cdots, q_n$ 组成的点电荷系,则空间任一点 a 处的场强为

$$\vec{E} = \vec{E}_1 + \vec{E}_2 + \cdots + \vec{E}_n.$$

根据电势的定义,a 点的电势为

$$U_a = \int_a^\infty \vec{E} \cdot \mathrm{d}\vec{l} = \int_a^\infty (\vec{E}_1 + \vec{E}_2 + \cdots + \vec{E}_n) \cdot \mathrm{d}\vec{l}$$

$$= \int_a^\infty \vec{E}_1 \cdot \mathrm{d}\vec{l} + \int_a^\infty \vec{E}_2 \cdot \mathrm{d}\vec{l} + \cdots + \int_a^\infty \vec{E}_n \cdot \mathrm{d}\vec{l}$$

$$= U_{1a} + U_{2a} + \cdots + U_{na} = \sum_{i=1}^n U_{ia} = \frac{1}{4\pi\varepsilon_0} \sum_{i=1}^n \frac{q_i}{r_i}, \tag{10.39}$$

式中 r_i 为点电荷 q_i 到场点 a 的距离. 上式表明:**在静电场中,某点 a 的电势等于各点电荷单独存在时产生的电场在该点的电势的代数和**,这一结论称为**电势叠加原理**.

对于电荷连续分布的有限大小带电体,可以看成是由许多电荷元 $\mathrm{d}q$ 所组成,把每个电荷元都看成点电荷,利用点电荷电势表达式(10.37)和电势叠加原理可得电场中任一点 a 的电势为

$$U_a = \int_q \frac{\mathrm{d}q}{4\pi\varepsilon_0 r},$$

式中 r 是电荷元 $\mathrm{d}q$ 到场点 a 的距离.

2. 电势的计算

电势的计算有两种基本方法:一是当场强分布已知,或带电体系具有一定的对称性,场强分布容易用高斯定理求出时,可用场强积分求电势;二是当带电体系的电荷分布已知,且带电体系不具有高度对称性时,可利用点电荷电势公式(或特殊带电体的电势公式)和电势叠加原理计算电势.

> **例 10.14** 求电偶极子电场中任意点的电势.已知电偶极子的电偶极矩 $\vec{p}_e = q\vec{l}$.

解 如图 10.19 所示,在电偶极子电场中任取一点 P,P 点到电偶极子轴线中点 O 的距离为 r,$+q$ 和 $-q$ 到 P 点的距离分别为 r_1 和 r_2. 由点电荷电势公式和电势叠加原理可得 P 点处的电势为

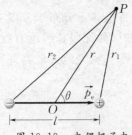

$$U = U_1 + U_2 = \frac{1}{4\pi\varepsilon_0} \frac{q}{r_1} + \frac{1}{4\pi\varepsilon_0} \frac{(-q)}{r_2} = \frac{q}{4\pi\varepsilon_0} \frac{r_2 - r_1}{r_1 r_2}.$$

因为 $r \gg l$,所以 $r_1 \approx r - \frac{l}{2}\cos\theta$,$r_2 \approx r + \frac{l}{2}\cos\theta$,$r_2 - r_1 \approx l\cos\theta$,$r_1 r_2 \approx r^2$,代入上式可得 P 点处的电势为

$$U \approx \frac{1}{4\pi\varepsilon_0} \frac{ql\cos\theta}{r^2} = \frac{1}{4\pi\varepsilon_0} \frac{p_e\cos\theta}{r^2},$$

图 10.19　电偶极子电场的电势

式中 θ 为电偶极子中心 O 与场点 P 的连线和电偶极子轴的夹角,如图 10.19 所示.

> **例 10.15** 求均匀带电圆环轴线上的电势分布.设圆环半径为 R,总电量为 q.

解 如图 10.20 所示,设圆环轴线上一点 P 到环心 O 的距离为 x,在圆环上任取一线元

$\mathrm{d}l$, 其带电量为 $\mathrm{d}q$. 电荷元 $\mathrm{d}q$ 在 P 点处产生的电势为

$$\mathrm{d}U = \frac{\mathrm{d}q}{4\pi\varepsilon_0\, r} = \frac{\mathrm{d}q}{4\pi\varepsilon_0\sqrt{R^2+x^2}}.$$

整个圆环在 P 点产生的电势为

$$U = \int\mathrm{d}U = \int\frac{\mathrm{d}q}{4\pi\varepsilon_0\sqrt{R^2+x^2}} = \frac{q}{4\pi\varepsilon_0\sqrt{R^2+x^2}}. \quad (10.40)$$

本题也可根据电势定义式 (10.35) 求解.

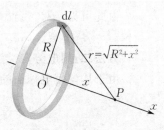

图 10.20　均匀带电圆环轴线上的电势

例 10.16　求均匀带电球面电场中电势的分布. 设球面半径为 R, 总电量为 q.

解　方法一: 用电势叠加方法计算.

设球面外任一点 P 与球心 O 的距离为 r, 将整个带电球面划分为许多与 OP 垂直的小圆环. 图 10.21(a) 中画出了其中一个小圆环, 该小圆环面积 $\mathrm{d}S = 2\pi R\sin\theta \times R\mathrm{d}\theta$, 所带电量 $\mathrm{d}q = \sigma\mathrm{d}S = \sigma 2\pi R^2\sin\theta\mathrm{d}\theta$, 式中 $\sigma = \dfrac{q}{4\pi R^2}$. 设小圆环边缘到 P 点的距离为 l, 则由例 10.15 的结果可得该小圆环在 P 点的电势为

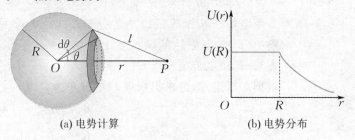

(a) 电势计算　　　　　　　(b) 电势分布

图 10.21　均匀带电球面的电势

$$\mathrm{d}U = \frac{1}{4\pi\varepsilon_0}\frac{\mathrm{d}q}{l} = \frac{1}{4\pi\varepsilon_0}\frac{\sigma 2\pi R^2\sin\theta\mathrm{d}\theta}{l} = \frac{q\sin\theta\mathrm{d}\theta}{8\pi\varepsilon_0\, l}.$$

由图中几何关系可得 $l^2 = r^2 + R^2 - 2rR\cos\theta$, 微分可得 $2l\mathrm{d}l = 2rR\sin\theta\mathrm{d}\theta$. 于是

$$\mathrm{d}U = \frac{q\mathrm{d}l}{8\pi\varepsilon_0\, rR}.$$

由电势叠加原理, 对均匀带电球面上各小圆环在 P 点处产生的电势 $\mathrm{d}U$ 求和, 就得到整个均匀带电球面在球面外 P 点处产生的电势

$$U = \int\mathrm{d}U = \int_{r-R}^{r+R}\frac{q\mathrm{d}l}{8\pi\varepsilon_0\, rR} = \frac{1}{4\pi\varepsilon_0}\frac{q}{r}.$$

当 P 点在球面内时, 均匀带电球面在球面内 P 点处产生的电势

$$U = \int\mathrm{d}U = \int_{R-r}^{R+r}\frac{q\mathrm{d}l}{8\pi\varepsilon_0\, rR} = \frac{1}{4\pi\varepsilon_0}\frac{q}{R}.$$

综合以上结果, 均匀带电球面电场中的电势分布为

$$U = \begin{cases} \dfrac{1}{4\pi\varepsilon_0}\dfrac{q}{R}, & r \leqslant R, \\[3mm] \dfrac{1}{4\pi\varepsilon_0}\dfrac{q}{r}, & r > R. \end{cases} \quad (10.41)$$

由此可见,均匀带电球面外各点的电势与全部电荷 q 集中在球心时点电荷的电势相同;而球面内各处电势都相等,并等于球面的电势.其电势分布如图 10.21(b) 所示.

方法二:用电势定义法计算.

由于均匀带电球面的电荷分布具有球对称性,其场强分布很容易由高斯定理求得:

$$E_1 = 0, \quad r < R; \quad E_2 = \frac{1}{4\pi\varepsilon_0} \frac{q}{r^2}, \quad r > R.$$

选从球面外 P 点沿矢径指向无穷远为积分路径,则根据电势定义可得 P 点处的电势

$$U = \int_P^\infty \vec{E} \cdot \mathrm{d}\vec{l} = \int_r^\infty E_2 \mathrm{d}r = \int_r^\infty \frac{1}{4\pi\varepsilon_0} \frac{q}{r^2} \mathrm{d}r = \frac{1}{4\pi\varepsilon_0} \frac{q}{r}, \quad r > R.$$

若 P 点在球面内,仍选由 P 点沿矢径指向无穷远为积分路径,则 P 点的电势

$$U = \int_P^\infty \vec{E} \cdot \mathrm{d}\vec{l} = \int_r^R E_1 \mathrm{d}r + \int_R^\infty E_2 \mathrm{d}r = \int_R^\infty E_2 \mathrm{d}r$$

$$= \int_R^\infty \frac{1}{4\pi\varepsilon_0} \frac{q}{r^2} \mathrm{d}r = \frac{1}{4\pi\varepsilon_0} \frac{q}{R}, \quad r \leqslant R.$$

所得结果与方法一相同,但此方法简便得多.

例 10.17　如图 10.22 所示,半径分别为 R_A 和 R_B 的两个同心均匀带电球面 A 和 B,内球面 A 带电量 $+q$,外球面 B 带电量 $-q$.试求:(1) 电势分布 U;(2) A,B 两球面的电势差.

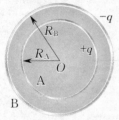

图 10.22　例 10.17 图

解　(1) 求电势分布 U

方法一:用电势定义求 U.

根据高斯定理,可求得场强 E 的分布为

$$\begin{cases} E_1 = 0, & r < R_A, \\ E_2 = \dfrac{1}{4\pi\varepsilon_0} \dfrac{q}{r^2}, & R_A < r < R_B, \\ E_3 = 0, & r > R_B. \end{cases}$$

在 $r < R_A$ 区间,

$$U_1 = \int_a^\infty \vec{E} \cdot \mathrm{d}\vec{l} = \int_r^{R_A} E_1 \mathrm{d}r + \int_{R_A}^{R_B} E_2 \mathrm{d}r + \int_{R_B}^\infty E_3 \mathrm{d}r = \int_{R_A}^{R_B} E_2 \mathrm{d}r$$

$$= \int_{R_A}^{R_B} \frac{1}{4\pi\varepsilon_0} \frac{q}{r^2} \mathrm{d}r = \frac{q}{4\pi\varepsilon_0} \left(\frac{1}{R_A} - \frac{1}{R_B} \right).$$

在 $R_A < r < R_B$ 区间,

$$U_2 = \int_a^\infty \vec{E} \cdot \mathrm{d}\vec{l} = \int_r^{R_B} E_2 \mathrm{d}r + \int_{R_B}^\infty E_3 \mathrm{d}r = \int_r^{R_B} E_2 \mathrm{d}r = \int_r^{R_B} \frac{1}{4\pi\varepsilon_0} \frac{q}{r^2} \mathrm{d}r = \frac{q}{4\pi\varepsilon_0} \left(\frac{1}{r} - \frac{1}{R_B} \right).$$

在 $r > R_B$ 区间,

$$U_3 = \int_a^\infty \vec{E} \cdot \mathrm{d}\vec{l} = \int_r^\infty E_3 \mathrm{d}r = 0.$$

方法二:用电势叠加原理求 U.

在 $r < R_A$ 区间,任一点的电势 U_1 为 A 球面所带电荷 $+q$ 在球面 A 内产生的电势 $U_{A内}$ 和球面 B 所带电荷 $-q$ 在球面 A 内产生的电势 $U_{B内}$ 的叠加,即

$$U_1 = U_{A内} + U_{B内} = \frac{q}{4\pi\varepsilon_0 R_A} + \frac{-q}{4\pi\varepsilon_0 R_B} = \frac{q}{4\pi\varepsilon_0} \left(\frac{1}{R_A} - \frac{1}{R_B} \right).$$

在 $R_A < r < R_B$ 区间,任一点的电势 U_2 为 A 球面所带电荷 $+q$ 在球面 A 外产生的电势 $U_{A外}$ 和球面 B 所带电荷 $-q$ 在球面 B 内产生的电势 $U_{B内}$ 的叠加,即

$$U_2 = U_{A外} + U_{B内} = \frac{q}{4\pi\varepsilon_0 r} + \frac{-q}{4\pi\varepsilon_0 R_B} = \frac{q}{4\pi\varepsilon_0}\left(\frac{1}{r} - \frac{1}{R_B}\right).$$

在 $r > R_B$ 区间,根据前面分析可得

$$U_3 = U_{A外} + U_{B外} = \frac{q}{4\pi\varepsilon_0 r} + \frac{-q}{4\pi\varepsilon_0 r} = 0.$$

(2) 根据电势差定义式(10.34),可求得 A,B 两球面的电势差为

$$U_{AB} = \int_A^B \vec{E} \cdot d\vec{l} = \int_{R_A}^{R_B} E_2 \, dr = \int_{R_A}^{R_B} \frac{1}{4\pi\varepsilon_0}\frac{q}{r^2} \, dr = \frac{q}{4\pi\varepsilon_0}\left(\frac{1}{R_A} - \frac{1}{R_B}\right).$$

10.4　等势面　电势梯度

10.4.1　等势面

与矢量场可以借助于矢量线进行形象描绘(如描述电场中电场强度分布的电场线)一样,标量场也可以借助于图像进行形象描绘,即用等值面形象描绘标量场的空间分布.电势是标量,一般情况下静电场中各点的电势是逐点变化的,电势在空间构成了标量场,因而可以在电场中引入等值面来进行形象地描绘,这个等值面是由电场中电势相等的点所构成的曲面,叫作等势面.如在点电荷电场中,电势 $U = \dfrac{1}{4\pi\varepsilon_0}\dfrac{q}{r}$,可见,与点电荷 q 距离相同的各点电势相等,说明其等势面是一系列以点电荷为中心的同心球面.图 10.23 给出几种常见电场的等势面图.综合各种等势面图,可以看出等势面具有以下性质.

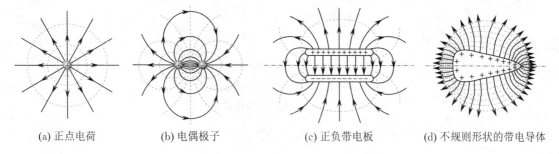

(a) 正点电荷　　　　(b) 电偶极子　　　　(c) 正负带电板　　　　(d) 不规则形状的带电导体

图 10.23　几种常见电场的等势面图(虚线表示等势面,实线表示电场线)

(1) 沿等势面移动电荷时,电场力所做的功为零.

在静电场中,沿等势面将电荷 q_0 从 a 点移到 b 点,因 $U_a = U_b$,所以电场力所做的功为

$$A_{ab} = \int_a^b q_0 \vec{E} \cdot d\vec{l} = q_0(U_a - U_b) = 0.$$

(2) 等势面与电场线处处正交.

在静电场中,沿等势面将电荷 q_0 移动 $\mathrm{d}\vec{l}$,由性质(1)可得

$$\mathrm{d}A = q_0\vec{E}\cdot\mathrm{d}\vec{l} = q_0 E\cos\theta\mathrm{d}l = 0.$$

因为上式中 $q_0, E, \mathrm{d}l$ 均不等于零,所以

$$\cos\theta = 0, \quad \theta = \frac{\pi}{2}.$$

说明 $\vec{E}$ 垂直于 $\mathrm{d}\vec{l}$,即电场线与等势面正交.

如果将正电荷 q_0 沿电场线上的元位移 $\mathrm{d}\vec{l}'$($\mathrm{d}\vec{l}'$ 与 $\vec{E}$ 同方向)从 a 点移到 b' 点,则电场力做功

$$\mathrm{d}A' = q_0\vec{E}\cdot\mathrm{d}\vec{l}' = q_0 E\cos 0°\mathrm{d}l' = q_0 E\mathrm{d}l' > 0,$$

且 $\mathrm{d}A' = q_0(U_a - U_{b'})$.因此 $U_a > U_{b'}$,即电场线总是指向电势降低的方向.

(3) 等势面较密集的地方场强大,较稀疏的地方场强小.

在作等势面时,原则上要求相邻等势面之间的电势差值相等,这样等势面的疏密程度能直观反映出场强的强弱.

在实际应用中,一般是先知道等势面图,然后再绘出电场线图,因为在很多实际场合,用外部条件控制的不是电荷的分布,而是电场中某些等势面的形状及其电势值.

*10.4.2　电场强度和电势梯度的关系

电场强度和电势都是描述电场中各点性质的物理量,两者关系密切,电势定义式 $U = \int_a^\infty \vec{E}\cdot\mathrm{d}\vec{l}$ 反映了静电场中电势与场强的积分关系,根据这一关系可由场强的分布求得电势分布,那么,反过来可否由电势分布求得场强分布呢?

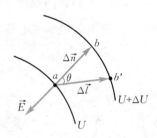

如图 10.24 所示,在任意静电场中,取两个十分靠近的等势面,电势分别为 U 和 $U+\Delta U$,且设 $\Delta U > 0$. a 点在电势为 U 的等势面上,b' 点在电势为 $U+\Delta U$ 的等势面上,从 a 到 b' 的位移为 $\Delta\vec{l}$.电势 U 沿 $\Delta\vec{l}$ 方向的方向导数(沿 $\Delta\vec{l}$ 方向电势变化率)为

$$\frac{\partial U}{\partial l} = \lim_{\Delta l \to 0}\frac{\Delta U}{\Delta l}.$$

图 10.24　$\vec{E}$ 与 U 的关系

过 a 点作等势面法线,与电势为 $U+\Delta U$ 的等势面交于 b 点,且 $\vec{ab} = \Delta\vec{n}$,方向指向电势增加的方向,$\vec{n}$ 表示法线方向的单位矢量.电势 U 沿此方向的方向导数(沿 $\Delta\vec{n}$ 方向电势变化率)为

$$\frac{\partial U}{\partial n} = \lim_{\Delta n \to 0}\frac{\Delta U}{\Delta n}.$$

设 $\Delta\vec{l}$ 和 $\Delta\vec{n}$ 之间的夹角为 θ,$\Delta n = \Delta l\cos\theta$,则

$$\frac{\partial U}{\partial l}\frac{1}{\cos\theta} = \frac{\partial U}{\partial n} \quad \text{或} \quad \frac{\partial U}{\partial l} = \frac{\partial U}{\partial n}\cos\theta,$$

上式表明

$$\frac{\partial U}{\partial l} \leqslant \frac{\partial U}{\partial n},$$

即 U 沿 $\Delta\vec{n}$ 方向的方向导数最大,其余方向的方向导数等于它乘以 $\cos\theta$,这正是矢量的投影和它的绝对值之

间的关系. 可以定义一个矢量, 它沿着 $\Delta \vec{n}$ 方向, 大小等于 $\dfrac{\partial U}{\partial n}$. 这个矢量就是电势 U 的 **梯度**, 表示为

$$\mathbf{grad}\, U = \nabla U = \frac{\partial U}{\partial n}\vec{n}. \tag{10.42}$$

一般来说, 电场中某点的电势梯度在方向上与该点处电势增加率最大的方向相同, 在量值上等于沿该方向上的电势增加率.

图 10.24 中, 因两个等势面十分靠近, 所以 Δn 较小, 则 a, b 两点的电势差为

$$U - (U + \Delta U) = \int_a^b \vec{E} \cdot \mathrm{d}\vec{l} \approx E\Delta n,$$

则有

$$E \approx -\frac{\Delta U}{\Delta n}, \quad E = -\lim_{\Delta n \to 0} \frac{\Delta U}{\Delta n} = -\frac{\partial U}{\partial n},$$

式中负号表明 $\vec{E}$ 方向与 $\vec{n}$ 方向相反, 所以

$$\vec{E} = -\frac{\partial U}{\partial n}\vec{n} = -\nabla U. \tag{10.43}$$

式 (10.43) 表明, 电场中任一点的场强等于该点电势梯度的负值. 在国际单位制中, 电势梯度的单位为伏 [特] 每米 (V/m), 所以场强也用这个单位. 由于场强是矢量, 而电势是标量, 一般说来电势的计算比场强简单. 因此先求电势, 然后再由式 (10.43) 求场强, 也是计算场强的一种常用方法.

在直角坐标系中可表示为

$$\vec{E} = -\nabla U = -\left(\frac{\partial U}{\partial x}\vec{i} + \frac{\partial U}{\partial y}\vec{j} + \frac{\partial U}{\partial z}\vec{k}\right), \tag{10.44}$$

相应地, 场强 $\vec{E}$ 沿 x, y, z 轴三个方向的分量分别为

$$E_x = -\frac{\partial U}{\partial x}, \quad E_y = -\frac{\partial U}{\partial y}, \quad E_z = -\frac{\partial U}{\partial z}. \tag{10.45}$$

在柱坐标系中可表示为

$$\vec{E} = -\nabla U = -\left(\frac{\partial U}{\partial \rho}\vec{e}_\rho + \frac{1}{\rho}\frac{\partial U}{\partial \varphi}\vec{e}_\varphi + \frac{\partial U}{\partial z}\vec{e}_z\right), \tag{10.46}$$

式中 $\vec{e}_\rho, \vec{e}_\varphi, \vec{e}_z$ 分别表示 ρ, φ, z 的单位矢量. 相应地, 场强 $\vec{E}$ 沿 ρ, φ, z 三个方向的分量分别为

$$E_\rho = -\frac{\partial U}{\partial \rho}, \quad E_\varphi = -\frac{1}{\rho}\frac{\partial U}{\partial \varphi}, \quad E_z = -\frac{\partial U}{\partial z}. \tag{10.47}$$

在球坐标系中可表示为

$$\vec{E} = -\nabla U = -\left(\frac{\partial U}{\partial r}\vec{e}_r + \frac{1}{r}\frac{\partial U}{\partial \theta}\vec{e}_\theta + \frac{1}{r\sin\theta}\frac{\partial U}{\partial \varphi}\vec{e}_\varphi\right), \tag{10.48}$$

式中 $\vec{e}_r, \vec{e}_\theta, \vec{e}_\varphi$ 分别表示 r, θ, φ 的单位矢量. 相应地, 场强 $\vec{E}$ 沿 r, θ, φ 三个方向的分量分别为

$$E_r = -\frac{\partial U}{\partial r}, \quad E_\theta = -\frac{1}{r}\frac{\partial U}{\partial \theta}, \quad E_\varphi = -\frac{1}{r\sin\theta}\frac{\partial U}{\partial \varphi}. \tag{10.49}$$

例 10.18　均匀带电圆环的半径为 R, 带电量为 q, 利用场强与电势梯度的关系计算轴线上的场强分布.

解　根据例 10.15 的结果, 均匀带电圆环轴线上距环心为 x 任一点的电势为

$$U = \frac{q}{4\pi\varepsilon_0 \sqrt{R^2 + x^2}},$$

所以, 轴线上场强在 x 轴上的分量 E_x 为

$$E_x = -\frac{\partial U}{\partial x} = -\frac{\partial}{\partial x}\left(\frac{q}{4\pi\varepsilon_0 \sqrt{R^2 + x^2}}\right) = \frac{qx}{4\pi\varepsilon_0 (R^2 + x^2)^{\frac{3}{2}}}.$$

由于 U 只是 x 的函数，$E_y = -\dfrac{\partial U}{\partial y} = 0$，$E_z = -\dfrac{\partial U}{\partial z} = 0$，因此

$$\vec{E} = E_x \vec{i} = \frac{qx}{4\pi\varepsilon_0 (R^2 + x^2)^{\frac{3}{2}}} \vec{i}.$$

这个结果与例 10.4 中利用场强叠加原理求得的结果一致.

例 10.19   利用场强与电势梯度的关系，求半径为 R、电荷面密度为 σ 的均匀带电圆盘轴线上的场强.

解   如图 10.25 所示，取半径为 r、宽度为 dr 的细圆环，其面积为 $dS = 2\pi r dr$，带电量为 $dq = \sigma dS = \sigma 2\pi r dr$，根据例 10.15 的结果，电荷 dq 在轴线上距离盘中心为 x 的 P 点产生的电势为

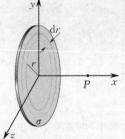

图 10.25   均匀带电圆盘

$$dU = \frac{dq}{4\pi\varepsilon_0 (r^2 + x^2)^{\frac{1}{2}}} = \frac{\sigma 2\pi r dr}{4\pi\varepsilon_0 (r^2 + x^2)^{\frac{1}{2}}},$$

则圆盘在 P 点产生的电势为

$$U = \int dU = \int_0^R \frac{\sigma 2\pi r dr}{4\pi\varepsilon_0 (r^2 + x^2)^{\frac{1}{2}}} = \frac{\sigma}{2\varepsilon_0} \left(\sqrt{R^2 + x^2} - |x| \right).$$

P 点处场强在 x 轴上的分量 E_x 为

$$E_x = -\frac{\partial U}{\partial x} = \frac{\sigma}{2\varepsilon_0} \left(\frac{x}{|x|} - \frac{x}{\sqrt{R^2 + x^2}} \right).$$

由于 U 只是 x 的函数，$E_y = -\dfrac{\partial U}{\partial y} = 0$，$E_z = -\dfrac{\partial U}{\partial z} = 0$，因此 P 点的场强为

$$\vec{E} = E_x \vec{i} = \frac{\sigma}{2\varepsilon_0} \left(\frac{x}{|x|} - \frac{x}{\sqrt{R^2 + x^2}} \right) \vec{i}.$$

这个结果与例 10.5 中利用场强叠加原理求得的结果一致.

例 10.20   计算电偶极子电场中任一点 P 处的场强. 已知电偶极子的电偶极矩 $\vec{p}_e = q\vec{l}$.

解   根据例 10.14 的结果，电偶极子电场中任一点 P 处的电势为

$$U = \frac{1}{4\pi\varepsilon_0} \frac{p_e \cos\theta}{r^2}.$$

建立以电偶极子中点为原点 O、电偶极子轴为 x 轴的直角坐标系，式中 $r = \sqrt{x^2 + y^2 + z^2}$，$\cos\theta = \dfrac{x}{\sqrt{x^2 + y^2 + z^2}}$，则 P 点处的电势可表示为

$$U = \frac{1}{4\pi\varepsilon_0} \frac{p_e x}{(x^2 + y^2 + z^2)^{\frac{3}{2}}}.$$

可见电势 U 是 P 点坐标 (x, y, z) 的函数. 由式(10.45)可求得 P 点处场强 $\vec{E}$ 在 x, y, z 方向的分量分别为

$$E_x = -\frac{\partial U}{\partial x} = -\frac{\partial}{\partial x} \left[\frac{1}{4\pi\varepsilon_0} \frac{p_e x}{(x^2 + y^2 + z^2)^{\frac{3}{2}}} \right] = \frac{p_e (2x^2 - y^2 - z^2)}{4\pi\varepsilon_0 (x^2 + y^2 + z^2)^{\frac{5}{2}}},$$

$$E_y = -\frac{\partial U}{\partial y} = -\frac{\partial}{\partial y} \left[\frac{1}{4\pi\varepsilon_0} \frac{p_e x}{(x^2 + y^2 + z^2)^{\frac{3}{2}}} \right] = \frac{3 p_e xy}{4\pi\varepsilon_0 (x^2 + y^2 + z^2)^{\frac{5}{2}}},$$

$$E_z = -\frac{\partial U}{\partial z} = -\frac{\partial}{\partial z} \left[\frac{1}{4\pi\varepsilon_0} \frac{p_e x}{(x^2 + y^2 + z^2)^{\frac{3}{2}}} \right] = \frac{3 p_e xz}{4\pi\varepsilon_0 (x^2 + y^2 + z^2)^{\frac{5}{2}}}.$$

于是 P 点的场强为

$$\vec{E} = \frac{p_e (2x^2 - y^2 - z^2)}{4\pi\varepsilon_0 (x^2 + y^2 + z^2)^{\frac{5}{2}}} \vec{i} + \frac{3 p_e xy}{4\pi\varepsilon_0 (x^2 + y^2 + z^2)^{\frac{5}{2}}} \vec{j} + \frac{3 p_e xz}{4\pi\varepsilon_0 (x^2 + y^2 + z^2)^{\frac{5}{2}}} \vec{k}.$$

当 P 点在电偶极子轴延长线上时，$y = 0$，$z = 0$，P 点处的场强为

$$\vec{E} = \frac{p_e}{2\pi\varepsilon_0 x^3}\vec{i}.$$

当 P 点在电偶极子轴的垂直中面上时，$x = 0$，P 点的场强为

$$\vec{E} = -\frac{p_e}{4\pi\varepsilon_0 (y^2 + z^2)^{\frac{3}{2}}}\vec{i}.$$

此结果与例 10.2 的结果一致.

 # 本 章 提 要

一、基本定理和基本公式

1. 库仑定律

真空中两个静止点电荷之间相互作用力的大小与这两个点电荷所带电量 q_1 和 q_2 的乘积成正比，与它们之间的距离 r 的平方成反比，作用力的方向沿着两个点电荷的连线，同号电荷相互排斥、异号电荷相互吸引. 在国际单位制中，

$$\vec{F}_{12} = \frac{1}{4\pi\varepsilon_0}\frac{q_1 q_2}{r^2}\vec{r}_{12}^0,$$

式中 $\vec{F}_{12}$ 代表 q_1 对 q_2 的作用力，$\vec{r}_{12}^0$ 代表 q_1 到 q_2 的单位矢量，q_2 对 q_1 的作用力 $\vec{F}_{21} = -\vec{F}_{12}$.

2. 电场强度叠加原理

点电荷系所激发的电场中某点的电场强度等于各点电荷单独存在时在该点激发的电场强度的矢量和，即

$$\vec{E} = \vec{E}_1 + \vec{E}_2 + \cdots + \vec{E}_n = \sum_{i=1}^{n}\vec{E}_i,$$

式中 $\vec{E}_1, \vec{E}_2, \cdots, \vec{E}_n$ 分别为各点电荷单独存在时产生的场强.

（1）点电荷系的场强

$$\vec{E} = \frac{1}{4\pi\varepsilon_0}\sum_{i=1}^{n}\frac{q_i}{r_i^2}\vec{r}_i^0,$$

式中 r_i 为 q_i 到场点的距离，$\vec{r}_i^0$ 为 q_i 指向场点的单位矢量.

（2）电荷连续分布带电体的场强

$$\vec{E} = \frac{1}{4\pi\varepsilon_0}\int\frac{\mathrm{d}q}{r^2}\vec{r}^0.$$

体分布：$\vec{E} = \dfrac{1}{4\pi\varepsilon_0}\displaystyle\int_V\dfrac{\rho\mathrm{d}V}{r^2}\vec{r}^0$；

面分布：$\vec{E} = \dfrac{1}{4\pi\varepsilon_0}\displaystyle\int_S\dfrac{\sigma\mathrm{d}S}{r^2}\vec{r}^0$；

线分布：$\vec{E} = \dfrac{1}{4\pi\varepsilon_0}\displaystyle\int_L\dfrac{\lambda\mathrm{d}l}{r^2}\vec{r}^0$.

3. 高斯定理

通过静电场中任一闭合曲面 S 的电通量 Φ_e 等于该曲面所包围的电荷代数和 $\displaystyle\sum_{(S内)}q_i$ 除以 ε_0，与闭合曲面外的电荷无关. 数学表达式为

$$\Phi_e = \oint_S\vec{E}\cdot\mathrm{d}\vec{S} = \frac{1}{\varepsilon_0}\sum_{(S内)}q_i,$$

式中闭合曲面 S 称为高斯面.

应用高斯定理求场强时应注意以下几点.

（1）高斯定理中的 $\vec{E}$ 是指高斯面上的场强，是带电体系中所有电荷（无论处于高斯面内，还是高斯面外）产生的总场强.

（2）$\sum q_i$ 只是对高斯面内的电荷求和，而高斯面外的电荷对穿过高斯面的总电通量没有贡献.

（3）能够直接运用高斯定理求出场强的情形，都必须要求场强分布具有一定的对称性，常见的有以下三种情况.

① 球对称性：例如，均匀带电的球壳、球体，同心球壳，或是电荷密度仅是所讨论的点到球心距离函数的带电球体等.

② 轴对称性. 例如，无限长均匀带电细棒，均匀带电无限长圆筒，同轴圆筒等，或电荷密度仅是所讨论的点到轴线距离函数的无限长圆柱体等.

③ 平面对称性. 例如无限大均匀带电平板等.

（4）作高斯面时应充分考虑场分布的对称性.

4. 静电场的环路定理

静电场中场强沿任意闭合环路的线积分恒等于零，

$$\oint_L\vec{E}\cdot\mathrm{d}\vec{l} = 0,$$

此式表明静电场力做功与路径无关，静电场为保守场.

5. 电势叠加原理

（1）点电荷系

在静电场中，某点 a 的电势等于各点电荷单独存在时产生的电场在该点的电势的代数和，

$$U_a = U_{1a} + U_{2a} + \cdots + U_{na} = \sum_{i=1}^{n} U_{ia} = \frac{1}{4\pi\varepsilon_0} \sum_{i=1}^{n} \frac{q_i}{r_i},$$

式中 r_i 为点电荷 q_i 到场点 a 的距离.

（2）有限大小连续带电体

$$U_a = \int_q \frac{\mathrm{d}q}{4\pi\varepsilon_0 r},$$

式中 r 是电荷元 $\mathrm{d}q$ 到场点 a 的距离.

体分布：$U_a = \dfrac{1}{4\pi\varepsilon_0} \displaystyle\int_V \frac{\rho}{r} \mathrm{d}V$；

面分布：$U_a = \dfrac{1}{4\pi\varepsilon_0} \displaystyle\int_S \frac{\sigma}{r} \mathrm{d}S$；

线分布：$U_a = \dfrac{1}{4\pi\varepsilon_0} \displaystyle\int_L \frac{\lambda}{r} \mathrm{d}l$.

二、基本物理量的计算

1. 电场强度 $\vec{E}$

（1）利用场强叠加原理. 点电荷的场强公式和特殊形状带电体的场强公式是基本公式.

（2）利用高斯定理. 要求电荷、电场分布具有对称性.

（3）先求电势，再利用电势梯度求场强.

$$\vec{E} = -\nabla U = -\left(\frac{\partial U}{\partial x}\vec{i} + \frac{\partial U}{\partial y}\vec{j} + \frac{\partial U}{\partial z}\vec{k} \right).$$

2. 电势

（1）先求场强，利用 $U_a = \displaystyle\int_a^\infty \vec{E} \cdot \mathrm{d}\vec{l}$ 求电势.

（2）利用电势叠加原理. 点电荷、特殊形状带电体的电势公式是基本公式.

注意电势零点的选择.

3. 电场力的计算

（1）$\vec{F} = \displaystyle\int \vec{E} \cdot \mathrm{d}q$.

（2）库仑定律.

4. 电场力的功

（1）由功的定义计算

$$A = \int_a^b \vec{F} \cdot \mathrm{d}\vec{l} = q\int_a^b \vec{E} \cdot \mathrm{d}\vec{l}.$$

（2）利用电势差计算

$$A = q(U_a - U_b) = qU_{ab}.$$

三、部分带电体的场强及电势分布

1. 点电荷

$$\vec{E} = \frac{1}{4\pi\varepsilon_0} \frac{q}{r^2}\vec{r}^0, \quad U = \frac{1}{4\pi\varepsilon_0} \frac{q}{r}.$$

2. 电偶极子

延长线：$\vec{E}_1 \approx \dfrac{1}{4\pi\varepsilon_0} \dfrac{2\vec{p}_e}{r^3}, \quad U_1 = \dfrac{1}{4\pi\varepsilon_0} \dfrac{p_e}{r^2}$.

中垂面：$\vec{E}_2 \approx \dfrac{1}{4\pi\varepsilon_0} \dfrac{(-\vec{p}_e)}{r^3}, \quad U_2 = 0$.

3. 电荷均匀分布的球面

$$r < R : \vec{E}_1 = 0, \quad U_1 = \frac{1}{4\pi\varepsilon_0} \frac{q}{R}$$

$$r > R : \vec{E}_2 = \frac{1}{4\pi\varepsilon_0} \frac{q}{r^2}\vec{r}^0, \quad U_2 = \frac{1}{4\pi\varepsilon_0} \frac{q}{r}.$$

4. 电荷均匀分布的实心球体

$$r \leqslant R : \vec{E}_1 = \frac{1}{4\pi\varepsilon_0} \frac{qr}{R^3}\vec{r}^0, \quad U_1 = \frac{q}{8\pi\varepsilon_0}\left(\frac{3}{R} - \frac{r^2}{R^3} \right).$$

$$r > R : \vec{E}_2 = \frac{1}{4\pi\varepsilon_0} \frac{q}{r^2}\vec{r}^0, \quad U_2 = \frac{1}{4\pi\varepsilon_0} \frac{q}{r}.$$

5. 均匀带电圆环轴线上

$$\vec{E} = \frac{1}{4\pi\varepsilon_0} \frac{qx}{(R^2 + x^2)^{\frac{3}{2}}}\vec{i}, \quad U = \frac{1}{4\pi\varepsilon_0} \frac{q}{(R^2 + x^2)^{\frac{1}{2}}}.$$

6. 无限长均匀带电直线

$$\vec{E} = \frac{\lambda}{2\pi\varepsilon_0 r}\vec{r}^0.$$

7. 无限长均匀带电圆柱面

$$r < R : \vec{E}_1 = 0; \quad r > R : \vec{E}_2 = \frac{\lambda}{2\pi\varepsilon_0 r}\vec{r}^0.$$

8. 无限长均匀带电圆柱体（实心）

$$r \leqslant R : \vec{E}_1 = \frac{\lambda r}{2\pi\varepsilon_0 R^2}\vec{r}^0 = \frac{\rho}{2\varepsilon_0}\vec{r};$$

$$r > R : \vec{E}_2 = \frac{\lambda}{2\pi\varepsilon_0 r}\vec{r}^0 = \frac{\pi R^2 \rho}{2\pi\varepsilon_0 r}\vec{r}^0.$$

9. 无限大均匀带电平面

$$E = \frac{\sigma}{2\varepsilon_0}.$$

习　题　10

10.1　电量都是 q 的三个点电荷，分别放在正三角形的三个顶点. 试问：

（1）在三角形的中心放一个什么样的电荷，就可以使这四个电荷都达到平衡（即每个电荷受其他

三个电荷的库仑力之和都为零)?

(2) 这种平衡与三角形的边长有无关系?

10.2　两小球的质量都是 m,都用长为 l 的细绳挂在同一点,它们带有相同电量,静止时两线夹角为 2θ,如习题 10.2 图所示.设小球的半径和线的质量都可以忽略不计,求每个小球所带的电量.

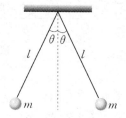

习题 10.2 图

10.3　根据点电荷场强公式 $E = \dfrac{q}{4\pi\varepsilon_0 r^2}$,当被考察的场点距场源点电荷很近($r \to 0$)时,则场强 $E \to \infty$,这是没有物理意义的,对此应如何理解?

10.4　在真空中有两平行板,相对距离为 d,板面积为 S,其带电量分别为 $+q$ 和 $-q$,两板之间有相互作用力 f,有人说 $f = \dfrac{q^2}{4\pi\varepsilon_0 d^2}$,也有人说,因为 $f = qE, E = \dfrac{q}{\varepsilon_0 S}$,所以 $f = \dfrac{q^2}{\varepsilon_0 S}$.试问这两种说法对吗?为什么?$f$ 到底应等于多少?

10.5　如习题 10.5 图所示,在直角三角形 ABC 的 A 点处,有一点电荷 $q_1 = 1.8 \times 10^{-9}$ C,B 点处有一点电荷 $q_2 = -4.8 \times 10^{-9}$ C,试求 C 点处的场强.

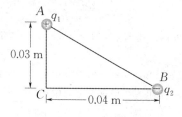

习题 10.5 图

10.6　一均匀带电细棒棒长 $L = 20$ cm,电荷线密度 $\lambda = 3 \times 10^{-8}$ C/m.求:

(1) 棒的延长线上与棒的近端相距 $d_1 = 8$ cm 处的场强;

(2) 棒的垂直平分线上与棒的中点相距 $d_2 = 8$ cm 处的场强.

10.7　一个电偶极子的电矩为 $\vec{p}_e = q\vec{l}$,场点

到电偶极子中心 O 点的距离为 r,矢量 $\vec{r}$ 与 $\vec{l}$ 的夹角为 θ(见习题 10.7 图),且 $r \gg l$.试证 P 点处的场强 $\vec{E}$ 在 $\vec{r}$ 方向上的分量 E_r 和垂直于 $\vec{r}$ 的分量 E_θ 分别为

$$E_r = \frac{p_e \cos\theta}{2\pi\varepsilon_0 r^3}, \quad E_\theta = \frac{p_e \sin\theta}{4\pi\varepsilon_0 r^3}.$$

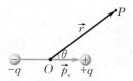

习题 10.7 图

10.8　均匀带电的细线弯成正方形,边长为 l,总电量为 q.

(1) 求正方形轴线上离中心为 r 处的场强 $\vec{E}$;

(2) 证明:在 $r \gg l$ 处,它相当于点电荷 q 产生的场强 $\vec{E}$.

10.9　一个电子绕一带均匀电荷的长直导线以 2×10^4 m/s 的匀速率做圆周运动.求带电直线的电荷线密度(电子质量 $m_0 = 9.11 \times 10^{-31}$ kg,电子电量 $-e = -1.60 \times 10^{-19}$ C).

10.10　如习题 10.10 图所示,电荷面密度为 σ 的均匀无限大带电平面,以平板上的一点 O 为中心、R 为半径作一半球面,求通过此半球面的电通量.

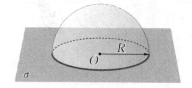

习题 10.10 图

10.11　(1) 点电荷 q 位于一边长为 a 的立方体中心,试求在该点电荷电场中穿过立方体的一个面的电通量;

(2) 如果把点电荷 q 移至该立方体的一个顶点上,这时穿过立方体各面的电通量是多少?

10.12　在靠近地面处有相当强的电场 $\vec{E}$,$\vec{E}$ 垂直于地面向下,约为 100 N/C;在离地面 1.5 km 高的地方,$\vec{E}$ 也是垂直于地面向下的,约为 25 N/C.

(1) 试计算从地面到此高度大气中电荷的平均体密度;

(2) 如果地球上的电荷全部均匀分布在表面,求地面上电荷的面密度.

10.13 均匀带电球壳内半径 6 cm，外半径 10 cm，电荷体密度为 2×10^{-5} C/m³. 试求距球心 5 cm，8 cm 及 12 cm 的各点处的场强.

10.14 半径为 R_1 和 $R_2(R_2 > R_1)$ 的两无限长同轴圆柱面，单位长度上分别带有电量 λ 和 $-\lambda$，试求：

（1）$r < R_1$；

（2）$R_1 < r < R_2$；

（3）$r > R_2$

处各点的场强.

10.15 一块厚度为 d 的无限大平板，平板内均匀带电，电荷体密度为 ρ，求板内、外场强的分布.

10.16 设气体放电形成的等离子体圆柱内电荷体密度为 $\rho(r) = \dfrac{\rho_0}{\left[1 + \left(\dfrac{r}{a}\right)^2\right]^2}$，其中 r 是到轴线的距离，ρ_0 是轴线上的电荷体密度，a 为常数，求圆柱体内的电场分布.

10.17 半径为 R 的均匀带电球体内的电荷体密度为 ρ，若在球内挖去一块半径为 $r < R$ 的小球体，如习题 10.17 图所示. 试求两球心 O 与 O' 点处的场强，并证明小球空腔内的电场是均匀的.

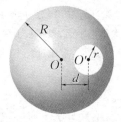

习题 10.17 图

10.18 电偶极子由 $q = 1.0 \times 10^{-6}$ C 的两个异号点电荷组成，两电荷的距离 $l = 0.2$ cm，将电偶极子放在 1.0×10^5 N/C 的外电场中，求外电场作用于电偶极子上的最大力矩.

10.19 两点电荷 $q_1 = 1.5 \times 10^{-8}$ C，$q_2 = 3.0 \times 10^{-8}$ C，相距 $r_1 = 42$ cm，要把它们之间的距离变为 $r_2 = 25$ cm，需做多少功？

10.20 如习题 10.20 图所示，在 A，B 两点处放有电量分别为 $+q$，$-q$ 的点电荷，A，B 间距离为 $2R$，现将另一正点电荷 q_0 从 O 点经过半圆弧移到 C 点，求移动过程中电场力做的功.

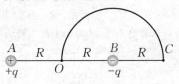

习题 10.20 图

10.21 习题 10.21 图所示的绝缘细线上均匀分布着线密度为 λ 的正电荷，两段直导线的长度和半圆环的半径都等于 R. 试求环心 O 点处的场强和电势.

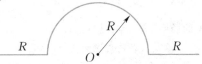

习题 10.21 图

10.22 有两个异号点电荷 ne 和 $-e(n > 1)$，相距为 a.

（1）证明电势为零的等势面是一个球面；

（2）证明等势球球心在两个点电荷的延长线上，且在 $-e$ 点电荷的外边；

（3）等势球面的半径为多少？

10.23 电荷 Q 均匀分布在半径为 R 的球体内，试证明离球心 $r(r < R)$ 处的电势为

$$U = \frac{Q(3R^2 - r^2)}{8\pi\varepsilon_0 R^3}.$$

10.24 电量 q 均匀分布在长为 $2l$ 的细直线上. 试求：

（1）带电直线延长线上离中点为 r 处的电势；

（2）带电直线中垂面上离中点为 r 处的电势；

（3）由电势梯度求上述两点的场强.

10.25 一根无限长直线均匀带电，线电荷密度为 λ. 求离直线分别为 r_1 和 r_2 的两点之间的电势差.

第11章　静电场中的导体和电介质

第10章中我们讨论了真空中的静电场,空间除了激发静电场的带电体外,在电场中没有其他物质存在.实际上电荷总是分布在物体上,电场所处的空间存在各种各样的物质,因此讨论电场与其他物质的相互作用具有很重要的实际意义.宏观物质按导电性能大致可分为两类:导体和绝缘体(电介质).由于导体和绝缘体的静电特性完全不同,因而它们与静电场相互作用时对静电场的影响也存在很大的差异.本章主要讨论静电场中的导体、静电场中的电介质、电容器及其电容和电场的能量等.学习本章时应重点掌握:① 导体的静电平衡条件、处于静电平衡时导体上的电荷分布及电场的计算;② 存在电介质时的高斯定理及其应用,电位移和电场强度的计算;③ 电容的计算,电场能量的计算.

 11.1　静电场中的导体

11.1.1　导体的静电平衡

当带电体系中的电荷静止不动,电场分布不随时间变化时,则该带电体系处于静电平衡状态.导体内部存在自由电荷,它们在电场的作用下可以移动,从而改变导体上的电荷分布,这种在外电场作用下使导体上电荷重新分布的现象叫作静电感应.导体由于静电感应而带的电荷叫作感应电荷.同时,感应电荷又会影响到电场的分布.由此可见,当电场中有导体存在时,电荷分布和电场分布相互影响、相互制约,只有满足一定条件,导体才能达到静电平衡状态.

静电感应

将一块金属导体放入均匀电场 $\vec{E}_0$ 中,如图 11.1(a) 所示.在电场力的作用下,导体中的自由电子将向左做宏观定向运动,结果使导体的左端带负电,右端带正电,这些正、负电荷在导体内激发的电场 $\vec{E}'$ 与 $\vec{E}_0$ 方向相反,如图 11.1(b) 所示.导体内的场强为 $\vec{E} = \vec{E}_0 + \vec{E}'$.只要 $\vec{E}'$ 还不足以将 $\vec{E}_0$ 完全抵消,导体内的自由电子在总电场 $\vec{E}$ 的作用下继续向左做定向运动,直到 $\vec{E}'$ 增大到使导体内的总场强 $\vec{E} = \vec{0}$ 时,自由电子的宏观定向运动才会停止,如图 11.1(c) 所示,此时导体达到了静电平衡状态.

由上述讨论可知,均匀导体的静电平衡条件是导体内的场强处处为零(充分必要条件).实际上导体上感应电荷不仅影响导体内的电场分布,也会影响导体外的电场分布.

根据导体的静电平衡条件,可以直接得出以下推论.

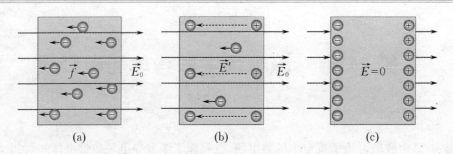

图 11.1　导体的静电平衡

（1）导体是等势体，导体的表面是等势面．

因导体内任意两点 a 和 b 之间的电势差 $U_{ab} = \int_a^b \vec{E} \cdot d\vec{l} = 0$，所以导体是等势体，其表面是等势面．

（2）导体外靠近其表面地方的场强处处与表面垂直．

因为电场线与等势面处处正交，所以导体外的场强必与它的表面垂直．

静电场的分布遵从一定的规律（高斯定理和环路定理），因此空间各点的场强和电势必定存在着内在联系．在静电场中引入导体后，附近空间内原来的电场线和等势面就会发生畸变和调整，以保证新形成的电场线和等势面与导体的表面成为一个等势面这一点相适应．

11.1.2　静电平衡时导体上电荷的分布

1. 实心导体

（1）电荷分布

处于静电平衡时，导体内部处处没有未抵消的净电荷（即电荷体密度 $\rho = 0$），**电荷只分布在导体的表面**．

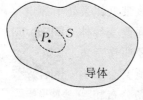

图 11.2　导体内无电荷

这一结论可用高斯定理证明．如图 11.2 所示，在导体内部作高斯面 S，由于静电平衡时导体内部 $\vec{E} = \vec{0}$，因此 $\oint_S \vec{E} \cdot d\vec{S} = 0$，根据高斯定理 $\oint_S \vec{E} \cdot d\vec{S} = \frac{1}{\varepsilon_0} \sum q_i$ 可知，闭合曲面 S 所包围的电荷代数和 $\sum q_i = 0$．因此导体内部没有净电荷，电荷只能分布在导体的表面．

（2）场强分布

在静电平衡状态下，导体表面外附近空间的场强 $\vec{E}$ 与该处导体表面的电荷面密度 σ 的关系为

$$E = \frac{\sigma}{\varepsilon_0}. \tag{11.1}$$

如图 11.3 所示，P 点是导体表面外附近空间的任一点，过 P 点作一小圆柱形高斯面，其轴线垂直于导体表面，上底面 ΔS_1 和下底面 ΔS_2 都与导体表面平行且无限靠近，$\Delta S_1 = \Delta S_2 = \Delta S$，侧面 ΔS_3 与导体表面垂直．穿过闭合曲面的电通量为

$$\Phi_e = \oint_S \vec{E} \cdot d\vec{S} = \int_{\Delta S_1} \vec{E} \cdot d\vec{S} + \int_{\Delta S_2} \vec{E} \cdot d\vec{S} + \int_{\Delta S_3} \vec{E} \cdot d\vec{S}.$$

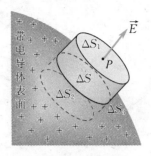

图 11.3　带电导体表面
附近的场强

因为 ΔS_2 位于导体内部，ΔS_2 上的场强为零；ΔS_3 上位于导体内部部分的场强为零，位于导体外部各点处的场强与 $d\vec{S}$ 垂直，所以

$$\Phi_e = \oint_S \vec{E} \cdot d\vec{S} = \int_{\Delta S_1} \vec{E} \cdot d\vec{S} = E\Delta S.$$

而闭合面内包围的净电荷为 $\sigma\Delta S$. 根据高斯定理

$$\Phi_e = E\Delta S = \frac{\sigma\Delta S}{\varepsilon_0},$$

故

$$E = \frac{\sigma}{\varepsilon_0}.$$

当 $\sigma > 0$ 时，$\vec{E}$ 垂直表面向外；当 $\sigma < 0$ 时，$\vec{E}$ 垂直表面向内. 式 (11.1) 给出了导体表面各处电荷面密度与其附近场强之间的对应关系. 当电荷分布或场强分布改变时，σ 和 E 都会改变，但 σ 与 E 的关系 $E = \dfrac{\sigma}{\varepsilon_0}$ 不变. 导体表面带电时，场强分布在带电面上有突变，所以一般不谈导体表面的场强分布，而只讨论导体外紧靠导体表面各点的场强.

至于导体表面上的电荷究竟怎样分布，这个问题的定量研究比较复杂. 它不仅与导体的形状有关，还与导体附近有什么样的物体（带电的或不带电的）有关. 对于孤立的带电导体，电荷面密度 σ 与表面曲率之间一般并不存在单一的函数关系. 大致来说，导体表面凸出而尖锐的地方，曲率较大，σ 也较大；导体表面较平坦的地方，曲率较小，σ 也较小；导体表面凹进去的地方，曲率为负值，σ 则更小. 由式 (11.1) 可知，导体表面附近的场强分布也与 σ 分布相似，即尖端处场强大，平坦处场强次之，凹进去处场强最弱.

2. 导体壳

（1）空腔内无带电体

当导体壳空腔内没有其他带电体时，在静电平衡下，电荷只分布在导体壳的外表面，内表面处处没有电荷；导体壳的空腔内没有电场，或者空腔内的电势处处相等.

为了证明上述结论，我们在导体壳的内、外表面之间任取一闭合曲面 S，将空腔包围起来，如图 11.4(a) 所示. 由于 S 完全处于导体的内部，根据静电平衡条件，S 面上场强处处为零. 根据高斯定理，在 S 面内电荷代数和为零. 因空腔内无带电体，所以空腔内表面的电荷代数和也为零. 利用反证法可以进一步证明，达到静电平衡时，导体壳内表面上的电荷面密度 σ 必定处处为零. 否则，如果有些地方 $\sigma > 0$，则必然有些地方 $\sigma < 0$，两处之间有电场线相连，必然有电势差，与静电平衡时导体是等势体相矛盾.

由于在导体壳内表面上 σ 处处为零，内表面附近 $\vec{E}$ 处处为零，电场线不可能起于（或止于）内表面；同时空腔内无带电体，在空腔内不可能有另外的电场线的端点或形成闭合线. 因此空腔内不可能有电场线，即空腔内没有电场，空腔内空间各点电势处处相等.

（2）空腔内有带电体

当导体壳空腔内有其他带电体时，在静电平衡下，导体壳的内表面所带的电荷与空腔内电荷的代数和为零.

如图 11.4(b) 所示，设空腔内有一带电体 $+q$. 我们同样可以在导体壳内、外表面之间作一闭合曲面 S. 由静电平衡条件和高斯定理不难求出 S 面内电荷代数和为零. 因此导体壳内

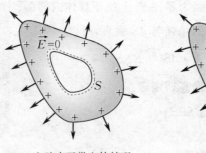
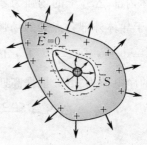

(a) 空腔内无带电体情况　　　　　　(b) 空腔内有带电体情况

图 11.4　导体壳

表面上要感应出电荷 $-q$,即导体壳内表面所带电荷与空腔内带电体的电荷等量异号.空腔内电场线起自带电体电荷 $+q$,而止于内表面上的感应电荷 $-q$,腔内电场不为零,带电体与导体壳之间有电势差.同时,外表面相应地感应出电荷 $+q$.如果导体壳本身不带电,此时导体壳外表面只有感应电荷 $+q$;如果导体壳本身带电量 Q,则导体壳外表面所带电荷为 $Q+q$.

11.1.3　有导体存在时场强与电势的计算

在真空中,一般是已知电荷分布求解场强和电势.如果静电场中有导体存在,不论导体原来带电与否,都会产生感应电荷并使电荷和电场重新分布,当导体达到静电平衡时,其电荷与电场分布同时被确定.具体计算时,一般是先根据电荷守恒定律和静电平衡条件确定导体上新的电荷分布,然后再进行场强和电势的计算.

> **例 11.1**　有一块大金属板 A,面积为 S,带有电荷 Q_A.今把另一带电荷为 Q_B 的相同的金属板平行地放在 A 板的右侧(板的面积远大于板的厚度).试求 A,B 两板上电荷分布及空间场强分布.如果把 B 板接地,情况又如何?

解　如图 11.5 所示,静电平衡时电荷只分布在板的表面上.忽略边缘效应,可以认为 A,B 板的四个平行的表面上电荷是均匀分布的.设四个面上的电荷面密度分别为 σ_1,σ_2,σ_3 和 σ_4,由电荷守恒定律可得

$$\sigma_1 S + \sigma_2 S = Q_A, \quad \sigma_3 S + \sigma_4 S = Q_B.$$

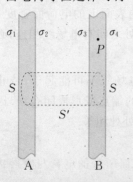

图 11.5　平行金属板的
电荷与电场

作如图 11.5 所示圆柱形高斯面 S',两底面分别在两金属板内,侧面垂直于板面.由于金属板内电场强度为零,高斯面侧面法线与板间场强垂直,通过高斯面的电通量 $\oint_{S'} \vec{E} \cdot \mathrm{d}\vec{S} = 0$,因此

$$\sigma_2 + \sigma_3 = 0.$$

由场强叠加原理可知,在金属板内任一点 P 的场强应是四个表面上电荷在该点产生的场强的叠加,且 $E_P = 0$,所以

$$\frac{\sigma_1}{2\varepsilon_0} + \frac{\sigma_2}{2\varepsilon_0} + \frac{\sigma_3}{2\varepsilon_0} - \frac{\sigma_4}{2\varepsilon_0} = 0,$$

联立以上四式求解可得

$$\sigma_1 = \sigma_4 = \frac{Q_A + Q_B}{2S}, \quad \sigma_2 = -\sigma_3 = \frac{Q_A - Q_B}{2S}.$$

根据场强叠加原理,可求得各区域场强:

A 板左侧: $E_1 = \dfrac{Q_A + Q_B}{2\varepsilon_0 S}$. 当 $(Q_A + Q_B) > 0$ 时, $\vec{E}_1$ 向左;当 $(Q_A + Q_B) < 0$ 时, $\vec{E}_1$ 向右.

两板之间: $E_2 = \dfrac{Q_A - Q_B}{2\varepsilon_0 S}$. 当 $(Q_A - Q_B) > 0$ 时, $\vec{E}_2$ 向右;当 $(Q_A - Q_B) < 0$ 时, $\vec{E}_2$ 向左.

B 板右侧: $E_3 = \dfrac{Q_A + Q_B}{2\varepsilon_0 S}$. 当 $(Q_A + Q_B) > 0$ 时, $\vec{E}_3$ 向右;当 $(Q_A + Q_B) < 0$ 时, $\vec{E}_3$ 向左.

设 B 板接地情况下 A,B 两板的四个表面上的电荷面密度分别为 σ_1', σ_2', σ_3' 和 σ_4'. 当 B 板接地时, $U_B = 0$. 因为由 B 板沿垂直于 B 板方向至无穷远处场强 $\vec{E}$ 的线积分为零,且在无电荷处电场是连续的,所以在 B 板的右侧区间场强 $E = 0$,即有

$$\frac{1}{2\varepsilon_0}(\sigma_1' + \sigma_2' + \sigma_3' + \sigma_4') = 0.$$

A 板上电荷仍守恒,有

$$\sigma_1' S + \sigma_2' S = Q_A,$$

由高斯定理仍可得

$$\sigma_2' + \sigma_3' = 0,$$

由 B 板内部任一点 P 处场强为零仍可得

$$\frac{1}{2\varepsilon_0}(\sigma_1' + \sigma_2' + \sigma_3' - \sigma_4') = 0.$$

由以上四个方程解得

$$\sigma_1' = \sigma_4' = 0, \quad \sigma_2' = -\sigma_3' = \frac{Q_A}{S}.$$

由此可以得出两板间的场强: $E_2' = \dfrac{Q_A}{\varepsilon_0 S}$. 当 $Q_A > 0$ 时, $\vec{E}_2'$ 向右;当 $Q_A < 0$ 时, $\vec{E}_2'$ 向左.

两板外侧场强: $E_1' = E_3' = 0$.

注意:当 B 板通过接地线与地相连时,B 板上的电荷不再守恒,地球与 B 板之间发生了电荷传递.而电荷重新分布的结果满足了 A,B 两金属板内部场强为零的静电平衡条件.

例 11.2　如图 11.6 所示,在一个接地的导体球附近有一个电量为 q 的点电荷.已知球的半径为 R,点电荷到球心的距离为 l.求导体球表面感应电荷的总电量 q'.

解　因为接地导体球的电势为零,所以球心 O 点的电势为零.球心 O 点的电势是由点电荷 q 和球面上感应电荷 q' 共同产生的.点电荷 q 在球心 O 点产生的电势为

$$U_{O1} = \frac{q}{4\pi\varepsilon_0 l},$$

球面上感应电荷 q' 在球心 O 点产生的电势为

$$U_{O2} = \oint_S \frac{\sigma' \mathrm{d}S}{4\pi\varepsilon_0 R} = \frac{1}{4\pi\varepsilon_0 R} \oint_S \sigma' \mathrm{d}S = \frac{q'}{4\pi\varepsilon_0 R}.$$

因此,球心 O 点的电势

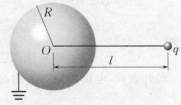

图 11.6　导体球与点电荷

$$U_O = U_{O1} + U_{O2} = \frac{q}{4\pi\varepsilon_0 l} + \frac{q'}{4\pi\varepsilon_0 R} = 0,$$

得

$$q' = -\frac{R}{l}q.$$

例 11.3 半径为 R_1 的导体球 A 带有电荷 q, 球外有一内、外半径分别为 R_2 和 R_3 的同心导体球壳 B, 带电量为 Q, 如图 11.7 所示.(1) 试求场强分布、电势分布及两球的电势差; (2) 如果用导线将球和球壳连接, 场强分布和电势分布及两球之间的电势差如何?(3) 在(1)情形中, 将外球壳 B 接地, 场强分布、电势分布、两球之间的电势差如何?

解 (1) 静电平衡时, 导体球上的电荷应分布在表面, 由于带电系统具有球对称性, A 表面上均匀分布电荷 q. B 为空腔导体, 根据高斯定理可判定其内表面均匀分布的感应电荷为 $-q$, 外表面均匀分布电荷 $Q+q$. 根据电荷分布的球对称性, 可判断电场和电势分布均具有球对称性. 由高斯定理和导体的静电平衡条件, 可得场强分布:

图 11.7　导体球与同
心导体球壳

$$E_1 = 0 \qquad (r < R_1),$$
$$E_2 = \frac{q}{4\pi\varepsilon_0 r^2} \qquad (R_1 < r < R_2),$$
$$E_3 = 0 \qquad (R_2 < r < R_3),$$
$$E_4 = \frac{q+Q}{4\pi\varepsilon_0 r^2} \qquad (r > R_3).$$

根据电势的定义 $U = \int_a^\infty \vec{E} \cdot \mathrm{d}\vec{l}$, 可得空间电势分布.

当 $r < R_1$ 时,

$$U_1 = \int_r^{R_1} E_1 \mathrm{d}r + \int_{R_1}^{R_2} E_2 \mathrm{d}r + \int_{R_2}^{R_3} E_3 \mathrm{d}r + \int_{R_3}^\infty E_4 \mathrm{d}r = \frac{q}{4\pi\varepsilon_0}\left(\frac{1}{R_1} - \frac{1}{R_2}\right) + \frac{q+Q}{4\pi\varepsilon_0 R_3}.$$

当 $R_1 < r < R_2$ 时,

$$U_2 = \int_r^{R_2} E_2 \mathrm{d}r + \int_{R_2}^{R_3} E_3 \mathrm{d}r + \int_{R_3}^\infty E_4 \mathrm{d}r = \frac{q}{4\pi\varepsilon_0 r} - \frac{q}{4\pi\varepsilon_0 R_2} + \frac{q+Q}{4\pi\varepsilon_0 R_3}.$$

当 $R_2 < r < R_3$ 时,

$$U_3 = \int_r^{R_3} E_3 \mathrm{d}r + \int_{R_3}^\infty E_4 \mathrm{d}r = \frac{q+Q}{4\pi\varepsilon_0 R_3}.$$

当 $r > R_3$ 时,

$$U_4 = \int_r^\infty E_4 \mathrm{d}r = \frac{q+Q}{4\pi\varepsilon_0 r}.$$

两球的电势差为

$$\Delta U = \int_A^B \vec{E} \cdot \mathrm{d}\vec{l} = \int_{R_1}^{R_2} E_2 \mathrm{d}r = \frac{q}{4\pi\varepsilon_0}\left(\frac{1}{R_1} - \frac{1}{R_2}\right).$$

(2) 用导线将球和球壳连接后, A 球和 B 球壳成为一个导体, 电荷只均匀地分布在 B 球壳的外表面, 电量为 $Q+q$. 由高斯定理和导体的静电平衡条件, 可得场强分布:

$$E'_1 = E'_2 = E'_3 = 0 \quad (r < R_1, R_1 < r < R_2, R_2 < r < R_3),$$

$$E'_4 = \frac{q+Q}{4\pi\varepsilon_0 r^2} \quad (r > R_3).$$

电势分布:

$$U'_1 = U'_2 = U'_3 = \frac{q+Q}{4\pi\varepsilon_0 R_3} \quad (r < R_1, R_1 < r < R_2, R_2 < r < R_3),$$

$$U'_4 = \frac{q+Q}{4\pi\varepsilon_0 r} \quad (r > R_3).$$

A 球和 B 球壳已成为等势体,两球的电势差为

$$\Delta U' = 0.$$

(3) 在(1)情形中,外球壳的电势为 $U_{外} = \dfrac{q+Q}{4\pi\varepsilon_0 R_3}$. 设外球壳 B 接地后电量变为 Q',则电势变为 $U'_{外} = \dfrac{q+Q'}{4\pi\varepsilon_0 R_3} = 0$,即 $Q' = -q$. 将 Q' 代入(1)中的计算结果,可得外球壳 B 接地后的场强分布、电势分布和两球之间的电势差分别为

$$E''_1 = 0, \quad U''_1 = \frac{q}{4\pi\varepsilon_0}\left(\frac{1}{R_1} - \frac{1}{R_2}\right) \quad (r < R_1);$$

$$E''_2 = \frac{q}{4\pi\varepsilon_0 r^2}, \quad U''_2 = \frac{q}{4\pi\varepsilon_0}\left(\frac{1}{r} - \frac{1}{R_2}\right) \quad (R_1 < r < R_2);$$

$$E''_3 = 0, \quad U''_3 = 0 \quad (R_2 < r < R_3);$$

$$E''_4 = 0, \quad U''_4 = 0 \quad (r > R_3);$$

$$\Delta U'' = \frac{q}{4\pi\varepsilon_0}\left(\frac{1}{R_1} - \frac{1}{R_2}\right).$$

11. 1. 4　静电的应用

静电的用途很广,如静电复印、静电加速器、静电植绒等.下面是几个静电应用的例子.

1. 尖端放电

静电平衡时,导体表面的电荷面密度 σ 与表面曲率有关,导体表面凸出而尖锐的地方,曲率较大,σ 也较大.根据式(11.1),导体尖端附近的场强也较其他地方强.若尖端附近的场强特别强,足以使周围空气分子电离时空气被击穿而导致**尖端放电**.

图 11.8 是尖端放电示意图.在尖端附近强电场的作用下,空气中的少量残留带电粒子产生剧烈的运动.当它们与空气分子碰撞时,会使空气分子电离,产生大量新的离子,与导体尖端上电荷异号的离子因受到吸引而趋向尖端,最后与尖端上的电荷中和,而与导体尖端上电荷同号的离子因受排斥而加速离开尖端形成高速离子流,即通常所说的**电风**.它可以把放在附近的蜡烛火焰吹偏斜,以致熄灭.

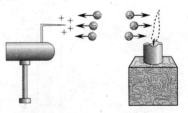

图 11.8　尖端放电

在高压设备中,为防止因尖端放电而引起的危险和电能损失,输电线的表面应是光滑的,带有高电压的零部件的表面也必须做得十分光滑并尽可能做成球面.但尖端放电也有可

以利用的一面,如避雷针,当雷电发生时,避雷针就是利用尖端放电原理使强大的放电电流从避雷针和通地粗导体这条最易于导电的通路流过,从而避免建筑物遭受雷击.

2. 静电屏蔽

在静电平衡状态下,只要导体壳空腔内没有其他带电体,那么不论导体本身是否带电,还是外界是否存在电场,导体和空腔内任意点场强都为零,这样,导体壳的表面就"保护"了它所包围的区域,使之不受导体壳外表面的电荷或外界电场的影响,这种现象叫作**静电屏蔽**.此时空腔导体屏蔽了外电场,如图 11.9(a) 所示.

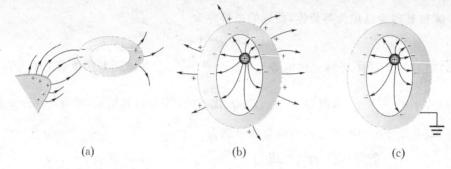

(a)　　　　　　　　　　(b)　　　　　　　　　　(c)

图 11.9　静电屏蔽

另外,利用静电屏蔽现象,还可以使导体壳空腔内的带电体不对外产生影响.如图 11.9(b) 所示,将带电体放入导体壳空腔内,由于静电感应,导体壳内、外表面将分别产生等量异号的感应电荷,此时导体壳外表面的电荷仍会对外界产生影响.若将导体壳接地,如图 11.9(c) 所示,外表面的电荷将因接地而中和,空腔内电荷产生的电场线全部终止于内表面上的异号感应电荷,这样空腔内的带电体对空腔外就不会产生影响.

静电屏蔽现象有重要的实际应用.如一些电子仪器常用金属外壳以使内部电路不受外界电场干扰;传送电信号的导线常用金属丝网罩作为屏蔽层;在高压设备的外面罩上接地的金属网栅,以使高压带电体不受外界影响等.

3. 静电除尘

静电除尘是最重要的静电应用之一.静电除尘器就是利用高电压使气体电离和电场作用力使粉尘从废气中分离出来的除尘设备.随着现代工业环境保护意识的日益加强,消除大气污染已变得越来越重要.在发电、冶金、煤气、水泥以及其他伴有粉尘和烟雾产生的行业,静电除尘得到了广泛的应用.

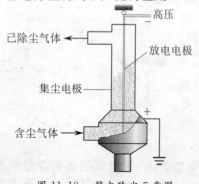

图 11.10　静电除尘示意图

静电除尘的原理如图 11.10 所示,两端绝缘的金属丝位于接地金属圆筒的轴线上,并在其上加上负高压.当负高压达到一定值时,在金属丝表面附近的区域会产生电晕放电,并有负离子电荷从金属丝向圆筒方向流动,当从下面向圆筒内通以含有粉尘和烟雾的气体时,粉尘及烟雾等粒子与负离子作用而直接带电,在电场的作用下,它们被吸附在圆筒的内壁上并堆积起来,被净化的气体从圆筒的上方出去.从功能上说,外边的圆筒电极叫作集尘电极,里边的金属丝叫作放电电极.

11.2　静电场中的电介质

11.2.1　电介质的极化

　　电介质就是绝缘介质,它们是不导电的,如云母、塑料、陶瓷、橡胶等都是常见的电介质. 在电介质分子中,原子核对电子的束缚力很强,电介质内部没有可以自由移动的电荷(自由电子),因而在外电场中不会出现感应电荷,但从微观上看,电介质的正、负电荷仍能做微小的相对运动. 从静电场中导体性质的讨论中我们知道,电场可以改变导体上的电荷分布,产生感应电荷;导体上的电荷也影响电场的分布,即导体上的电荷和电场相互影响,相互制约,最后达到平衡分布. 虽然电介质与静电场的相互作用和导体与静电场的相互作用有本质的区别,但也有相似之处,在外电场作用下,电介质内的正、负电荷能做微小的相对移动,结果在电介质表面或内部出现带电,这种在外电场作用下使电介质出现带电的现象称为**电介质的极化**. 电介质极化时所出现的电荷称为**极化电荷**.

　　物质分子是由带负电的电子和带正电的原子核所组成的,分子中正、负电荷并不集中于一点. 若考虑的点与分子的距离比分子的线度大得多时,分子中全部负电荷所产生的影响与一个单独负电荷等效,这个等效负电荷的位置称为分子的**负电荷"重心"**;同样,每个分子的全部正电荷也有一个相应的**正电荷"重心"**. 对于电介质,在没有外电场作用时,电介质分子的正、负电荷"重心"重合,这类分子叫作**无极分子**,如 H_2,N_2 和 CH_4 等;另一类分子,即使没有外电场存在,电介质分子的正、负电荷的"重心"也不重合,此类分子称为**有极分子**,如 NH_3,H_2O 和 CO 等,有极分子相当于一个电偶极子,其电偶极矩叫作分子的**固有电矩**. 根据组成电介质的分子种类不同,电介质可分为无极分子电介质和有极分子电介质两类,它们极化的微观机制不同,下面分两种情况讨论.

1. 无极分子电介质的极化

　　当无极分子组成的电介质处于外电场中时,由于正、负电荷受到的电场力方向相反,分子中正、负电荷的"重心"将发生相对位移,形成电偶极子,其电偶极矩的方向沿外电场 $\vec{E}_0$ 方向,这种在外电场作用下产生的电偶极矩称为**感生电矩**. 如图 11.11(a),(b) 所示.

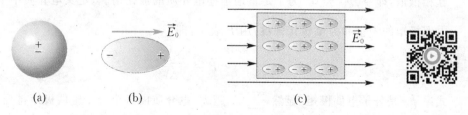

(a)　　　　　　　(b)　　　　　　　　　(c)

图 11.11　无极分子的极化

　　从整块电介质来看,每个分子的电偶极矩都将沿外电场方向整齐排列. 如果电介质是均匀的,在电介质的内部任取一宏观无限小、微观无限大的体积元,其中正、负电荷的数目应是相等的,即均匀电介质的内部仍然处处呈电中性.但在和外电场 $\vec{E}_0$ 相垂直的两个端面上,将出现没有被抵消的正、负电荷,即极化电荷,如图 11.11(c) 所示.显然,和自由电荷不同,这些电荷不能在电介质内部自由移动,更不能离开电介质转移到其他物体上去.这种极化是因为分子正、负电荷"重心"在外电场作用下发生位移,所以称为**位移极化**.由于电子的质量比原子核小得多,在外电场作用下主要是电子位移,因而无极分子的极化机制又称为**电子位移极化**.

2. 有极分子电介质的极化

由有极分子组成的电介质,虽然每个分子相当于一个电偶极子,但由于分子做无规则的热运动,各个分子电偶极矩的取向杂乱无章,因此电介质在无外电场作用时仍呈电中性,对外不产生电场,如图 11.12(a) 所示.当有外电场存在时,每个分子电偶极矩都将受到力矩 $(\vec{M} = \vec{p}_e \times \vec{E}_0)$ 的作用,使分子电偶极矩转向外电场 $\vec{E}_0$ 的方向整齐排列(由于分子热运动,这种排列不可能完全整齐).与无极分子电介质极化相类似,在均匀电介质内部处处呈电中性,而在电介质的两个端面上将出现极化电荷,如图 11.12(b),(c) 所示.由于有极分子的极化是分子固有电偶极矩在外电场作用下发生转向的结果,这种极化称为**取向极化**.

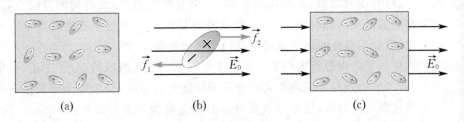

(a)   (b)   (c)

图 11.12   有极分子的极化

应该指出,电子位移极化在任何电介质中都存在,但在有极分子中,取向极化效应强得多,因而其极化主要是取向极化.取向极化只存在于有极分子电介质中,无极分子电介质只有位移极化.虽然这两类电介质极化的微观机制不同,但宏观结果都是一样的.在做宏观描述时,不必加以区分.

11.2.2   电极化强度

1. 电极化强度

当电介质处于极化状态时,电介质内任一宏观体积元 ΔV 内分子电偶极矩的矢量和不会互相抵消,即 $\sum \vec{p}_{ei} \neq \vec{0}$.为了定量地描述电介质的极化情况,定义电介质中单位体积内分子电偶极矩的矢量和为**电极化强度**,用 $\vec{P}$ 表示,即

$$\vec{P} = \frac{\sum \vec{p}_{ei}}{\Delta V}, \tag{11.2}$$

式中 $\vec{p}_{ei}$ 是分子电偶极矩.显然,$\sum \vec{p}_{ei}$ 越大,电介质内各个分子电偶极矩排列越整齐,未被抵消的成分越多,$\vec{P}$ 越大;反之,$\vec{P}$ 越小.在无外电场作用时,各分子电偶极矩的取向杂乱无章,相互抵消,$\sum \vec{p}_{ei} = \vec{0}$,因而 $\vec{P} = \vec{0}$.可见,电极化强度 $\vec{P}$ 是表征电介质极化程度和极化方向的

物理量,反映了电介质内分子电偶极矩排列的有序或无序程度.在国际单位制中 $\vec{P}$ 的单位是库[仑]每平方米(C/m^2).如果介质中各点的电极化强度相同,则称介质是均匀极化的.

2. 电极化强度与极化电荷分布的关系

当电介质处于极化状态时,体内出现了未抵消的电偶极矩,这可通过电极化强度 $\vec{P}$ 来描述.电介质的某些部位出现了未抵消的极化电荷,这说明极化电荷与电极化强度存在一定的关系.

以无极分子电介质的位移极化为模型进行分析,设分子中正、负电荷的电量为 $\pm q$,介质极化时,正、负电荷"重心"相对位移为 $\vec{l}$,则分子的电偶极矩为 $\vec{p}_e = q\vec{l}$.若介质中单位体积内的分子数为 k,则电极化强度

$$\vec{P} = k\vec{p}_e = kq\vec{l}.$$

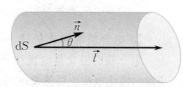

在电介质内取一面元 dS,设该面元单位法线矢量为 $\vec{n}$,则面元矢量为 $d\vec{S} = \vec{n}dS$,如图 11.13 所示.以 $d\vec{S}$ 为底、轴线沿 $\vec{l}$ 方向、长度为 l 作一斜柱体,设 $\vec{l}$ 与 $\vec{n}$ 之间的夹角为 θ,则此柱体的体积为 $dV = ldS\cos\theta$.介质未极化时,该柱体内每一个分子正负电荷"重心"重合,极化后,该柱体

图 11.13　穿过面元 dS 的极化电荷

内每个分子负电荷"重心"均会沿 $\vec{l}$ 反方向穿过 dS 移到该柱体外,因此,因极化而留在该柱体内的正电荷总量为(因极化穿过 dS 负电荷总量的大小)

$$kql\,dS\cos\theta = kq\,dS\vec{l}\cdot\vec{n} = kq\vec{l}\cdot\vec{n}dS = \vec{P}\cdot d\vec{S}.$$

上式也可理解为负电荷不动,因极化沿 $\vec{l}$ 方向穿过 dS 的正电荷总量.在电介质内部任取一闭合曲面 S,$\vec{n}$ 为闭合曲面的外法线矢量,则 $\vec{P}$ 穿过闭合曲面的通量 $\oint_S \vec{P}\cdot d\vec{S}$ 应等于穿出此面的电荷总量,根据电荷守恒定律,也等于该曲面内净余的极化电荷 $\sum_{(S内)} q'$ 的负值,即

$$\oint_S \vec{P}\cdot d\vec{S} = -\sum_{(S内)} q'. \tag{11.3}$$

式(11.3)为电极化强度 $\vec{P}$ 与极化电荷分布之间的普遍关系.

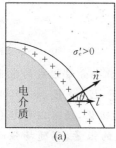
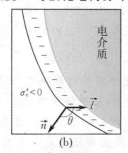

图 11.14　电介质表面的极化电荷

对于均匀电介质,其体内不会出现净余的极化电荷,极化电荷只能分布在电介质的表面上,如图 11.14 所示.表面电荷层的厚度为 $|l\cos\theta|$,θ 为锐角的地方将出现一层正电荷(如图(a));θ 为钝角的地方则出现一层负电荷(如图(b)),故面元 dS 上的极化电荷为

$$dq' = kql\cos\theta dS = P\cos\theta dS.$$

从而**极化电荷面密度**为

$$\sigma' = \frac{dq'}{dS} = P\cos\theta = \vec{P}\cdot\vec{n} = P_n, \tag{11.4}$$

式中 $\vec{n}$ 为面元 dS 的外法线单位矢量.

例 11.4 求一个均匀极化的电介质球表面上极化电荷的分布,已知电极化强度为 $\vec{P}$,如图 11.15 所示.

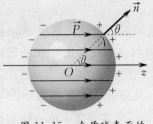

图 11.15 介质球表面的极化电荷

解 取球心 O 为原点,极轴与 $\vec{P}$ 平行的球坐标系. 由于轴对称性,表面上任一点 A 的极化电荷面密度 σ' 只与 θ 有关(θ 为 A 点外法线 $\vec{n}$ 与 $\vec{P}$ 之间的夹角). 由式(11.4)可得

$$\sigma' = P\cos\theta.$$

此式表明极化电荷在均匀极化的介质球面上的分布是不均匀的,在右半球 $\theta < \dfrac{\pi}{2}$,$\sigma' > 0$;在左半球 $\theta > \dfrac{\pi}{2}$,$\sigma' < 0$;在两半球的分界线上 $\theta = \dfrac{\pi}{2}$,$\sigma' = 0$;在轴线两端处($\theta = 0$ 或 π),σ' 的绝对值最大.

3. 电介质的极化规律

电介质的极化是电场和介质分子相互作用的过程,外电场引起电介质极化,而电介质极化后出现的极化电荷也要激发电场并改变电场的分布,重新分布后的电场反过来再影响电介质的极化,直到静电平衡,电介质便处于一定的极化状态. 因此,电介质中任一点的电极化强度 $\vec{P}$ 是由该点的总场强 $\vec{E}$ 决定的.实验表明,对于各向同性电介质,电极化强度 $\vec{P}$ 与总场强 $\vec{E}$ 成正比,在国际单位制中,这个关系可写成

$$\vec{P} = \chi_e \varepsilon_0 \vec{E}, \tag{11.5}$$

式中比例系数 χ_e 称为电介质的**极化率**,是介质所特有的物理量,与场强 $\vec{E}$ 无关. 如果电介质中各点的 χ_e 相同,则电介质为**均匀电介质**. 所谓各向同性,就是电介质内 $\vec{P}$ 与 $\vec{E}$ 的关系和方向无关. 我们主要讨论各向同性电介质.

除了上述各向同性线性电介质外,有些晶体材料的电性能是各向异性的,它们的极化规律虽然是线性的,但与方向有关. 实验表明,在直角坐标系中,$\vec{P}$ 与 $\vec{E}$ 的关系用如下的线性方程组表示:

$$P_x = \varepsilon_0 [(\chi_e)_{xx} E_x + (\chi_e)_{xy} E_y + (\chi_e)_{xz} E_z],$$
$$P_y = \varepsilon_0 [(\chi_e)_{yx} E_x + (\chi_e)_{yy} E_y + (\chi_e)_{yz} E_z],$$
$$P_z = \varepsilon_0 [(\chi_e)_{zx} E_x + (\chi_e)_{zy} E_y + (\chi_e)_{zz} E_z],$$

其中 $(\chi_e)_{xx}$,$(\chi_e)_{xy}$,$\cdots$,$(\chi_e)_{zz}$ 是 9 个常数,由电介质的性质决定. 由这 9 个分量组成的张量叫作电介质的**极化率张量**. 由上述方程组可以看出,即使场强只有 x 分量($E_y = E_z = 0$),电极化强度也可以有 y,z 分量,即 x 方向的场强不但引起介质沿 x 方向的极化,还可以引起介质沿 y,z 方向的极化. 对电介质中的一点而言,极化率张量是一个确定的张量,不随场强而变,也就是说 P_x,P_y,P_z 与 E_x,E_y,E_z 之间是线性关系,这类电介质叫作**线性电介质**.

电介质极化时出现极化电荷,这些极化电荷和自由电荷一样,在周围空间(介质的内部或外部)产生附加电场 $\vec{E}'$.根据场强叠加原理,空间任意一点的场强 $\vec{E}$ 是外电场 $\vec{E}_0$ 和极化电荷产生的附加电场 $\vec{E}'$ 的矢量和,即

$$\vec{E} = \vec{E}_0 + \vec{E}'. \tag{11.6}$$

一般情况下,$\vec{E}'$ 的大小和方向是逐点变化的,因而 $\vec{E}$ 也会随 $\vec{E}'$ 的变化而变化. 在介质外部,有的地方 $\vec{E}$ 得到加强,有的地方 $\vec{E}$ 被减弱;而在均匀介质的内部,$\vec{E}'$ 的方向与 $\vec{E}_0$ 基本相反,因而介质内部的总场强 $\vec{E}$ 被减弱.

例 11.5　如图 11.16 所示,设两个无限大平行金属板上带有自由电荷,其面密度分别为 $\pm\sigma_0$,两板间充满了极化率为 χ_e 的各向同性均匀电介质. 求电介质表面的极化电荷面密度 σ'、电介质内电极化强度 $\vec{P}$ 和电场强度 $\vec{E}$.

解　金属板上自由电荷 $\pm\sigma_0$ 在两板间产生的电场为 $E_0 = \dfrac{\sigma_0}{\varepsilon_0}$,方向向下. 在此外电场的作用下,电介质极化后极化电荷均匀分布在介质表面(见图 11.16),极化电荷 $\pm\sigma'$ 在介质中产生的附加电场为 $E' = \dfrac{\sigma'}{\varepsilon_0}$,方向向上. 因而介质内的总场强为

$$E = E_0 - E' = \frac{\sigma_0}{\varepsilon_0} - \frac{\sigma'}{\varepsilon_0}. \quad ①$$

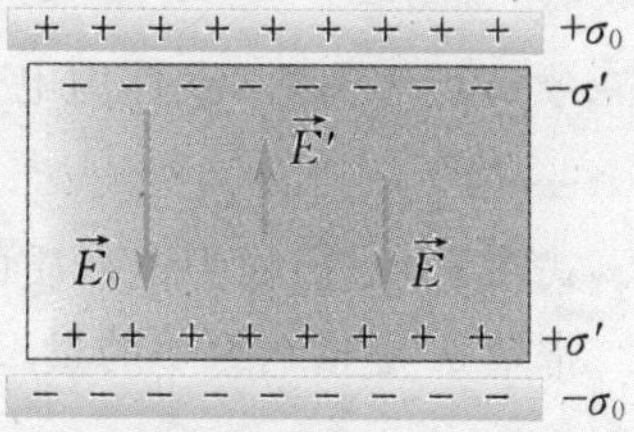

由式(11.4)可得,极化电荷面密度 σ' 与电极化强度 $\vec{P}$ 的关系为

$$\sigma' = P. \quad ②$$

将式 ② 和电介质的极化规律 $\vec{P} = \chi_e \varepsilon_0 \vec{E}$ 代入式 ① 可得

图 11.16　电介质中的电场

$$E = \frac{\sigma_0}{\varepsilon_0} - \frac{P}{\varepsilon_0} = \frac{\sigma_0}{\varepsilon_0} - \chi_e E,$$

所以

$$E = \frac{\sigma_0}{(1 + \chi_e)\varepsilon_0} = \frac{E_0}{1 + \chi_e}, \quad \sigma' = P = \chi_e \varepsilon_0 E = \frac{\chi_e \sigma_0}{1 + \chi_e}.$$

上述结果表明,充满电场空间的各向同性均匀电介质内部场强的大小等于真空中场强的 $\dfrac{1}{1 + \chi_e}$,方向与真空中场强方向一致.

11.2.3　电位移　电介质中的高斯定理

高斯定理是建立在库仑定律基础上的,有电介质时高斯定理也成立,但在计算总电场的电通量时,应考虑高斯面 S 内所包含的自由电荷 q_0 和极化电荷 q',即

$$\oint_S \vec{E} \cdot d\vec{S} = \frac{1}{\varepsilon_0}\left(\sum_{(S内)} q_0 + \sum_{(S内)} q'\right). \tag{11.7}$$

通常 $\sum\limits_{(S内)} q'$ 难以处理,我们希望能通过某种方法,将其从式(11.7)中消除. 利用电极化强度与极化电荷的关系式(11.3),则式(11.7)可改写为

$$\oint_S (\varepsilon_0 \vec{E} + \vec{P}) \cdot d\vec{S} = \sum_{(S内)} q_0.$$

引入一个辅助性物理量 $\vec{D}$,定义为

$$\vec{D} = \varepsilon_0 \vec{E} + \vec{P}, \tag{11.8}$$

称为**电位移**.利用电位移 $\vec{D}$,高斯定理改写为

$$\oint_S \vec{D} \cdot d\vec{S} = \sum_{(S内)} q_0. \tag{11.9}$$

这就是**有电介质时的高斯定理**:在静电场中通过任意闭合曲面的电位移通量等于该闭合曲面所包围的自由电荷的代数和.

在电场中,也可以仿照电场线的做法引入**电位移线**($\vec{D}$ 线)来形象描述电位移 $\vec{D}$ 在空间的分布.式(11.9)表明:$\vec{D}$ 线从正自由电荷出发,终止于负自由电荷;而电场线则发自正电荷、终止于负电荷(包括自由电荷和极化电荷).

对于各向同性介质,将式(11.5)代入式(11.8)得

$$\vec{D} = \varepsilon_0 \vec{E} + \vec{P} = \varepsilon_0 \vec{E} + \chi_e \varepsilon_0 \vec{E} = (1 + \chi_e) \varepsilon_0 \vec{E}.$$

令 $\varepsilon_r = 1 + \chi_e$,$\varepsilon_r$ 称为电介质的**相对介电常量**,则

$$\vec{D} = \varepsilon_r \varepsilon_0 \vec{E} = \varepsilon \vec{E}, \tag{11.10}$$

式中 $\varepsilon = \varepsilon_0 \varepsilon_r$ 称为电介质的**介电常量**.介电常量 ε 与真空介电常量 ε_0 有相同的量纲,相对介电常量 ε_r 是量纲为一的量.表11.1给出了一些电介质的相对介电常量 ε_r.

表 11.1　一些电介质的相对介电常量和击穿场强

电介质	相对介电常量 ε_r	击穿场强 /(kV·mm^{-1})	电介质	相对介电常量 ε_r	击穿场强 /(kV·mm^{-1})
空气	1.000 590	3	电木	7.6	$10 \sim 20$
水	78	—	二氧化钛	100	6
云母	$3.7 \sim 7.5$	$80 \sim 200$	氧化钽	11.6	15
玻璃	$5 \sim 10$	$10 \sim 25$	聚苯乙烯	2.6	25
陶瓷	$5.7 \sim 6.8$	$6 \sim 20$	聚乙烯	2.3	50
纸	3.5	14	钛酸钡	$10^2 \sim 10^4$	3
油	4.5	12			

引入电位移 $\vec{D}$ 后,高斯定理式(11.9)右边只包含自由电荷,极化电荷对场强的影响反映在介电常量 ε(或相对介电常量 ε_r)上,式(11.9)和式(11.10)使电介质中电场的计算大为简化.在求解各向同性电介质中的电场时,可以先不考虑极化电荷的影响,即先求出 $\vec{D}$,然后,再由式(11.10)求出 $\vec{E}$.

例 11.6　半径为 R、电量为 Q_0 的导体周围,充满相对介电常量为 ε_r 的均匀电介质,如图 11.17 所示.求:(1)球外任一点 P 处的场强;(2)导体球的电势;(3)与导体球接触的电介

质表面上的极化电荷面密度.

解　(1) 由于自由电荷和电介质分布的球对称性,极化电荷和电场分布也具有球对称性.设 P 点距球心距离为 r,过 P 点作一与导体球同心的球形高斯面 S,高斯面上各点的 $\vec{D}$ 大小相等,方向与球面垂直并沿半径向外.由电介质中的高斯定理可得

$$\oint_S \vec{D} \cdot d\vec{S} = 4\pi r^2 D = Q_0,$$

所以

$$D = \frac{Q_0}{4\pi r^2}, \quad E = \frac{D}{\varepsilon_0 \varepsilon_r} = \frac{Q_0}{4\pi \varepsilon_0 \varepsilon_r r^2}.$$

(2) 导体球的电势

$$U = \int_R^\infty \vec{E} \cdot d\vec{l} = \int_R^\infty \frac{Q_0}{4\pi \varepsilon_0 \varepsilon_r r^2} dr = \frac{Q_0}{4\pi \varepsilon_0 \varepsilon_r R}.$$

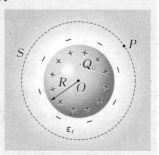

图 11.17　例 11.6 图

(3) 电介质内电极化强度

$$P = \varepsilon_0 \chi_e E = \varepsilon_0 (\varepsilon_r - 1) E = \frac{(\varepsilon_r - 1) Q_0}{4\pi \varepsilon_r r^2},$$

与导体球接触处电介质的电极化强度

$$P = \frac{(\varepsilon_r - 1) Q_0}{4\pi \varepsilon_r R^2},$$

电介质内表面法线方向与 $\vec{P}$ 的方向相反,则电介质表面上的极化电荷面密度

$$\sigma' = \vec{P} \cdot \vec{n} = P\cos\pi = -\frac{(\varepsilon_r - 1) Q_0}{4\pi \varepsilon_r R^2}.$$

11.2.4　电介质的损耗和击穿

1. 电介质损耗

在外加电场的作用下,电介质中的一部分电能转换为热能的现象,称为电介质损耗.一般说来,电介质都有微弱的导电性,因漏电而损失的能量较小,电介质损耗主要是在高频交变电场作用下,电介质反复极化的过程中产生的.频率越高,发热越显著,如果剧烈发热,将破坏电介质的绝缘性能,所以在高频电子技术中,必须使用损耗极小的电介质,如陶瓷、滑石等.电介质损耗也有有用的一面,高频加热就是一个重要的例子,即把电介质放在两块金属板之间,并在板上加上 $10\sim12\,\mathrm{MHz}$ 的高频电压,能使电介质强烈发热,高频加热可用于烘干木材和缝合塑料等.

2. 电介质击穿

当电介质内的场强超过某一极限值时,电介质分子中的正、负电荷有可能被拉开而变成可以自由移动的电荷.当这种自由电荷大量存在时,电介质的绝缘性能就会遭到破坏而变成导体,这种现象称为电介质击穿.电介质材料所能承受的不被击穿的最大场强称为电介质的击穿场强(或介电强度).表 11.1 给出了一些电介质的击穿场强.

电容　电容器

11.3.1　电容与电容器

1. 孤立导体的电容

当一个导体附近不存在其他导体和带电体(或其他导体和带电体离该导体无限远)时，则称该导体为**孤立导体**. 当孤立导体带电量为 q 时，它的电势为 U，理论和实验都表明，随着电量 q 的增加，电势 U 将成比例地增加，它们的比值 $\dfrac{q}{U}$ 与 q，U 无关，只取决于导体的大小和形状，把这个比值定义为**孤立导体的电容**，用 C 表示，即

$$C = \frac{q}{U}. \tag{11.11}$$

电容 C 的物理意义是**使导体升高单位电势所需要的电量**，它反映了导体容纳电荷能力的大小. 在国际单位制中，电容的单位为法[拉]，用 F 表示. 在实际应用中法[拉]这个单位太大，常用的电容单位有微法(μF)和皮法(pF)，它们之间的换算关系为

$$1 \text{ F} = 10^6 \ \mu\text{F} = 10^{12} \text{ pF}.$$

例 11.7　求半径为 R 的孤立导体球的电容.

解　孤立导体球带 q 的电量时，它的电势为

$$U = \frac{q}{4\pi\varepsilon_0 R},$$

根据电容的定义，它的电容为

$$C = \frac{q}{U} = 4\pi\varepsilon_0 R.$$

2. 电容器及其电容

孤立导体是很难实现的一种理想化情况，实际上，一个带电导体周围总会有其他导体或带电体存在，在这种情况下，该导体的电势不仅与自身所带电量有关，还与周围导体的位置、形状和所带电荷有关，因而我们不能再用一个恒量 $C = \dfrac{q}{U}$ 来反映该导体的电势 U 和其所带电量 q 之间的依赖关系. 为了消除其他导体的影响，可采用静电屏蔽的方法，用一个封闭的导体壳 B 把导体 A 包围起来，如图 11.18 所示. 若导体 A 带电量 q，导体壳 B 内表面上感应电荷为 $-q$. 虽然导体 A 的电势 U_A 和导体壳 B 的电势 U_B 都与外界导体有关(若导体壳 B 接地，就不会受外界导体

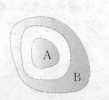

图 11.18　导体 A 和导体壳
B 组成一电容器

的影响,实际上 $U_B = 0$),但电势差 $U_A - U_B$ 不受外界影响,且正比于 q,比值不变.这种由导体壳 B 和其空腔内导体 A 组成的导体系叫作**电容器**.将比值

$$C = \frac{q}{U_A - U_B} \tag{11.12}$$

定义为**电容器的电容**,其值取决于两导体的大小、形状、相对位置及两导体间的电介质,与 q 和 $U_A - U_B$ 无关.组成电容器的两导体叫作电容器的**极板**.在实际应用中,对电容器屏蔽性的要求并不很高,只要求从一个极板发出的电场线都终止于另一个极板.其实孤立导体也可看作电容器,只是另一极板在无限远处.

11.3.2　电容的计算

　　常见的电容器有平行板电容器、球形电容器和圆柱形电容器.下面根据电容器电容的定义,分别计算它们的电容.计算中暂不考虑电介质影响,即认为极板间是真空(或空气),并忽略边缘效应.

1. 平行板电容器

　　平行板电容器是由两块大小相同彼此靠得很近的平行金属板组成.设每块板的面积为 S,两极板内表面之间的距离为 d,如图 11.19 所示.设两极板 A,B 分别带有等量异号电荷 $\pm q_0$,由于极板面的线度远大于两极板之间的距离,除边缘部分外,电荷均匀分布在两极板内表面上,电荷面密度分别为 $\pm \sigma_0$, $\pm \sigma_0 = \pm \dfrac{q_0}{S}$,两极板间的电场是均匀的,场强大小为

$$E = \frac{\sigma_0}{\varepsilon_0}.$$

两极板之间的电势差为

$$U_{AB} = U_A - U_B = \int_A^B \vec{E} \cdot \mathrm{d}\vec{l} = Ed = \frac{\sigma_0 d}{\varepsilon_0} = \frac{q_0 d}{\varepsilon_0 S}.$$

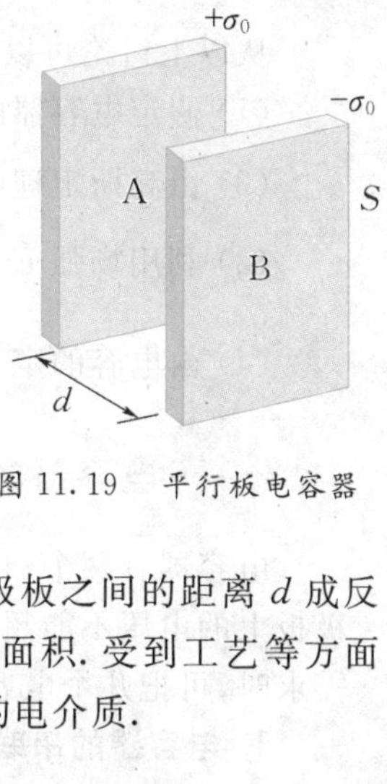

　　根据式(11.12),求得平行板电容器的电容为

$$C = \frac{q_0}{U_{AB}} = \frac{\varepsilon_0 S}{d}, \tag{11.13}$$

图 11.19　平行板电容器

式(11.13)表明,平行板电容器的电容 C 与极板面积 S 成正比,与两极板之间的距离 d 成反比,并指明了增大电容器电容的途径:减小极板间的距离和增大极板面积.受到工艺等方面的限制,为了得到体积小电容大的电容器,可以在两极板间加入适当的电介质.

2. 球形电容器

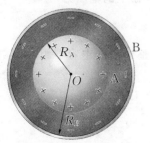

图 11.20　球形电容器

　　球形电容器由两个同心导体薄球壳所组成,如图 11.20 所示.设内、外球壳半径分别为 R_A 和 R_B.当内、外球壳分别带电量 $+q_0$ 和 $-q_0$ 时,由高斯定理可得两导体球壳之间的场强为

$$E = \frac{1}{4\pi\varepsilon_0} \frac{q_0}{r^2} \quad (R_A < r < R_B),$$

方向沿矢径.因此,两球壳间的电势差为

$$U_{AB} = \int_A^B \vec{E} \cdot \mathrm{d}\vec{l} = \frac{q_0}{4\pi\varepsilon_0}\left(\frac{1}{R_A} - \frac{1}{R_B}\right) = \frac{q_0(R_B - R_A)}{4\pi\varepsilon_0 R_A R_B}.$$

根据电容的定义,可得球形电容器的电容为

$$C = \frac{q_0}{U_{AB}} = \frac{4\pi\varepsilon_0 R_A R_B}{R_B - R_A}. \tag{11.14}$$

当 $R_B \to \infty$ 时,$C = 4\pi\varepsilon_0 R_A$ 就是半径为 R_A 的孤立导体球的电容.

3. 圆柱形电容器

圆柱形电容器由两个同轴导体圆柱面 A,B 组成. 内、外圆柱面半径分别为 R_A 和 R_B,两圆柱面长为 L,如图 11.21 所示. 当 $L \gg R_B - R_A$ 时,可以忽略两端的边缘效应,把两圆柱面看作无限长. 设 A,B 分别带等量异号电荷 $\pm q_0$,由高斯定理可求得两圆柱面之间的场强大小为

$$E = \frac{\lambda_0}{2\pi\varepsilon_0 r} \quad (R_A < r < R_B),$$

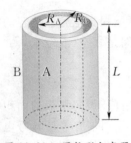

图 11.21　圆柱形电容器

其中 $\lambda_0 = \dfrac{q_0}{L}$ 为圆柱面单位长度上的电量,即电荷线密度. 两圆柱面 A,B 之间的电势差为

$$U_{AB} = \int_A^B \vec{E} \cdot \mathrm{d}\vec{l} = \frac{\lambda_0}{2\pi\varepsilon_0} \ln \frac{R_B}{R_A} = \frac{q_0}{2\pi\varepsilon_0 L} \ln \frac{R_B}{R_A}.$$

根据电容的定义,可得圆柱形电容器的电容为

$$C = \frac{q_0}{U_{AB}} = \frac{2\pi\varepsilon_0 L}{\ln \dfrac{R_B}{R_A}}. \tag{11.15}$$

从以上讨论可以看出,利用电容的定义式(11.12)计算电容时可归结为以下四个步骤:

(1) 假定电容器两极板分别带 $\pm q_0$ 的电量;

(2) 由高斯定理(或场强叠加原理)求出两极板之间的电场分布 $\vec{E}$;

(3) 利用场强 $\vec{E}$ 与电势差 U_{AB} 的积分关系 $U_{AB} = \displaystyle\int_A^B \vec{E} \cdot \mathrm{d}\vec{l}$,求出两极板之间的电势差;

(4) 由电容的定义式 $C = \dfrac{q_0}{U_{AB}}$ 求出电容器的电容.

11.3.3　电容器的串联和并联

电容器有两个非常重要的性能指标,一是电容值,另一个是耐压能力. 使用电容器时,两极板上的电压不能超过所规定的耐压值. 当单独一个电容器的电容或耐压值不能满足实际需求时,可把几个电容器串联或并联起来使用.

1. 电容器的串联

电容器串联时,每一个电容器都带有相等的电量 q,则每个电容器上的电压为

$$U_1 = \frac{q}{C_1}, \quad U_2 = \frac{q}{C_2}, \quad \cdots, \quad U_n = \frac{q}{C_n}.$$

这表明电容器串联时,电压与电容成反比地分配在各个电容器上. 整个串联电容器组两端电压等于每个电容器上电压之和,即

$$U = U_1 + U_2 + \cdots + U_n = q\left(\frac{1}{C_1} + \frac{1}{C_2} + \cdots + \frac{1}{C_n}\right),$$

则整个串联电容器系统的总电容 $C = \dfrac{q}{U}$,由此得出

$$\frac{1}{C} = \frac{1}{C_1} + \frac{1}{C_2} + \cdots + \frac{1}{C_n}, \tag{11.16}$$

即电容器串联时,总电容的倒数是各电容器电容的倒数之和.

2. 电容器的并联

电容器并联时,加在各电容器上的电压是相同的,设为 U,则每个电容器上的电量为

$$q_1 = C_1 U, \quad q_2 = C_2 U, \quad \cdots, \quad q_n = C_n U.$$

这表明电容器并联时,电量与电容成正比地分配在各个电容器上.所有电容器的总电量则为

$$q = q_1 + q_2 + \cdots + q_n = (C_1 + C_2 + \cdots + C_n)U,$$

因此整个并联电容器系统的总电容 C 为

$$C = \frac{q}{U} = C_1 + C_2 + \cdots + C_n, \tag{11.17}$$

故电容器并联时,总电容等于各电容器电容之和.

例 11.8 一平行板电容器的极板面积为 S,板间距离为 d,电势差为 U.两极板间平行放置一层面积与极板相同、厚度为 t 的均匀电介质,电介质的相对介电常量为 ε_r.试求:(1) 极板上的电量 Q_0;(2) 两极板间的电位移 D 和场强 E;(3) 电容器的电容及判断电介质的位置对结果有无影响.

解 (1) 如图 11.22 所示,作柱形高斯面,它的一个底面 ΔS_1 在一个金属极板内,另一底面 ΔS_2 在两极板之间(电介质中或真空中),$\Delta S_1 = \Delta S_2 = \Delta S$.因为金属极板内 $E = 0, D = 0$,所以

$$\oint_S \vec{D} \cdot d\vec{S} = D\Delta S.$$

而高斯面内所包围的自由电荷代数和 $\sum q_0 = \sigma_0 \Delta S$,由此得到两极板间电介质或真空中的电位移 $\vec{D}$ 相同,其大小均为

$$D = \sigma_0 = \frac{Q_0}{S}.$$

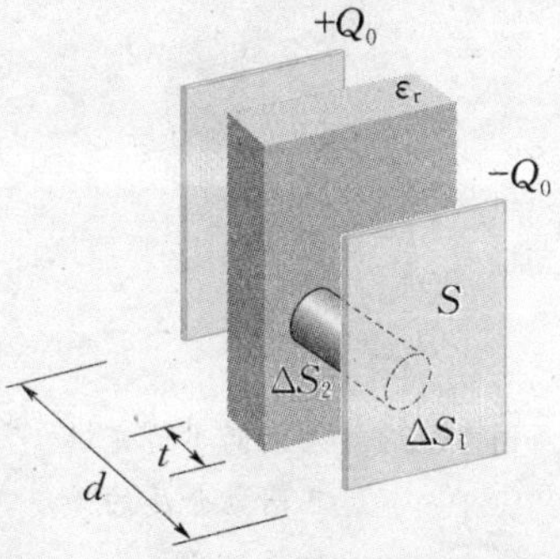

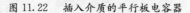

图 11.22　插入介质的平行板电容器

Q_0 是正极板上的电量,待求.

在真空间隙中,$E_1 = \dfrac{D}{\varepsilon_0} = \dfrac{Q_0}{\varepsilon_0 S}$,在介质中,$E_2 = \dfrac{D}{\varepsilon_0 \varepsilon_r} = \dfrac{Q_0}{\varepsilon_0 \varepsilon_r S}$.两极板的电势差

$$U = E_1(d - t) + E_2 t = \frac{Q_0}{\varepsilon_0 S}(d - t) + \frac{Q_0}{\varepsilon_0 \varepsilon_r S} t = \frac{Q_0}{\varepsilon_0 \varepsilon_r S}[\varepsilon_r(d - t) + t],$$

由此可得极板上电量

$$Q_0 = \frac{\varepsilon_0 \varepsilon_r S U}{\varepsilon_r(d - t) + t}.$$

(2) 把 $Q_0 = \dfrac{\varepsilon_0 \varepsilon_r S U}{\varepsilon_r(d - t) + t}$ 代入 $E_1 = \dfrac{Q_0}{\varepsilon_0 S}, E_2 = \dfrac{Q_0}{\varepsilon_0 \varepsilon_r S}, D = \dfrac{Q_0}{S}$ 得

$$E_1 = \frac{\varepsilon_r U}{\varepsilon_r(d - t) + t}, \quad E_2 = \frac{U}{\varepsilon_r(d - t) + t}, \quad D = \frac{\varepsilon_0 \varepsilon_r U}{\varepsilon_r(d - t) + t}.$$

（3）电容为

$$C = \frac{Q_0}{U} = \frac{\varepsilon_0 \varepsilon_r S}{\varepsilon_r (d-t) + t}.$$

可见插入电介质后电容器的电容增大了,但电介质的位置对结果无影响.当 $t = d$,即电容器两极板之间充满均匀电介质时,上式变为

$$C = \frac{\varepsilon_0 \varepsilon_r S}{d} = \varepsilon_r C_0,$$

式中 $C_0 = \dfrac{\varepsilon_0 S}{d}$ 为平行板电容器两极板间是真空时的电容.由此可见,**两极板间充满均匀电介质时的电容等于两极板间为真空时电容的 ε_r 倍**,该结论对其他类型的电容器也成立.

从表11.1可以看出,电介质的相对介电常量 $\varepsilon_r > 1$,多数电介质的击穿场强比空气高,所以**电介质在电容器中的作用**:(1)增大电容器的电容;(2)提高电容器的耐压能力(绝缘作用).

例 11.9　一个平行板电容器的极板面积为 S,板间距离为 d,电势差为 U.两极板间左、右两半空间分别充满相对介电常量为 ε_{r1} 和 ε_{r2} 的电介质,如图11.23所示(设 ε_{r1} 充满的空间的极板面积为 S_1).试求:(1)两极板间的电位移 D 和场强 E;(2)极板上的电荷面密度;(3)电容器的电容.

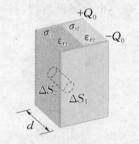

图 11.23　左右两半边充满不同电介质的平行板电容器

解　(1)因为两极板间的电势差 U 一定,所以左半边和右半边的场强相等,即 $E_1 = E_2 = \dfrac{U}{d}$,而左半边和右半边的电位移 $\vec{D}$ 方向相同,大小不相等,分别为

$$D_1 = \varepsilon_0 \varepsilon_{r1} E_1 = \varepsilon_0 \varepsilon_{r1} \frac{U}{d}, \quad D_2 = \varepsilon_0 \varepsilon_{r2} E_2 = \varepsilon_0 \varepsilon_{r2} \frac{U}{d}.$$

（2）在左半边作如图所示高斯面,与例11.8相似可得左半边正极板上电荷面密度

$$\sigma_{01} = D_1 = \varepsilon_0 \varepsilon_{r1} \frac{U}{d}.$$

同理,右半边正极板上电荷面密度

$$\sigma_{02} = D_2 = \varepsilon_0 \varepsilon_{r2} \frac{U}{d}.$$

（3）左半边介质充满时极板面积为 S_1,则右半边介质充满时极板面积为 $S - S_1$.极板上总电量

$$Q_0 = \sigma_{01} S_1 + \sigma_{02}(S - S_1) = \left[\frac{\varepsilon_0 \varepsilon_{r1} S_1}{d} + \frac{\varepsilon_0 \varepsilon_{r2}(S - S_1)}{d} \right] U,$$

电容为

$$C = \frac{Q_0}{U} = \frac{\varepsilon_0 \varepsilon_{r1} S_1}{d} + \frac{\varepsilon_0 \varepsilon_{r2}(S - S_1)}{d} = C_1 + C_2,$$

其中 C_1, C_2 分别表示左、右两半电容器的电容.可见,整个电容器相当于两个电容器的并联,可以用电容器并联公式(11.17)求总电容.同样,例11.8中整个电容器相当于两个电容器的串联,也可以用电容器串联公式(11.16)求总电容.

例 11.10 一球形电容器内外两球壳的半径分别为 R 和 R_3,在两球壳之间同心地放一个内、外半径分别为 $R_1(R_1>R)$,$R_2(R_2<R_3)$ 的导体球壳和一个内、外半径分别为 R_2,R_3 的介质球壳,介质的相对介电常量为 ε_r,求此电容器的电容.

解 设电容器内外球壳所带电量为 $\pm q_0$,由高斯定理可求得内外球壳之间的场强分布为

$$E_1 = \frac{q_0}{4\pi\varepsilon_0 r^2} \quad (R<r<R_1),$$

$$E_2 = 0 \quad (R_1<r<R_2),$$

$$E_3 = \frac{q_0}{4\pi\varepsilon_0\varepsilon_r r^2} \quad (R_2<r<R_3).$$

两球壳间的电势差为

$$U = \int_R^{R_3} \vec{E}\cdot\mathrm{d}\vec{r} = \int_R^{R_1} E_1\mathrm{d}r + \int_{R_1}^{R_2} E_2\mathrm{d}r + \int_{R_2}^{R_3} E_3\mathrm{d}r = \frac{q_0(R_1-R)}{4\pi\varepsilon_0 RR_1} + \frac{q_0(R_3-R_2)}{4\pi\varepsilon_0\varepsilon_r R_2 R_3}.$$

故电容器的电容为

$$C = \frac{q_0}{U} = \frac{1}{\dfrac{R_1-R}{4\pi\varepsilon_0 RR_1} + \dfrac{R_3-R_2}{4\pi\varepsilon_0\varepsilon_r R_2 R_3}} = \frac{4\pi\varepsilon_0\varepsilon_r RR_1 R_2 R_3}{RR_1(R_3-R_2) + \varepsilon_r R_2 R_3(R_1-R)}.$$

本题中的电容器可看成是由内、外半径分别为 R 和 R_1 的真空球形电容器以及内、外半径分别为 R_2 和 R_3 的充满介质的电容器串联组成,利用球形电容器的电容公式(11.14)和电容器串联公式(11.16)也可求解.

11.4 静电场的能量

11.4.1 电容器的储能

如果用导线把一个已充电的电容器两极板短接,可以见到放电火花,这说明充了电的电容器储存了能量,许多实际应用中就是利用电容器能储存电能的这一特性,如闪光灯.电容器在充电过程中,电荷在电源的作用下从电容器的一个极板迁移到另一个极板,电源需要克服静电力做功,电容器储存的电能正是来源于在充电过程中电源所做的功.

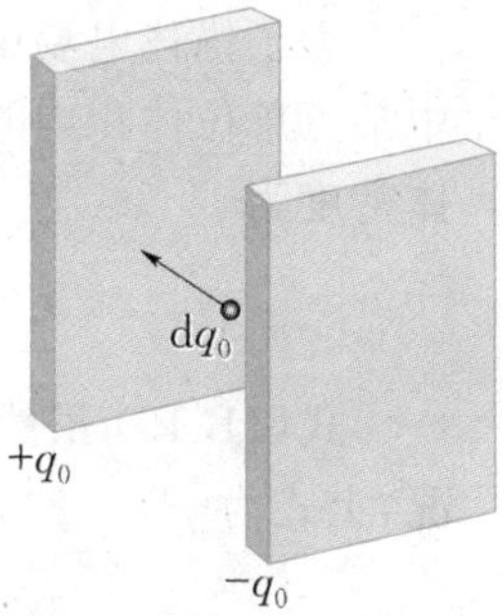

如图 11.24 所示,设电容器电容为 C,原先不带电,充电完毕后,电容器每一极板上所带电量的绝对值为 Q_0,两极板之间的电势差为 U.设充电过程中某时刻 t 电容器所带电荷量的绝对值为 q_0,两极板的电压为 u.经过 $\mathrm{d}t$ 的时间,电源把 $\mathrm{d}q_0$ 的电荷从负极板搬运到正极板(实际过程是负电荷从正极板被搬运到负极板),根据能量守恒,在 $\mathrm{d}t$ 的时间内电容器所储存的电能 $\mathrm{d}W_e$(即电源所做的功 $\mathrm{d}A$)为电荷 $\mathrm{d}q_0$ 从负极板迁移到正极板后电势能的增量,即

$$\mathrm{d}W_e = \mathrm{d}A = u\mathrm{d}q_0,$$

图 11.24 电容器储能的计算

则充电完毕后,电容器所储存的电能为

$$W_e = \int_0^{Q_0} u \mathrm{d}q_0 = \int_0^{Q_0} \frac{q_0}{C} \mathrm{d}q_0 = \frac{Q_0^2}{2C}. \tag{11.18a}$$

利用 $Q_0 = CU$,式(11.18a) 可以表示为

$$W_e = \frac{1}{2} Q_0 U, \tag{11.18b}$$

$$W_e = \frac{1}{2} CU^2. \tag{11.18c}$$

由式(11.18c) 可以看出,在一定的电压下,电容 C 大的电容器储能多,这说明电容 C 也是电容器储存能量本领的标志.

11.4.2　静电场的能量

从电容器的储能公式来看,能量似乎由电荷所携带,另一方面,电荷的存在必然产生电场,电容器的充电过程实际上也是电场的形成过程,电能似乎又由电场所携带.那么,电能究竟是由电荷携带还是电场携带?在静电场中,电荷和电场是同时存在,相伴而生,因而无法区分电能是与电荷相联系,还是与电场相联系;但在变化的电磁场中,电场和磁场可以脱离电荷以一定速度在空间传播,这便是电磁波,而电磁波携带有能量,这就说明电能是定域在电场中,即电能的携带者是电场.凡有电场的地方,就有电场的能量,而能量是物质的固有属性,电场具有能量正是电场物质性的一个体现.

既然电能是分布在电场中的,就有必要把电能的公式用描述电场的物理量电场强度 $\vec{E}$ 和电位移 $\vec{D}$ 来表示.下面以平行板电容器为例计算电场的能量.

设平行板电容器的极板面积为 S,两极板间距离为 d,极板上的电荷为 Q_0,极板间电压为 U,则电容器储存的电能为

$$W_e = \frac{1}{2} Q_0 U,$$

将 $Q_0 = \sigma_0 S = DS$,$U = Ed$ 代入上式,得

$$W_e = \frac{1}{2} DESd = \frac{1}{2} DEV,$$

式中 $V = Sd$,是指极板间电场所在空间的体积.平行板电容器的电场被局限于两极板之间,上式表明,电能分布在电容器两极板间的电场中,与电场所占有的空间体积成正比.

为了描述电场中能量的分布状况,我们引入能量密度.所谓电场能量体密度,就是电场中某点单位体积内的电场能量,用 w_e 表示.在平行板电容器中,电场是均匀分布的,所以电能体密度为

$$w_e = \frac{W_e}{V} = \frac{1}{2} DE. \tag{11.19}$$

式(11.19)虽然是从均匀电场的特例导出,但可以证明,它是普遍适用的公式.在一般情况,上式为

$$w_e = \frac{1}{2} \vec{D} \cdot \vec{E}. \tag{11.20}$$

在各向同性电介质中,$\vec{D} = \varepsilon_0 \varepsilon_r \vec{E}$,则电能体密度可表示为

$$w_e = \frac{1}{2}\varepsilon_0\varepsilon_r E^2 = \frac{1}{2}\frac{D^2}{\varepsilon_0\varepsilon_r}.\qquad(11.21)$$

一般情况下,电场是非均匀分布的,体积元 dV 内的电场能量为

$$dW_e = w_e dV = \frac{1}{2}\vec{D}\cdot\vec{E}dV.$$

对整个电场中所有体积元的电能求和,即对电场存在的空间求积分,就可得静电场的总能量为

$$W_e = \int_V w_e dV = \int_V \frac{1}{2}\vec{D}\cdot\vec{E}dV.\qquad(11.22)$$

对于各向同性电介质,上式可改写为

$$W_e = \int_V w_e dV = \int_V \frac{1}{2}DE dV = \int_V \frac{1}{2}\varepsilon_0\varepsilon_r E^2 dV.\qquad(11.23)$$

例 11.11　球形电容器的内、外半径分别为 R_1 和 R_2,两球面间充满相对介电常量为 ε_r 的均匀电介质,内、外球面上带有电荷 $+Q_0$ 和 $-Q_0$,试求:(1) 球形电容器电场所储存的总能量;(2) 利用电容器储能公式求电容;(3) 若电介质的击穿场强为 E_g,电容器能承受的最高电压 U_M.

解　(1) 由于电荷分布的球对称性,场强分布也必然是球对称的. 根据高斯定理可求得电场只分布在两个球面之间,场强大小为

$$E = \frac{Q_0}{4\pi\varepsilon_0\varepsilon_r r^2}\quad(R_1 < r < R_2),$$

所以电场的能量密度为

$$w_e = \frac{1}{2}\varepsilon_0\varepsilon_r E^2 = \frac{Q_0^2}{32\pi^2\varepsilon_0\varepsilon_r r^4}\quad(R_1 < r < R_2).$$

如图 11.25 所示,在半径为 r 处取一厚度为 dr 的薄球壳,其体积为 $dV = 4\pi r^2 dr$. 在此体积元中,各点的场强大小可看成处处相等,所以体积元中电场能量为

$$dW_e = w_e dV = \frac{Q_0^2}{8\pi\varepsilon_0\varepsilon_r r^2}dr.$$

球形电容器电场的总能量为

$$W_e = \int dW_e = \int_{R_1}^{R_2}\frac{Q_0^2}{8\pi\varepsilon_0\varepsilon_r r^2}dr = \frac{Q_0^2}{8\pi\varepsilon_0\varepsilon_r}\left(\frac{1}{R_1} - \frac{1}{R_2}\right).$$

图 11.25　球形电容器的能量

(2) 由电容器储能公式 $W_e = \frac{1}{2}\frac{Q_0^2}{C}$ 可得

$$C = \frac{Q_0^2}{2W_e} = \frac{4\pi\varepsilon_0\varepsilon_r R_1 R_2}{R_2 - R_1}.$$

(3) 电容器带有电荷 Q_0 时,两极板的电势差为

$$U = \int_{R_1}^{R_2}\vec{E}\cdot d\vec{r} = \int_{R_1}^{R_2}\frac{Q_0}{4\pi\varepsilon_0\varepsilon_r r^2}dr = \frac{Q_0}{4\pi\varepsilon_0\varepsilon_r}\left(\frac{1}{R_1} - \frac{1}{R_2}\right).$$

电介质中的电场不是均匀电场,场强的最大值为

$$E_M = \frac{Q_0}{4\pi\varepsilon_0\varepsilon_r R_1^2},$$

要保证电容器不被损坏,电介质中的最大场强 E_M 应不大于电介质的击穿场强 E_g,即

$$E_M = \frac{Q_0}{4\pi\varepsilon_0\varepsilon_r R_1^2} \leqslant E_g,$$

因此,电容器能储存的最大电量为

$$Q_{0M} = 4\pi\varepsilon_0\varepsilon_r R_1^2 E_g.$$

将 Q_{0M} 代入电势差表达式得电容器能承受的最高电压为

$$U_M = R_1^2 E_g\left(\frac{1}{R_1} - \frac{1}{R_2}\right).$$

例 11.12 已知平行板电容器极板面积为 S,两极板间距为 d,在两极板之间插入面积与极板相同、厚度为 t 的均匀介质板,介质的相对介电常量为 ε_r. 将电容器充电到电势差 U_0 后,断开电源,把介质板抽出需做多少功?

解 平行板电容器插入相对介电常量为 ε_r 的均匀介质板后,由例 11.8 可知电容器的电容为

$$C = \frac{\varepsilon_0\varepsilon_r S}{\varepsilon_r(d-t)+t}.$$

将电容器充电至 U_0 时,极板所带电量 $Q_0 = CU_0$,此时电容器所具有的能量为

$$W_{e1} = \frac{1}{2}\frac{Q_0^2}{C}.$$

断开电源后,抽出电介质板,极板上电量 Q_0 保持不变,电容变为 $C_0 = \dfrac{\varepsilon_0 S}{d}$,电容器的能量变为

$$W_{e2} = \frac{1}{2}\frac{Q_0^2}{C_0}.$$

根据功能原理,抽出电介质板时外力所做的功等于电容器能量的增量,所以抽出电介质板时需要做的功为

$$A = W_{e2} - W_{e1} = \frac{Q_0^2}{2}\left(\frac{1}{C_0} - \frac{1}{C}\right) = \frac{C^2 U_0^2}{2}\left(\frac{1}{C_0} - \frac{1}{C}\right).$$

将 C_0, C 代入可得

$$A = \frac{\varepsilon_0\varepsilon_r(\varepsilon_r-1)tS}{2\left[\varepsilon_r(d-t)+t\right]^2}U_0^2.$$

可见抽出电介质板时,外力需克服正、负电荷间的吸引力做功,使电场能量增加.

例 11.13 一电容为 C 的空气平行板电容器,接上端电压 U 为定值的电源充电. 在电源保持连接的情况下,试求把两个极板间距离增大至 n 倍时外力所做的功.

解 因保持与电源连接,两极板间电势差保持不变.

极板间距离增大后,电容值由 $C = \dfrac{\varepsilon_0 S}{d}$ 减小为

$$C' = \frac{\varepsilon_0 S}{nd} = \frac{C}{n}.$$

电容器储存的电场能量由 $W_e = \dfrac{1}{2}CU^2$ 减小为

$$W_e' = \frac{1}{2}C'U^2 = \frac{CU^2}{2n}.$$

极板间距离增大后,电容器储存能量的增量为

$$\Delta W_e = W'_e - W_e = \frac{U^2}{2}\left(\frac{C}{n} - C\right) = \frac{1}{2}CU^2 \cdot \frac{1-n}{n} < 0.$$

在两极板间距增大过程中,电容器上电荷由 Q_0 减至 Q'_0,电源做功

$$A_1 = (Q'_0 - Q_0)U = (C'U - CU)U = \left(\frac{C}{n} - C\right)U^2 = CU^2 \cdot \frac{1-n}{n} < 0.$$

设在拉开极板过程中,外力做功为 A_2,由功能原理 $A_1 + A_2 = \Delta W_e$,故

$$A_2 = \Delta W_e - A_1 = \frac{1}{2}CU^2 \cdot \frac{1-n}{n} - CU^2 \cdot \frac{1-n}{n} = \frac{1}{2}CU^2 \cdot \frac{n-1}{n} > 0.$$

在拉开极板过程中,外力做正功.

本 章 提 要

一、导体的静电平衡

1. 静电平衡

带电体系中的电荷静止不动,电场的分布也不随时间发生变化.

2. 导体静电平衡的充要条件

导体内场强处处为零.

3. 导体静电平衡时的性质

(1) 导体是等势体,导体的表面是等势面.

(2) 导体外靠近其表面地方的场强处处与它表面垂直.

4. 导体静电平衡时的电荷分布

(1) 实心导体:电荷分布在导体的表面.

(2) 导体壳:壳内无带电体时,电荷分布在导体壳外表面,导体壳的空腔内没有电场;壳内有带电体时,导体壳的内表面所带电荷与空腔内电荷的代数和为零.

5. 静电平衡时导体的电荷面密度 σ 与表面附近场强 $\vec{E}$ 的关系

$$\vec{E} = \frac{\sigma}{\varepsilon_0}\vec{n},$$

$\vec{n}$ 为表面外法线单位矢量.

二、电介质的极化规律

1. 电极化强度 $\vec{P}$ 与极化电荷 q' 的关系

(1) 普遍关系

$$\oint_S \vec{P} \cdot \mathrm{d}\vec{S} = -\sum_{(S内)} q' \quad (q' 为 S 内的极化电荷).$$

(2) $\vec{P}$ 与介质表面极化电荷面密度 σ' 之间的关系

$$\sigma' = \vec{P} \cdot \vec{n} = P_n = P\cos\theta,$$

式中 $\vec{n}$ 为介质表面外法线单位矢量.

2. 电介质的极化规律

$$\vec{P} = \chi_e \varepsilon_0 \vec{E} \quad (各向同性均匀电介质),$$

式中 χ_e 为电介质的极化率.

三、有介质时的高斯定理

静电场中通过任意闭合曲面的电位移通量等于该闭合曲面所包围的自由电荷的代数和.

$$\oint_S \vec{D} \cdot \mathrm{d}\vec{S} = \sum_{(S内)} q_0,$$

式中 q_0 为自由电荷,$\vec{D}$ 为电位移.

注意:

(1) $\vec{D}$ 是描述电场的辅助量,描述电场的基本量是 $\vec{E}$.

(2) 各向同性均匀电介质中 $\vec{D},\vec{E},\vec{P}$ 之间的关系:

$$\vec{P} = \chi_e \varepsilon_0 \vec{E}, \quad \vec{D} = \varepsilon_0 \varepsilon_r \vec{E} = \varepsilon \vec{E},$$

式中 ε_r 为电介质的相对介电常量,ε 为电介质的介电常量.

(3) 利用此式求电场分布时同样要考虑电场的对称性.

四、电场的能量

1. 电容器储能公式

$$W_e = \frac{1}{2}\frac{Q_0^2}{C} = \frac{1}{2}Q_0U = \frac{1}{2}CU^2.$$

2. 一般公式

$$W_e = \int_V w_e \mathrm{d}V = \int_V \frac{1}{2}\vec{D} \cdot \vec{E}\,\mathrm{d}V.$$

对于各向同性电介质,上式可改写为

$$W_e = \int_V w_e \, dV = \int_V \frac{1}{2} DE \, dV$$
$$= \int_V \frac{1}{2} \varepsilon_0 \varepsilon_r E^2 \, dV.$$

五、电容器的电容

1. 电容的计算

(1) 利用电容串联、并联公式

串联:$\dfrac{1}{C} = \dfrac{1}{C_1} + \dfrac{1}{C_2} + \cdots + \dfrac{1}{C_n}$;

并联:$C = C_1 + C_2 + \cdots + C_n$.

(2) 利用电容的定义式,有以下四个步骤:

① 假定电容器两极板分别带 $\pm q_0$ 的电量;

② 由高斯定理(或场强叠加原理)求出两极板之间的电场分布 $\vec{E}$;

③ 利用场强 $\vec{E}$ 与电势差 U_{AB} 的积分关系 $U_{AB} = \int_A^B \vec{E} \cdot d\vec{l}$,求出两极板之间的电势差;

④ 由电容的定义式 $C = \dfrac{q_0}{U_{AB}}$ 求出电容器的电容.

(3) 利用电场能量计算

$$C = \frac{2W_e}{U^2} = \frac{Q_0^2}{2W_e}.$$

2. 几种真空电容器的电容

(1) 平行板电容器

$$C = \frac{\varepsilon_0 S}{d}.$$

(2) 球形电容器

$$C = \frac{4\pi\varepsilon_0 R_A R_B}{R_B - R_A}.$$

(3) 圆柱形电容器

$$C = \frac{2\pi\varepsilon_0 L}{\ln \dfrac{R_B}{R_A}}.$$

 # 习　题　11

11.1 有三个大小相同的金属小球,小球 1,2 带有等量同号电荷,相距甚远,其间的库仑力为 F_0. 试求:

(1) 用带绝缘柄的不带电小球 3 先后分别接触小球 1,2 后移去,小球 1,2 之间的库仑力;

(2) 小球 3 依次交替接触小球 1,2 很多次后移去,小球 1,2 之间的库仑力.

11.2 点电荷 $+q$ 处于导体球壳的中心,壳的内、外半径分别为 R_1 和 R_2,试求电场强度和电势分布.

11.3 一个无限长圆柱形导体,半径为 a,单位长度上带有电量 λ_1,其外有一共轴的无限长导体圆筒,内、外半径分别为 b 和 c,单位长度带有电量 λ_2,试求各区域的场强分布.

11.4 如习题 11.4 图所示,三块面积为 200 cm² 的平行薄金属板,其中 A 板带电 $Q_0 = 3.0 \times 10^{-7}$ C,B,C 板均接地,A,B 两板相距 4 mm,A,C 两板相距 2 mm.

(1) 试计算 B,C 板上感应电荷及 A 板的电势;

(2) 若在 A,B 两板间充满相对介电常量 $\varepsilon_r = 5$ 的均匀电介质,求 B,C 板上的感应电荷及 A 板的电势.

11.5 一个空气平行板电容器,极板 A,B 的面

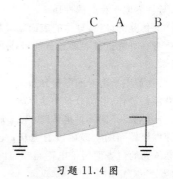

习题 11.4 图

积都是 S,极板间距离为 d. 接上电源后,A 板电势 $U_A = U$,B 板电势 $U_B = 0$. 现将一带有电荷 q,面积也是 S 而厚度可忽略的导体片 C 平行插在两极板的中间位置,如习题 11.5 图所示. 试求导体片 C 的电势.

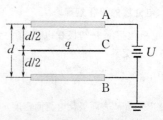

习题 11.5 图

11.6 一根长直导线横截面的半径为 R_1,导线外套有内半径为 R_2 的同轴导体圆筒,两者互相绝缘,外筒接地,它的电势为零,导线电势为 U. 求导线和圆筒间的场强分布.

11.7 在半径为 R_1 的金属球之外包有一层外半径为 R_2 的均匀电介质球壳,介质相对介电常量为 ε_r,金属球带电 Q_0. 试求:

(1) 电介质层内、外的场强;

(2) 电介质层内、外的电势;

(3) 金属球的电势.

11.8 一个半径为 R,带电量为 Q_0 的金属球,球外有一层均匀电介质组成的同心球壳,其内、外半径分别为 a,b,相对介电常量为 ε_r.

(1) 求电介质内、外空间的电位移和场强;

(2) 求离球心 O 为 r 处的电势分布;

(3) 如果在电介质外罩一半径为 b 的导体薄球壳,该球壳与导体球构成一电容器,该电容器的电容多大?

11.9 半径都是 R 的两根平行长直导线相距为 $d(d \gg R)$,处于相对介电常量为 ε_r 的均匀介质中,试求该导体组单位长度的电容.

11.10 如习题 11.10 图所示,一个平行板电容器两极板的面积都是 S,相距为 d,在两极板间平行地插入厚度为 t,相对介电常量为 ε_r 的均匀介质,其面积为 $\dfrac{S}{2}$. 设两板分别带电荷 Q_0 和 $-Q_0$,略去边缘效应,求:

(1) 两板电势差 U;

(2) 电容 C;

(3) 介质的极化电荷面密度 σ'.

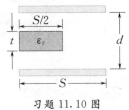

习题 11.10 图

11.11 空气可以承受的场强的最大值为 $E = 30\,\text{kV/cm}$,超过这个数值时空气要发生火花放电. 今有一个高压平行板电容器,极板间距离为 $d = 0.5\,\text{cm}$,求此电容器可承受的最高电压.

11.12 C_1 和 C_2 两电容器分别标明"200 pF,500 V" 和 "300 pF,900 V",把它们串联起来后等值

电容是多少?如果两端加上 1 000 V 的电压,是否会击穿?

11.13 电容分别为 C_1,C_2 的两个电容器,将它们并联后用电压 U 充电与将它们串联后用电压 $2U$ 充电的两种情况下,哪一种电容器组合储存的电量多?哪一种储存的电能大?

11.14 将电容分别为 C_1 和 C_2 的两个电容器充电到相等的电压 U 以后切断电源,再将每一电容器的正极板与另一电容器的负极板相连. 试求:

(1) 每个电容器的最终电荷;

(2) 电场能量的损失.

11.15 真空中均匀带电的球体与球面,若它们的半径和所带的电量都相等,它们的电场能量是否相等?若不等,哪一种情况电场能量大?

11.16 如习题 11.16 图所示,极板面积 $S = 40\,\text{cm}^2$ 的平行板电容器内有两层均匀电介质,其相对介电常量分别为 $\varepsilon_{r1} = 4$ 和 $\varepsilon_{r2} = 2$,电介质层厚度分别为 $d_1 = 2\,\text{mm}$ 和 $d_2 = 3\,\text{mm}$,两极板间电势差为 200 V. 试计算:

(1) 每层电介质中各点的能量体密度;

(2) 每层电介质中电场的能量;

(3) 电容器的总能量.

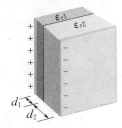

习题 11.16 图

11.17 半径为 $R_1 = 2.0\,\text{cm}$ 的导体球外有一个同心的导体球壳,壳的内、外半径分别为 $R_2 = 4.0\,\text{cm}$ 和 $R_3 = 5.0\,\text{cm}$,当内球带电量为 $Q_0 = 3.0 \times 10^{-8}\,\text{C}$ 时,求:

(1) 整个电场储存的能量;

(2) 如果将导体球壳接地,计算储存的能量,并由此求其电容.

11.18 两个同轴的圆柱面,长度均为 l,半径分别为 R_1 和 $R_2(R_2 > R_1)$,且 $l \gg (R_2 - R_1)$,两柱面之间充有相对介电常量为 ε_r 的均匀电介质. 当两圆柱面分别带等量异号电荷 Q_0 和 $-Q_0$ 时,求:

(1) 在半径 r 处($R_1 < r < R_2$)、厚度为 dr、长为

l 的圆柱薄壳中任一点的电场能量密度和整个薄壳中的电场能量;

(2)电介质中的总电场能量;

(3)圆柱形电容器的电容.

11.19 平行板电容器的极板面积 $S = 300\,\mathrm{cm}^2$,两极板相距 $d_1 = 3\,\mathrm{mm}$,在两极板间有一平行金属板,其面积与极板相同,厚度为 $d_2 = 1\,\mathrm{mm}$,

当电容器被充电到 $U = 600\,\mathrm{V}$ 后,拆去电源,然后抽出金属板.问:

(1)电容器两极板间电场强度多大?是否发生变化?

(2)抽出此板需做多少功?

11.20 一个均匀带电 Q 的球体,半径为 R,试求其电场所储存的能量.

阅读材料　压电体与铁电体及其应用简介

1880 年居里兄弟发现石英晶体被外力压缩或拉伸时,在石英的某些相对表面上会产生等量异号电荷,例如当石英晶体受到 0.1 MPa 的压强时,其两表面因极化能产生约 0.5 V 的电势差,这一现象称为压电效应.能产生压电效应的晶体叫作压电体.常见的石英晶体和各种压电陶瓷[如钛酸钡($BaTiO_3$)等]都是压电体,各种压电晶体都是电介质,而且是各向异性电介质.

有一些特殊的电介质,如酒石酸钾钠($NaKC_4H_4O_6 \cdot 4H_2O$)、钛酸钡($BaTiO_3$)等,电极化强度与电场强度并不呈简单的线性关系,即电介质的介电常量不为常量.当撤去外电场后,极化也并不消失,而是具有所谓的"剩余极化",犹如铁磁质磁化后撤去外磁场还具有剩磁一样,故将这类电介质叫作铁电性电介质,简称为铁电体.铁电体的极化曲线类似于铁磁质的磁化曲线,存在电滞现象和电滞回线.

压电体和铁电体由于其特有的性能,因而有着广泛的应用,如可应用于压电晶体振荡器、压电电声换能器、压电传感器、压电高压发生器、铁电体高效电源等.

(扫二维码阅读详细内容)

阅读材料　　应用拓展

第 12 章　稳恒电流的磁场

12.1　电流密度　电动势

12.1.1　电流密度

单位时间内通过某横截面的电量称为**电流**.在国际单位制中,电流的单位为安[培](A).其数学表达式为

$$I = \frac{\mathrm{d}q}{\mathrm{d}t}. \tag{12.1}$$

我们习惯规定正电荷流动的方向为电流的方向,但需要注意的是电流是标量,只取决于单位时间内通过指定截面的电荷总量,不能说明电流流过的截面上各点的情况.实际上,经常会遇到电流在粗细不均的导体或大块物体中通过的情况,此时导体内各处的电流分布将是不均匀的.图 12.1 是电流在粗细不均匀的导体中的分布示意图,图 12.2 是地质勘探中电流在大地中的分布示意图.

图 12.1　电流在粗细不均匀的导体中的分布

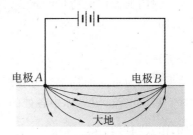

图 12.2　电流在大地中的分布

为了细致地描述导体内各点电流分布的情况,需要引入一个新的物理量 —— **电流密度** $\vec{j}$.如图 12.3 所示,在导体中某点处垂直电场方向(即垂直于通过该点的电流方向)取一面积元 $\mathrm{d}S_\perp$, $\mathrm{d}I$ 为通过 $\mathrm{d}S_\perp$ 的电流, $\vec{n}$ 为面元 $\mathrm{d}S_\perp$ 法线方向单位矢量,则该点处的电流密度定义为

$$\vec{j} = \frac{\mathrm{d}I}{\mathrm{d}S_\perp}\vec{n}. \tag{12.2}$$

显然,**电流密度是一个矢量,其方向与该点电流的方向相同,大小等于通过与该点场强方向垂直的单位截面积的电流**.在国际单位制中,电流密度的单位为安[培]每平方米($\mathrm{A/m^2}$).

根据 $\vec{j}$ 的定义,通过面元 $\mathrm{d}S_\perp$ 的电流 $\mathrm{d}I$ 与面元所在处的电流密度的关系为

$$dI = \vec{j} \cdot d\vec{S}_{\perp}.$$

若在该点任取一面元矢量 $dS = dS\vec{n}$,如图 12.4 所示,dS 在垂直于 $\vec{j}$ 的方向上的投影面积为 $dS_{\perp}$,$dS_{\perp} = dS\cos\theta$,$\theta$ 为面元矢量 $d\vec{S}$ 的法向单位矢量 $\vec{n}$ 与场强 $\vec{E}$ 的夹角,则

$$dI = j\cos\theta dS = \vec{j} \cdot d\vec{S}.$$

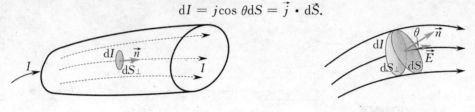

图 12.3　电流密度　　　　　　　　　图 12.4　电流和电流密度的关系

在一般情况下,导体内同一截面上不同部分的电流密度分布不同,通过导体中任意截面 S 的电流 I 可表示为

$$I = \int_s \vec{j} \cdot d\vec{S}. \tag{12.3}$$

式(12.3)表明:穿过某截面的电流等于电流密度矢量穿过该截面的通量. 即电流 I 是电流密度 $\vec{j}$ 的通量.

12.1.2　电流连续性方程

如果导体中通过任一截面的电流不随时间改变,这种电流就称为稳恒电流.

在导体中任取一封闭曲面 S,通过此封闭曲面的电流可以表示为 $I = \oint_s \vec{j} \cdot d\vec{S}$,它就是单位时间从封闭曲面向外流出的正电荷的电量. 根据电荷守恒定律,从封闭曲面向外流出的电量应等于封闭曲面内电荷量的减少. 因此通过封闭曲面 S 的电流应该等于该封闭曲面内 q 的减少率,即

$$\oint_s \vec{j} \cdot d\vec{S} = -\frac{dq}{dt}. \tag{12.4}$$

这一关系式称为电流的连续性方程.

对于稳恒电流,因导体中各处的电荷分布不随时间变化,故导体中任一封闭曲面内均有 $\frac{dq}{dt} = 0$,由式(12.4) 得

$$\oint_s \vec{j} \cdot d\vec{S} = 0, \tag{12.5}$$

式(12.5) 即为定量的稳恒条件,即形成稳恒电流时,从闭合曲面 S 某一部分流入的电流必等于从闭合曲面 S 其他部分流出的电流,稳恒电流的电流线不会中断. 由此可推断:稳恒电流必形成闭合回路.

在稳恒电流情况下,导体内电荷的分布不随时间改变. 不随时间改变的电荷分布产生不随时间改变的电场,这种电场称为稳恒电场. 导体内恒定的不随时间改变的电荷分布就像固定的静止电荷分布一样,因此稳恒电场与静电场有许多相似之处,例如,它们都服从高斯定理和场强环路积分为零的环路定理. 若以 $\vec{E}$ 表示稳恒电场的电场强度,则也应有

$$\oint_L \vec{E} \cdot d\vec{l} = 0. \tag{12.6}$$

根据稳恒电场的保守性,在稳恒电场中也可以引入电势的概念.

　　稳恒电场和静电场还是有很大区别的. 其根本原因是产生稳恒电场的电荷分布虽然不随时间改变,但这种分布总伴随着电荷的定向运动,而产生静电场的电荷始终是固定不动的. 因此,在有电荷定向运动的情况下,即使在导体内部,稳恒电场也不等于零,导体内任意两点电势不相等;而静电场中的导体处于静电平衡时,导体内部的电场处处为零,导体是等势体. 稳恒电场的存在总要伴随着能量的转换,如电流做功就是电能转变为其他形式的能量,而维持静电场不需要能量的转换.

12. 1. 3　欧姆定律

　　我们知道,一段导体的欧姆定律可表示为

$$I = \frac{U_1 - U_2}{R}, \tag{12.7}$$

式中 $U_1 - U_2$ 是导体两端的电势差,R 是导体的电阻. 对于粗细均匀的导体,其电阻为

$$R = \rho \frac{L}{S} = \frac{1}{\gamma} \frac{L}{S}, \tag{12.8}$$

式中 L 是导体的长度,S 是导体的横截面积,ρ 叫作该导体材料的电阻率,其单位为欧[姆]每米,γ 叫作电导率,其单位为西[门子]每米.

　　式(12.7)可称为欧姆定律的积分形式,因为电势差 $U_1 - U_2$ 是场强的线积分,而电流 I 是电流密度的面积分. 欧姆定律的积分形式是对一段导体导电规律的笼统描述,而不是逐点的、精确的描述.

　　通过适当的推演可以得到欧姆定律的微分形式. 如图 12.5 所示,在导体中取一极小的直圆柱体,柱体的长度为 dl,截面积为 dS,轴线与该处电流密度的方向平行,两端的电势分别为 U 和 $U + dU$,根据式(12.7),有

$$dI = -\frac{dU}{R},$$

式中 dI 为垂直通过 dS 面的电流. 又圆柱体的电阻为

$$R = \frac{1}{\gamma} \frac{dl}{dS},$$

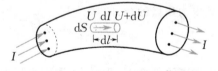

图 12.5　推导欧姆定律微分形式的示意图

所以有

$$dI = -\gamma \frac{dU}{dl} dS \quad \text{或} \quad \frac{dI}{dS} = -\gamma \frac{dU}{dl}.$$

按定义,$\dfrac{dI}{dS}$ 就是电流密度 j,由场强与电势的关系知,$-\dfrac{dU}{dl}$ 即为场强 E,于是得到

$$j = \gamma E.$$

电流密度和电场强度都是矢量,且两者方向一致,故上式可写成矢量式

$$\vec{j} = \gamma \vec{E}. \tag{12.9}$$

这就是欧姆定律的微分形式. 它描述了导体中电场和电流密度之间逐点的细节关系. 应当指

出:欧姆定律的微分形式在非稳恒情况下仍然成立,故其适应范围较积分形式更为普遍.

12.1.4　电动势

要在导体内形成稳恒电流则必须在导体内建立稳恒电场,如何实现在导体内建立稳恒电场呢?为了便于说明问题,下面以带电电容器放电时产生的电流为例来讨论.

如图12.6所示,当用导线把充电的电容器两极板A,B连接起来时,就有电流从A板通过导线流向B板,但电流不是稳定的,这是因为两个极板上的正、负电荷逐渐中和而减少,极板间的电势差也逐渐减小而直至为零,电流也就为零了.因此,单纯依靠静电力的作用,在导体两端不可能维持恒定的电势差,也就不可能获得稳恒电流.

为了获得稳恒电流,必须有一种本质上完全不同于静电力的力把图12.6中由极板A经导线流向极板B的正电荷再送回到极板A,从而使两极板间保持恒定的电势差来维持由A到B的稳恒电流,如图12.7所示.能把正电荷从电势较低的点(如电源负极板)送到电势较高的点(如电源正极板)的作用力称为非静电力,记作$\vec{F}_k$.提供非静电力的装置叫作电源.作用在单位正电荷上的非静电力称为非静电场场强,记作$\vec{E}_k$,

$$\vec{E}_k = \frac{\vec{F}_k}{q}.$$

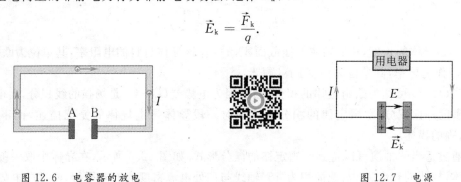

图12.6　电容器的放电　　　　　　　　　　　　图12.7　电源

一个电源的电动势$\mathscr{E}$定义为把单位正电荷从负极通过电源内部移到正极时,电源中的非静电力所做的功,即

$$\mathscr{E} = \int_-^+ \vec{E}_k \cdot d\vec{l}, \tag{12.10}$$

由于电源外部$\vec{E}_k$为零,上式可改写为更具普适性的表达式:

$$\mathscr{E} = \oint \vec{E}_k \cdot d\vec{l}. \tag{12.11}$$

电动势与电势一样,也是标量.但为了便于判断在电流流过时非静电力是做正功还是做负功(即电源是放电还是被充电),通常规定自负极经电源内部到正极的方向为电动势的方向.电动势的单位与电势的单位相同.

式(12.11)对非静电力作用在整个回路上的情况(如电磁感应)也适用.这时电动势$\mathscr{E}$的方向与回路中电流的方向一致.

12.2　磁场　磁感应强度　磁场的高斯定理

12.2.1　磁现象

　　磁现象的发现比电现象早得多,早在公元前 600 多年人们就发现天然磁石吸引铁的现象,开启了对磁现象的认识.而指南针的发明,更是我国古代人民对世界文明的重大贡献.

　　最初人们对磁现象和电现象的研究都是彼此独立进行的.直到 1820 年丹麦物理学家奥斯特发现,放在通有电流的导线周围的磁针会受到力的作用而发生偏转,其转动方向与导线中电流的方向有关.这就是历史上著名的奥斯特实验,它第一次指出了磁现象与电现象之间的联系.同年法国科学家安培发现,放在磁铁附近的载流导线及载流线圈也会受到力的作用而发生运动,如图 12.8 所示.其后实验还发现,载流导线之间或载流线圈之间也有相互作用力.例如,把两个线圈面对面挂在一起,当两电流的流向相同时,两线圈相互吸引,如图 12.9(a) 所示,当两电流的流向相反时,两线圈相互排斥,如图 12.9(b) 所示.

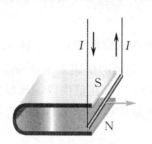
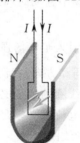

(a) 磁铁对载流导线的作用　　　　　(b) 载流线圈受到磁铁的作用而转动

图 12.8　磁场对电流的作用

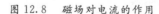

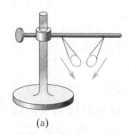
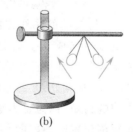

(a)　　　　　　　　　　(b)

图 12.9　载流线圈间的相互作用

　　此时人们发现电现象和磁现象之间并不是不相关的,而且有密切的内在联系,电流是电荷的定向运动而形成的,而电子射线束在磁场中路径发生偏转的实验,进一步说明了通过磁场区域时运动电荷要受到力的作用.这是后面要讨论的洛伦兹力.

　　上述各种实验现象,启发人们去探寻磁现象的本质.1822 年,安培提出了有关物质磁性

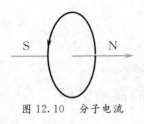

图 12.10   分子电流

本质的假说,他认为一切磁现象的根源是电流.磁性物质的分子中都存在圆形电流,称为分子电流.分子电流相当于一个基元磁铁,有南北极,如图 12.10 所示.物质的磁性就取决于分子电流对外界磁效应的总和.安培的分子电流假说与现代对物质磁性的理解是相符合的.上述实验中出现的那些力,本质上都是一样的,归根到底,一切磁现象的根源是电荷的运动.

12.2.2   磁场   磁感应强度

1. 磁场

从静电场的研究中我们已经知道,在静止电荷周围的空间存在着电场,静止电荷间的相互作用是通过电场来传递的.那么,电流与电流之间、电流与磁铁之间以及磁铁与磁铁之间的相互作用是通过什么来传递的呢?它是通过一种叫作磁场的特殊物质来传递的,这种关系可简单表示为

电流(或磁铁) ⟷ 磁场 ⟷ 电流(或磁铁)

磁场和电场一样,是客观存在的特殊形态的物质.磁场对外的重要表现如下.

① 磁场对进入场中的运动电荷或载流导体有磁力的作用.

② 载流导体在磁场中移动时,磁场的作用力将对载流导体做功,表明磁场具有能量.

2. 磁感应强度

在静电学中,我们引入了电场强度 $\vec{E}$ 来描述电场的强弱和方向.同样,这里引入磁感应强度 $\vec{B}$ 来描述磁场的强弱和方向.我们用磁场对载流线圈的作用来定量地描述磁场的性质.取一载流平面线圈,要求线圈的线度必须足够小,则线圈所在范围内的磁场性质处处相同.同时,还要求通过线圈的电流也必须足够小,使得线圈的引入不影响原有磁场的性质.这样的平面载流线圈称为试验线圈.

设试验线圈的面积为 ΔS,线圈中电流为 I_0,则定义试验线圈的磁矩为

$$\vec{p}_\mathrm{m} = I_0 \Delta S \vec{n}. \tag{12.12}$$

磁矩 $\vec{p}_\mathrm{m}$ 是矢量,其方向与线圈的法线方向一致,$\vec{n}$ 表示沿法线方向的单位矢量.法线与电流流向成右手螺旋关系,如图 12.11 所示.显然,线圈的磁矩是表征线圈本身特性的物理量.

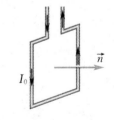

图 12.11   载流平面线圈法线方向的规定

把试验线圈悬在磁场某点处,并忽略线圈悬线的扭力矩.实验表明,线圈受到磁场作用的力矩(称为磁力矩)使试验线圈转到一定的位置而稳定平衡.在平衡位置时,线圈所受的磁力矩为零,此时线圈正法线所指的方向,定义为线圈所在处的磁场方向,如图 12.12 所示.

如果我们转动试验线圈,只要线圈稍微偏离平衡位置,线圈所受磁力矩就不为零.当试验线圈从平衡位置转过 90° 时,线圈所受磁力矩为最大,如图 12.12 所示,记为 M_max.实验指出在磁场中给定点处,有

$$M_\mathrm{max} \propto I_0 \Delta S,$$

即

$$M_{\max} \propto p_{\mathrm{m}}.$$

实验还表明,比值 $\dfrac{M_{\max}}{p_{\mathrm{m}}}$ 仅与试验线圈所在位置有关,即只与试

验线圈所在处的磁场性质有关. 显然,比值 $\dfrac{M_{\max}}{p_{\mathrm{m}}}$ 的大小反映了各点

处磁场的强弱. 我们规定磁感应强度 $\vec{B}$ 的大小为

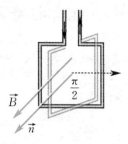

图 12.12　利用试验线圈定
　　　　　义 $\vec{B}$ 的图示

$$B \propto \frac{M_{\max}}{p_{\mathrm{m}}},$$

写成等式为

$$B = k \frac{M_{\max}}{p_{\mathrm{m}}},$$

式中 k 是取决于各量所用单位的比例系数,选取适当的单位,可使 k 等于 1,这时

$$B = \frac{M_{\max}}{p_{\mathrm{m}}}. \tag{12.13}$$

综上所述,**磁场中某点处磁感应强度的方向与该点处试验线圈在稳定平衡位置时的正法线方向相同;磁感应强度的量值等于具有单位磁矩的试验线圈所受到的最大磁力矩.**

在国际单位制中,磁感应强度的单位为特[斯拉](T). 工程上还常用高斯作为磁感应强度的单位,$1\,\mathrm{T} = 10^4\,\mathrm{G}$(高斯).

12.2.3　磁通量

1. 磁感应线

类似于用电场线形象地描述静电场一样,也可以用磁感应线(也称 $\vec{B}$ 线)来形象地描述磁场. 在磁场中作一系列曲线,使曲线上每一点的切线方向都和该点的磁场方向一致. 同时,为了用磁感应线的疏密来表示所在空间各点磁场的强弱,还规定:通过磁场中某点处垂直于 $\vec{B}$ 矢量的单位面积的磁感应线条数,等于该点 $\vec{B}$ 矢量的量值. 这样,磁场较强的地方,磁感应线较密,反之,磁感应线较疏.

几种不同形状的电流所产生的磁场的磁感应线分布如图 12.13 所示. 从磁感应线的图示中可以得出,磁感应线的特性如下.

① 磁场中每一条磁感应线都是环绕电流的闭合曲线,而且每条闭合磁感应线都与闭合电路互相套合,因此磁场是涡旋场.

(a) 直电流的磁感应线

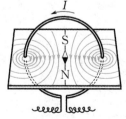
(b) 圆电流的磁感应线

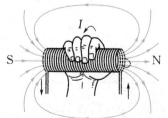
(c) 螺线管电流的磁感应线

图 12.13　三种电流周围磁场的磁感应线

② 任何两条磁感应线在空间不相交,这是因为磁场中任一点的磁场方向都是唯一确定的.

③ 磁感应线的环绕方向与电流方向之间的关系可以用右手定则判定.若拇指指向电流方向,则四指方向即为磁感应线方向,如图 12.13(a) 所示;若四指方向为电流方向,则拇指方向为磁感应线方向,如图 12.13(b),(c) 所示.

2. 磁通量

穿过磁场中某一曲面的磁感应线总数,称为穿过该曲面的磁通量,用符号 Φ_m 表示.

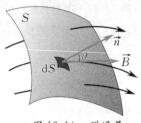

图 12.14 磁通量

在非均匀磁场中,要通过积分计算穿过任一曲面 S 的磁通量.如图 12.14 所示,在曲面 S 上取一面积元 dS,dS 上的磁感应强度可视为是均匀的,面积元 dS 可视为平面,若其法线方向的单位矢量 $\vec{n}$ 与该处的磁感应强度 $\vec{B}$ 成 θ 角,则通过 dS 的磁通量为

$$d\Phi_m = B\cos\theta dS = \vec{B} \cdot d\vec{S},$$

而通过曲面 S 的磁通量为

$$\Phi_m = \int_S \vec{B} \cdot d\vec{S}. \tag{12.14}$$

在国际单位制中,磁通量的单位为韦[伯],符号为 Wb,1 Wb = 1 T·m².

12.2.4 磁场的高斯定理

对闭合曲面来说,我们规定其正法线单位矢量的方向垂直于曲面向外.依照这个规定,当磁感应线从闭合曲面穿出时,磁通量为正;而当磁感应线从闭合曲面外穿入时,磁通量为负.由于磁感应线是无头无尾的闭合曲线,因此,对任一闭合曲面来说,有多少条磁感应线穿入该闭合曲面,就一定有多少条磁感应线穿出该闭合曲面.也就是说,穿过任意闭合曲面的总磁通量必为零,即

$$\oint_S \vec{B} \cdot d\vec{S} = 0. \tag{12.15}$$

式(12.15) 称为磁场的高斯定理,是电磁场理论的基本方程之一,此式与静电学中的高斯定理 $\oint_S \vec{D} \cdot d\vec{S} = \sum q_i$ 形式上相似,但两者所反映的场在性质上却有本质的差别.由于自然界有单独存在的自由正电荷或自由负电荷,因此通过闭合曲面的电通量可以不等于零;但在自然界中至今尚未发现有单独磁极存在,所以通过任意闭合曲面的磁通量必为零.这说明稳恒磁场是无源场,这是磁场的重要特征.

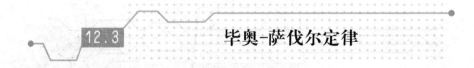

12.3 毕奥-萨伐尔定律

12.3.1 毕奥-萨伐尔定律

本节将定量地研究真空中的电流与它在空间任一点所激发的磁感应强度之间的关系.

求载流导线在某给定点所产生的磁感应强度时,我们采用类似求带电体周边电场强度 $\vec{E}$ 的方法来求解.

如图 12.15 所示,要求出任意载流导体在空间某点 P 处产生的磁感应强度 $\vec{B}$,可以把载流导体看成由无限多个连续分布的电流元 $I\mathrm{d}\vec{l}$ 组成,其中 $\mathrm{d}\vec{l}$ 的方向为电流的方向,先求出每个电流元在该点所产生的磁感应强度 $\mathrm{d}\vec{B}$,再把所有的 $\mathrm{d}\vec{B}$ 叠加,就可求得载流导线在该点处所产生的磁感应强度 $\vec{B}$.

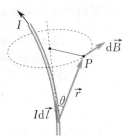

19 世纪 20 年代,毕奥和萨伐尔对电流产生磁场的大量实验结果进行分析以后,得出如下结论:电流元 $I\mathrm{d}\vec{l}$ 在真空中某点产生的磁感应强度 $\mathrm{d}B$ 的大小与电流元的大小 $I\mathrm{d}l$ 成正比,与 $I\mathrm{d}\vec{l}$ 和矢径 $\vec{r}$ 间的夹角 θ 的正弦成正比,而与电流元到 P 点的距离 r 的平方成反比,即

图 12.15　毕奥-萨伐尔定律

$$\mathrm{d}B = k\frac{I\mathrm{d}l\sin\theta}{r^2}, \tag{12.16}$$

式中 k 为比例系数,它与磁场中的磁介质和单位制的选取有关.对于真空中的磁场,若式中各量用国际单位制,则比例系数 $k = \frac{\mu_0}{4\pi}$,μ_0 称为**真空磁导率**,

$$\mu_0 = 4\pi \times 10^{-7}\ \mathrm{T \cdot m/A}(或\ \mathrm{H/m}).$$

实验表明,$\mathrm{d}\vec{B}$ 的方向垂直于 $I\mathrm{d}\vec{l}$ 与 $\vec{r}$ 组成的平面,$\mathrm{d}\vec{B}$ 和 $I\mathrm{d}\vec{l}$ 及 $\vec{r}$ 三矢量满足矢量叉乘关系.考虑 $\mathrm{d}\vec{B}$ 的方向后,上式可写成矢量式

$$\mathrm{d}\vec{B} = \frac{\mu_0}{4\pi}\frac{I\mathrm{d}\vec{l} \times \vec{r}}{r^3}. \tag{12.17}$$

式(12.17) 称为**毕奥-萨伐尔定律**.

根据叠加原理,任意形状的载流导体在真空中产生的磁感应强度为

$$\vec{B} = \int_L \mathrm{d}\vec{B} = \frac{\mu_0}{4\pi}\int_L \frac{I\mathrm{d}\vec{l} \times \vec{r}}{r^3}. \tag{12.18}$$

虽然毕奥-萨伐尔定律不可能直接由实验验证,但是,由它计算出的通电导线在场点产生的磁场和实验测量的结果符合得很好,从而间接地证实了毕奥-萨伐尔定律的正确性.同时也证明了和电场强度 $\vec{E}$ 一样,磁感应强度 $\vec{B}$ 也遵守叠加原理.

12.3.2　运动电荷的磁场

导体中的电流是由导体中大量自由电子做定向运动形成的.因此,可以认为电流产生的磁场实际上就是运动电荷产生的磁场的宏观表现.

研究运动电荷的磁场,在理论上就是研究毕奥-萨伐尔定律的微观意义.那么,一个带电量为 q、速度为 $\vec{v}$ 的带电粒子在其周围空间产生的磁场分布是怎样的呢?我们可以从毕奥-萨伐尔定律导出.

设在导体的单位体积内有 n 个带电粒子,每个粒子带有电量 q,以速度 $\vec{v}$ 沿电流元 $I\mathrm{d}\vec{l}$ 的方向做匀速运动而形成导体中的电流,如图 12.16 所示. 如果电流元的横截面为 S,那么,单位时间内通过截面 S 的电量,即电流 I 为

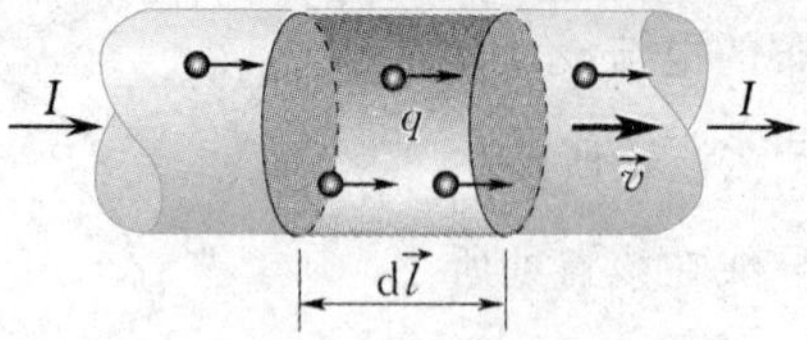

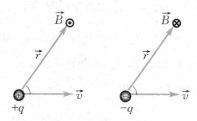

$$I = qnvS.$$

将上式代入毕奥–萨伐尔定律,即式(12.16),并注意到 $I\mathrm{d}\vec{l}$ 与 $\vec{v}$ 的方向相同,则得

$$\mathrm{d}B = \frac{\mu_0}{4\pi}\frac{(qnvS)\mathrm{d}l\sin(\vec{v},\vec{r})}{r^2}.$$

图 12.16　研究运动电荷的磁场的示意图

在电流元 $I\mathrm{d}\vec{l}$ 内,有 $\mathrm{d}N = nS\mathrm{d}l$ 个带电粒子,因此,从微观意义上说,电流元 $I\mathrm{d}\vec{l}$ 产生的磁感应强度 $\mathrm{d}\vec{B}$ 就是 $\mathrm{d}N$ 个运动电荷所产生的. 这样,以速度 $\vec{v}$ 运动的带电量为 q 的粒子所产生的磁感应强度 $\vec{B}$ 的大小为

$$B = \frac{\mathrm{d}B}{\mathrm{d}N} = \frac{\mu_0}{4\pi}\frac{qv\sin(\vec{v},\vec{r})}{r^2},$$

磁感应强度的方向垂直于 $\vec{v}$ 和电荷 q 到场点的矢径 $\vec{r}$ 所决定的平面,而且 $\vec{B},\vec{v}$ 和 $\vec{r}$ 三者的指向符合右手螺旋定则. 如果运动电荷带负电,$\vec{B}$ 的方向与正电荷时相反,如图 12.17 所示.

图 12.17　正、负运动电荷产生的磁场的方向

用矢量式表示运动电荷所产生的磁感应强度 $\vec{B}$ 为

$$\vec{B} = \frac{\mu_0}{4\pi}\frac{q\vec{v}\times\vec{r}}{r^3}. \tag{12.19}$$

12.3.3　毕奥–萨伐尔定律的应用

1. 载流直导线的磁场

如图 12.18 所示,设在真空中有一长为 L 的载流直导线,导线中的电流为 I,现计算与导线垂直距离为 a 的场点 P 处的磁感应强度.

在载流直导线上任取一电流元 $I\mathrm{d}\vec{l}$,电流元在给定点 P 处所产生的磁感应强度 $\mathrm{d}\vec{B}$ 的大小为

$$\mathrm{d}B = \frac{\mu_0}{4\pi}\frac{I\mathrm{d}l\sin\alpha}{r^2},$$

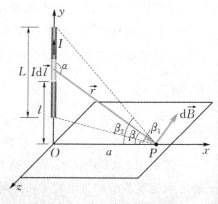

图 12.18　载流直导线的磁场

$\mathrm{d}\vec{B}$ 的方向垂直于电流元 $I\mathrm{d}\vec{l}$ 与矢径 $\vec{r}$ 所决定的平面. 指向如图 12.18 所示,即垂直于 Oxy 平面. 由于直导线上各电流元在 P 点处所产生的磁感应强度的方向一致,故载流直导线在 P 点处所产生的总磁感应强度为

$$B = \int_L \mathrm{d}B = \int_L \frac{\mu_0}{4\pi} \frac{I\mathrm{d}l\sin\alpha}{r^2}.$$

取 $\overrightarrow{OP}$ 与 $\vec{r}$ 的夹角 β 为自变量,从图中可以看出

$$\sin\alpha = \cos\beta, \quad r = \frac{a}{\cos\beta}, \quad l = a\tan\beta,$$

微分最后一式,得 $\mathrm{d}l = \dfrac{a}{\cos^2\beta}\mathrm{d}\beta$,把以上各式代入积分式内,并按图中所示取积分下限为 β_1,上限为 β_2,得

$$B = \frac{\mu_0 I}{4\pi a} \int_{\beta_1}^{\beta_2} \cos\beta\mathrm{d}\beta = \frac{\mu_0 I}{4\pi a}(\sin\beta_2 - \sin\beta_1), \tag{12.20}$$

式中 β_1,β_2 分别为载流直导线两端到场点 P 的连线与 $\overrightarrow{OP}$ 间的夹角. 当角 β 的旋转方向(以垂线 $\overrightarrow{OP}$ 为始线)与电流流向相同时,β 取正值;当角 β 的旋转方向与电流流向相反时,β 取负值. 显然,在图 12.18 中,β_1,β_2 均取正值.

如果载流直导线为"无限长",即导线的长度 L 比垂距 a 大得多($L \gg a$),那么,$\beta_1 \to -\dfrac{\pi}{2}$, $\beta_2 \to +\dfrac{\pi}{2}$,得

$$B = \frac{\mu_0 I}{2\pi a}. \tag{12.21}$$

2. 圆电流轴线上的磁场

在真空中有一半径为 R 的圆形载流线圈(圆电流),通有电流 I,现计算在圆电流的轴线上任一点 P 的磁感应强度.

选如图 12.19 所示的坐标系,电流元 $I\mathrm{d}\vec{l}$ 在 P 点所产生的磁感应强度 $\mathrm{d}\vec{B}$ 的大小为

$$\mathrm{d}B = \frac{\mu_0}{4\pi} \frac{I\mathrm{d}l\sin(I\mathrm{d}\vec{l},\vec{r})}{r^2} = \frac{\mu_0}{4\pi} \frac{I\mathrm{d}l}{r^2},$$

$\mathrm{d}\vec{B}$ 的方向如图 12.19 所示,垂直于 $I\mathrm{d}\vec{l}$ 和 $\vec{r}$ 所组成的平面. 显然,线圈上各电流元在 P 点处所产生的 $\mathrm{d}\vec{B}$ 的方向各不相同. 因此,我们把 $\mathrm{d}\vec{B}$ 分解为与轴线平行的分量 $\mathrm{d}B_{//}$ 和与轴线垂直的分量 $\mathrm{d}B_\perp$,由对称性可知,$B_\perp = 0$. 所以

$$\begin{aligned} B &= \int \mathrm{d}B_{//} = \int \mathrm{d}B\sin\theta \\ &= \int \frac{\mu_0}{4\pi} \frac{I\mathrm{d}l}{r^2} \frac{R}{r} = \frac{\mu_0}{4\pi} \frac{IR}{r^3} \int_0^{2\pi R} \mathrm{d}l \\ &= \frac{\mu_0}{4\pi} \frac{2\pi R^2 I}{r^3} = \frac{\mu_0}{2} \frac{R^2 I}{(R^2 + x^2)^{3/2}}. \end{aligned} \tag{12.22}$$

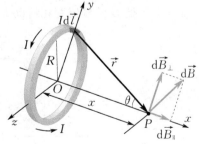

图 12.19 圆电流轴线上的磁场

$\vec{B}$ 的方向垂直于圆电流平面,与圆电流环绕方向构成右手螺旋关系,即右手四指的弯曲方向与电流方向相同,大拇指的指向为磁感应强度 $\vec{B}$ 的方向.

在圆电流的中心,$x = 0$,此处磁感应强度的大小为

$$B = \frac{\mu_0 I}{2R}. \tag{12.23}$$

3. 载流螺线管内部的磁场

均匀地绕在圆柱面上的螺旋线圈称为螺线管. 设螺线管的半径为 R, 总长度为 L, 单位长度内的匝数为 n. 若线圈用细导线绕得很密, 则每匝线圈可视为圆形线圈. 下面计算此螺线管轴线上任一场点 P 处的磁感应强度 $\vec{B}$.

如图 12.20 所示, 在距 P 点 l 处取一小段 $\mathrm{d}l$, 则该小段上有 $n\mathrm{d}l$ 匝线圈, 这一小段上的线圈等效于电流为 $In\mathrm{d}l$ 的一个圆形电流. 根据式 (12.22), 该圆形电流在 P 点所产生的磁感应强度 $\mathrm{d}\vec{B}$ 的大小为

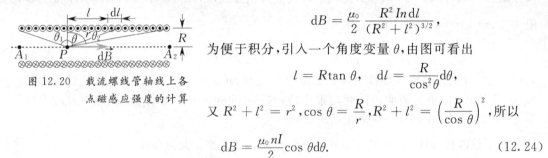

$$\mathrm{d}B = \frac{\mu_0}{2} \frac{R^2 In\mathrm{d}l}{(R^2 + l^2)^{3/2}},$$

为便于积分, 引入一个角度变量 θ, 由图可看出

$$l = R\tan\theta, \quad \mathrm{d}l = \frac{R}{\cos^2\theta}\mathrm{d}\theta,$$

图 12.20　载流螺线管轴线上各点磁感应强度的计算

又 $R^2 + l^2 = r^2$, $\cos\theta = \dfrac{R}{r}$, $R^2 + l^2 = \left(\dfrac{R}{\cos\theta}\right)^2$, 所以

$$\mathrm{d}B = \frac{\mu_0 nI}{2}\cos\theta\mathrm{d}\theta. \tag{12.24}$$

所有圆电流在 P 点处产生的磁感应强度都是沿同一方向的, 故可以直接对 $\mathrm{d}B$ 积分, 求得

$$B = \int \mathrm{d}B = \int_{-\theta_1}^{\theta_2} \frac{\mu_0 nI}{2}\cos\theta\mathrm{d}\theta = \frac{\mu_0 nI}{2}(\sin\theta_2 + \sin\theta_1). \tag{12.25}$$

下面讨论两种特殊情况.

(1) 无限长的螺线管, 此时 $\theta_1 = \theta_2 = \dfrac{\pi}{2}$, 则有

$$B = \mu_0 nI, \tag{12.26}$$

即无限长载流螺线管内轴线上各点的磁场是均匀磁场.

(2) 长直螺线管的端点, 例如图 12.20 中的 A_1 点, 此时 $\theta_1 = 0$, $\theta_2 = \dfrac{\pi}{2}$, 于是

$$B = \frac{1}{2}\mu_0 nI. \tag{12.27}$$

式 (12.27) 表明, 长直螺线管轴线上端点的磁感应强度恰是内部磁感应强度的一半. 载流长直螺线管所产生的磁感应强度 $\vec{B}$ 的方向沿着螺线管轴线, 指向可按右手螺旋定则确定. 轴线上各处 $\vec{B}$ 的量值变化情况大致如图 12.21 所示.

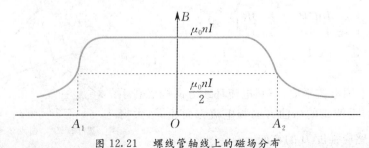

图 12.21　螺线管轴线上的磁场分布

例 12.1　半径为 R 的薄圆盘均匀带电,总电量为 q. 令此圆盘绕通过盘心,且垂直于盘面的轴线匀速转动,角速度为 ω. 求:(1)轴线上距盘心 O 为 x 的 P 点处的磁感应强度 $\vec{B}$;(2)圆盘的磁矩 $\vec{p}_m$.

解　(1)均匀带电薄圆盘绕轴线转动产生的磁场可以看成由半径不同的一系列同心载流圆环产生的磁场. 如图 12.22 所示,在圆盘上任取一半径为 r、宽度为 dr 的圆环,此圆环所带的电量 $dq = \sigma 2\pi r dr$,$\sigma = \dfrac{q}{\pi R^2}$ 为圆盘的电荷面密度. 当此圆环以角速度 ω 转动时,相当于一个圆形电流,其电流大小为

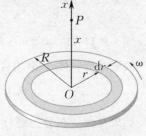

$$dI = \frac{\omega}{2\pi}dq = \frac{\omega q r}{\pi R^2}dr,$$

该圆形电流 dI 在轴线上 P 点处产生的磁感应强度 $d\vec{B}$ 的大小为

$$dB = \frac{\mu_0 r^2 dI}{2(r^2 + x^2)^{3/2}} = \frac{\mu_0 \omega q}{2\pi R^2}\frac{r^3 dr}{(r^2 + x^2)^{3/2}},$$

图 12.22　例 12.1 图

$d\vec{B}$ 沿 x 轴正向. 由于各同心圆环旋转时在 P 点处产生的 $d\vec{B}$ 方向均相同,故均匀带电圆盘转动时在 P 点处产生的总磁感应强度 $\vec{B}$ 的大小为

$$B = \int dB = \frac{\mu_0 \omega q}{2\pi R^2}\int_0^R \frac{r^3 dr}{(r^2 + x^2)^{3/2}} = \frac{\mu_0 \omega q}{2\pi R^2}\left(\frac{R^2 + 2x^2}{\sqrt{R^2 + x^2}} - 2x\right),$$

$\vec{B}$ 的方向沿 x 轴正向.

(2)先求圆环的磁矩 $d\vec{p}_m$,其大小为

$$dp_m = \pi r^2 dI = \frac{\omega q r^3}{R^2}dr.$$

圆盘的总磁矩 $\vec{p}_m$ 可以看成是半径不同的一系列同心载流圆环的磁矩 $d\vec{p}_m$ 的叠加. 由于各同心载流圆环的磁矩 $d\vec{p}_m$ 方向相同,故圆盘的总磁矩 $\vec{p}_m$ 的大小为

$$p_m = \int dp_m = \frac{\omega q}{R^2}\int_0^R r^3 dr = \frac{q\omega R^2}{4}.$$

另外,实验室常用亥姆霍兹线圈获得均匀磁场,其结构为两个半径均是 R 的同轴圆线圈,两圆中心相距为 a,且 $a = R$. 可以证明,轴上中点附近的磁场近似于均匀磁场.

12.4　安培环路定理

12.4.1　安培环路定理

我们知道,静电场的一个重要特点是电场强度 $\vec{E}$ 的环流等于零,说明静电场是保守力场. 现在,我们研究稳恒电流的磁场,磁感应强度 $\vec{B}$ 的环流又等于多少呢?

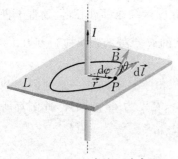

图 12.23　安培环路定理

如图 12.23 所示,在无限长直电流产生的磁场中,在与电流垂直的平面上取任一包围载流导线的闭合曲线 L,曲线上任一点 P 处的磁感应强度 $\vec{B}$ 的大小为

$$B = \frac{\mu_0 I}{2\pi r},$$

式中 I 为载流直导线中的电流,r 为 P 点离导线的垂直距离.$\vec{B}$ 的方向在平面上且与矢径 $\vec{r}$ 垂直.由图 12.23 可知

$$dl\cos\theta = rd\varphi,$$

故磁感应强度 $\vec{B}$ 沿闭合曲线 L 的线积分为

$$\oint_L \vec{B} \cdot d\vec{l} = \oint_L B\cos\theta dl = \oint Br d\varphi = \frac{\mu_0 I}{2\pi} \int_0^{2\pi} d\varphi = \mu_0 I.$$

如果使曲线积分的绕行方向反过来(或在图中,积分绕行方向不变,而电流方向反过来),则上述积分将变为负值,即

$$\oint_L \vec{B} \cdot d\vec{l} = -\mu_0 I.$$

如果闭合回路不包围载流导线,上述积分将等于零,即

$$\oint_L \vec{B} \cdot d\vec{l} = 0.$$

以上讨论虽然是对长直载流导线而言,但其结论具有普遍性.对于任意的稳恒电流所产生的磁场,闭合回路 L 也不一定是平面曲线,并且穿过闭合回路的电流还可以有许多个,都具有与我们上面的讨论同样的特性.这一普遍规律性的关系式称为安培环路定理,可表述如下:在真空中的稳恒磁场中,磁感应强度沿任一闭合回路的线积分等于穿过该闭合回路的所有电流的代数和的 μ_0 倍.其数学表达式为

$$\oint_L \vec{B} \cdot d\vec{l} = \mu_0 \sum I_i. \tag{12.28}$$

上式中,对于 L 内的电流的正负,我们做如下规定:当穿过回路 L 的电流方向与回路 L 的绕行方向符合右手螺旋定则时,I 为正,反之,I 为负.如果 I 不穿过回路 L,则对式(12.28)右端无贡献.但是绝不能误认为回路 L 上各点的磁感应强度 $\vec{B}$ 仅由回路 L 内所包围的那部分电流所产生.如果 $\oint_L \vec{B} \cdot d\vec{l} = 0$,只说明回路 L 所包围的电流的代数和以及磁感应强度沿回路 L 的环流为零,而不能说明闭合回路 L 上各点的 $\vec{B}$ 一定为零.

安培环路定理反映了稳恒电流的磁场与静电场的一个截然不同的性质:静电场的环流 $\oint_L \vec{E} \cdot d\vec{l} = 0$,因而可以引进电势这一物理量来描述电场.但对稳恒电流的磁场来说,一般情况下 $\oint_L \vec{B} \cdot d\vec{l} \neq 0$,因此不存在标量势.环流不等于零的矢量场称为有旋场,故磁场是有旋场(或涡旋场),是非保守力场.

12.4.2　安培环路定理的应用

高斯定理可以帮助我们计算某些具有对称性的带电体的电场分布.与此相似,安培环路定理可以帮助我们方便地计算某些具有对称性的载流导线的磁场分布,下面举几个常见的例子.

1."无限长"载流圆柱导体的磁场

设载流导体为一"无限长"直圆柱导体,半径为 R,电流 I 均匀地分布在导体的横截面上,如图 12.24(a) 所示.显然,场源电流相对中心轴线分布对称,因此,其产生的磁场对柱体中心轴线也具有对称性,磁感应线是一组分布在垂直于轴线的平面上并以轴线为中心的同心圆.与圆柱轴线等距离处的磁感应强度 $\vec{B}$ 的大小相等,方向与电流构成右手螺旋关系.

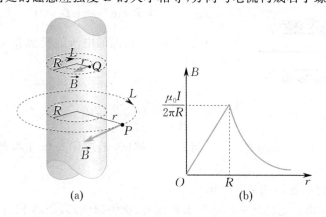

图 12.24　"无限长"圆柱电流的磁场

(1) 圆柱导体外的磁感应强度

设 P 点与圆柱导体轴线的距离为 r,过 P 点沿磁感应线方向作圆形回路 L,则 $\vec{B}$ 沿此回路的环流为

$$\oint_L \vec{B} \cdot \mathrm{d}\vec{l} = \oint_L B\mathrm{d}l = B\oint_L \mathrm{d}l = 2\pi rB,$$

再应用安培环路定理得

$$2\pi rB = \mu_0 I,$$

$$B = \frac{\mu_0 I}{2\pi r} \quad (r > R). \tag{12.29}$$

上式说明,"无限长"载流圆柱导体外的磁场与"无限长"载流直导线产生的磁场相同.

(2) 圆柱导体内的磁感应强度

取过 Q 点的磁感应线为积分回路,包围在这一回路之内的电流为 $\frac{I}{\pi R^2}\pi r^2$,所以

$$\oint_L \vec{B} \cdot \mathrm{d}\vec{l} = 2\pi rB = \mu_0 \frac{I}{\pi R^2}\pi r^2,$$

$$B = \frac{\mu_0 Ir}{2\pi R^2} \quad (r < R). \tag{12.30}$$

可见在圆柱导体内,磁感应强度 $\vec{B}$ 的大小与离轴线的距离 r 成正比;而在圆柱导体外,$\vec{B}$ 的大小与离轴线的距离 r 成反比.图 12.24(b) 给出了 B-r 的上述关系.

2. 长直载流螺线管内的磁场分布

设有一长直螺线管,每单位长度上密绕 n 匝线圈,通过每匝的电流为 I,求管内某点 P 处

的磁感应强度.可以证明:由于螺线管相当长,管内中央部分的磁场是匀强的,方向与螺线管轴线平行;管的外面,由于磁感应线非常稀疏,磁场强度很微弱,可以忽略不计.

为了计算管内某点 P 的磁感应强度,过 P 点作一矩形回路 $abcda$,如图 12.25 所示,则磁感应强度沿此闭合回路的环流为

$$\oint_L \vec{B} \cdot \mathrm{d}\vec{l} = \int_a^b \vec{B} \cdot \mathrm{d}\vec{l} + \int_b^c \vec{B} \cdot \mathrm{d}\vec{l} + \int_c^d \vec{B} \cdot \mathrm{d}\vec{l} + \int_d^a \vec{B} \cdot \mathrm{d}\vec{l}.$$

因为管外侧的磁场忽略不计,管内磁场沿着轴线方向,所以

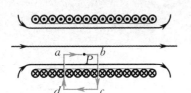

图 12.25　长直螺线管内的磁场

$$\oint_L \vec{B} \cdot \mathrm{d}\vec{l} = \int_a^b \vec{B} \cdot \mathrm{d}\vec{l} = B\,\overline{ab}.$$

闭合回路 $abcda$ 所包围的电流的代数和为 $\overline{ab}\,nI$,根据安培环路定理,得

$$B\,\overline{ab} = \mu_0\,\overline{ab}nI,$$

故

$$B = \mu_0 nI. \tag{12.31}$$

可以看出,式(12.31)与式(12.26)的结果完全相同,但应用安培环路定理推导上式,比较简便.

3. 环形载流螺线管内的磁场分布

均匀密绕在环形管上的线圈形成环形螺线管,称为螺绕环,如图 12.26 所示.当线圈密绕时,可认为磁场几乎全部集中在管内,管内的磁感应线都是同心圆.在同一条磁感应线上,$\vec{B}$的大小相等,方向沿该磁感应线的切线方向.

(a) 环形螺线管　　　　　　　(b) 环形螺线管内磁场的计算图

图 12.26　环形螺线管内磁场

现在计算管内任一点 P 处的磁感应强度.在环形螺线管内取过 P 点的磁感应线 L 作为闭合回路,则有

$$\oint_L \vec{B} \cdot \mathrm{d}\vec{l} = B\oint_L \mathrm{d}l = BL,$$

式中 L 是闭合回路的长度.

设环形螺线管共有 N 匝线圈,每匝线圈的电流为 I,则闭合回路 L 所包围的电流的代数和为 NI.由安培环路定理得

$$\oint_L \vec{B} \cdot \mathrm{d}\vec{l} = BL = \mu_0 NI,$$

即

$$B = \mu_0 \frac{N}{L} I.$$ (12.32)

当环形螺线管截面的直径比闭合回路 L 的长度小很多时,管内的磁场大小可近似地认为处处相等,L 可认为是环形螺线管的平均长度,$\frac{N}{L} = n$ 即为单位长度上的线圈匝数,因此 $B = \mu_0 n I$.此式与长直螺线管内磁场的计算公式相同.

12.5　磁场对载流导线的作用

12.5.1　安培定律

磁场对载流导线的作用力通常称为**安培力**.安培由大量实验结果总结出来的电流元 $I\mathrm{d}\vec{l}$ 在磁场 $\vec{B}$ 中受力 $\mathrm{d}\vec{F}$ 的规律,称为**安培定律**,其表达式为

$$\mathrm{d}\vec{F} = I\mathrm{d}\vec{l} \times \vec{B}.$$ (12.33)

$\mathrm{d}\vec{F}$ 的方向垂直于 $I\mathrm{d}\vec{l}$ 与 $\vec{B}$ 所组成的平面,指向按右手螺旋定则决定,如图 12.27 所示.

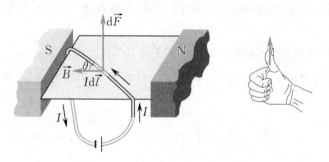

图 12.27　电流元在磁场中所受的安培力

对于一段载流导线,它所受到的安培力等于组成它的各电流元所受安培力的叠加,即

$$\vec{F} = \int_L \mathrm{d}\vec{F} = \int_L I\mathrm{d}\vec{l} \times \vec{B}.$$ (12.34)

注意,$\vec{B}$ 为电流元所在处的磁感应强度.

由于单独的电流元不能获取,因此无法用实验直接证明安培定律.但是由式(12.34),我们可以计算各种形状的载流导线在磁场中所受的安培力,其计算结果都与实验相符合.

例 12.2　　在磁感应强度为 $\vec{B}$ 的均匀磁场中,垂直于磁场方向的平面内有一段载流曲形导线,电流为 I,求该导线所受的安培力.

　　解　　如图 12.28 所示,在曲形导线所在平面取 Oxy 坐标系,原点 O 取为电流流入端 a,电流流出端为 b.在曲线上任取一电流元 $I\mathrm{d}\vec{l}$,由于 $I\mathrm{d}\vec{l}$ 与 $\vec{B}$ 垂直,故其所受安培力大小为

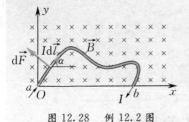

图 12.28　例 12.2 图

$$\mathrm{d}F = BI\mathrm{d}l.$$

$\mathrm{d}\vec{F}$ 在 Oxy 平面内,方向由 $I\mathrm{d}\vec{l}\times\vec{B}$ 确定.由于各电流元 $I\mathrm{d}\vec{l}$ 所受安培力方向不同,故应采用分量积分.将 $\mathrm{d}\vec{F}$ 在直角坐标系中分解得

$$\mathrm{d}F_x = -\mathrm{d}F\sin\alpha = -BI\mathrm{d}l\sin\alpha,$$
$$\mathrm{d}F_y = \mathrm{d}F\cos\alpha = BI\mathrm{d}l\cos\alpha,$$

式中 α 是 $I\mathrm{d}\vec{l}$ 与 x 轴的夹角.由于 $\mathrm{d}l\sin\alpha = \mathrm{d}y, \mathrm{d}l\cos\alpha = \mathrm{d}x$,故上两式分别为

$$\mathrm{d}F_x = -BI\mathrm{d}y, \quad \mathrm{d}F_y = BI\mathrm{d}x.$$

因此,整个曲形导线所受的安培力 $\vec{F}$ 在 x 和 y 轴上的分量分别为

$$F_x = \int \mathrm{d}F_x = -BI\int_0^0 \mathrm{d}y = 0, \quad F_y = \int \mathrm{d}F_y = BI\int_a^b \mathrm{d}x = BI\,\overline{ab}.$$

写成矢量形式,曲形导线所受的安培力为

$$\vec{F} = BI\,\overline{ab}\vec{j}.$$

上式表明,均匀磁场中,在垂直于磁场方向的平面内,一段载流曲形导线所受到的磁力,与始点和终点相连的载流直导线所受磁力相同.由此可得推论:均匀磁场中,闭合载流线圈所受合磁场力为零.

例 12.3　　如图 12.29(a) 所示,一根"无限长"直线电流 I_1 旁有一根长为 L、载流为 I_2 的直导线 ab,ab 与电流 I_1 共面正交,a 端与 I_1 的距离为 d,求导线 ab 所受的安培力.

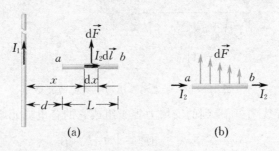

图 12.29　例 12.3 图

　　解　　由于电流 I_1 产生的磁场不均匀,电流 I_2 受电流 I_1 的磁力作用要采用积分计算安培力.如图 12.29(a) 所示,在 ab 上任取一个电流元 $I_2\mathrm{d}\vec{l}$,它与电流 I_1 的距离为 x,电流 I_1 在此处产生的磁感应强度的方向垂直纸面向里,大小为 $B = \dfrac{\mu_0 I_1}{2\pi x}$,电流元 $I_2\mathrm{d}\vec{l}$ 受到的安培力垂直 $\overline{ab}$ 向上,大小为

$$dF = BI_2\,dl = BI_2\,dx = \frac{\mu_0 I_1 I_2}{2\pi x}\,dx.$$

由于各电流元所受的安培力方向相同,ab 所受的安培力为

$$F = \int_L dF = \int_d^{d+L} \frac{\mu_0 I_1 I_2}{2\pi x}\,dx = \frac{\mu_0 I_1 I_2}{2\pi}\ln\frac{d+L}{d}.$$

因为 a 端处磁场比 b 端处磁场强,故 a 端附近的电流元受到的安培力也较大,安培力分布如图 12.29(b) 所示.

12.5.2　两无限长平行载流直导线间的相互作用力

设有两根相距为 a 的无限长平行直导线,分别通有同方向的电流 I_1 和 I_2,现在计算两根导线每单位长度所受的磁场力.如图 12.30 所示,在导线 2 上取一电流元 $I_2 d\vec{l}_2$,由毕奥-萨伐尔定律可知,载流导线 1 在 $I_2 d\vec{l}_2$ 处产生的磁感应强度 $\vec{B}_1$ 的大小为

$$B_1 = \frac{\mu_0 I_1}{2\pi a},$$

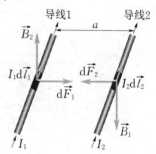

$\vec{B}_1$ 的方向如图 12.30 所示,垂直于两导线所在的平面.由安培定律,电流元 $I_2 d\vec{l}_2$ 所受的安培力的大小为

$$dF_2 = B_1 I_2\,dl_2 = \frac{\mu_0 I_1 I_2}{2\pi a}\,dl_2,$$

$d\vec{F}_2$ 的方向在两平行导线所在的平面内,垂直于导线 2,并指向导线 1.载流导线 2 每单位长度所受的安培力的大小为

$$\frac{dF_2}{dl_2} = \frac{\mu_0 I_1 I_2}{2\pi a}. \tag{12.35}$$

图 12.30　平行载流直导线间的相互作用

同理可得载流导线 1 每单位长度所受的安培力大小为

$$\frac{dF_1}{dl_1} = \frac{\mu_0 I_1 I_2}{2\pi a}.$$

方向指向导线 2.由此可知,两平行直导线中的电流流向相同时,两导线通过磁场的作用而相互吸引;两导线中的电流流向相反时,两导线通过磁场的作用而相互排斥,斥力与引力大小相等.

在国际单位制中,电流的单位为安[培].由式(12.35),安[培]的定义如下:在真空中,截面积可忽略的两根相距 1 m 的无限长平行圆直导线内通以等量恒定电流时,若导线间相互作用力在每米长度上为 2×10^{-7} N,则每根导线中的电流为 1 A.

12.5.3　磁场对平面载流线圈的作用

1. 均匀磁场对平面载流线圈的作用

容易证明,矩形载流线圈在均匀磁场中所受的合力为零.还可以证明,任意形状的平面载流线圈在均匀磁场中所受的合力都为零.但是,平面载流线圈在均匀磁场中所受的力矩一般不为零.下面我们来求平面载流线圈在均匀磁场中所受的力矩.

设在磁感应强度为 $\vec{B}$ 的均匀磁场中,有一刚性矩形线圈,线圈的边长分别为 l_1,l_2,电流为 I,如图 12.31(a) 所示.当线圈磁矩的方向 $\vec{n}$ 与磁场 $\vec{B}$ 的方向成 φ 角$\left(\text{线圈平面与磁场的方向成 } \theta \text{ 角},\varphi + \theta = \dfrac{\pi}{2}\right)$ 时,由安培定律,导线 bc 和 da 所受的安培力的大小分别为

$$F_1 = BIl_1 \sin \theta, \quad F_1' = BIl_1 \sin(\pi - \theta) = BIl_1 \sin \theta.$$

这两个力在同一直线上,大小相等而方向相反,其合力为零,合力矩也为零.而导线 ab 和 cd 都与磁场垂直,它们所受的安培力分别为 $\vec{F}_2$ 和 $\vec{F}_2'$,其大小为

$$F_2 = F_2' = BIl_2.$$

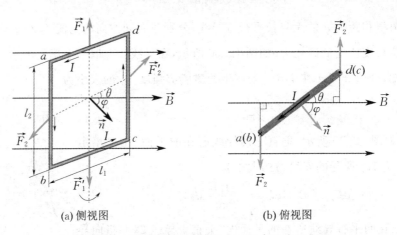

(a) 侧视图　　　　　　　　　(b) 俯视图

图 12.31　平面载流线圈在均匀磁场中所受的力矩

如图 12.31(b) 所示,$\vec{F}_2$ 和 $\vec{F}_2'$ 虽然方向相反,但不在同一直线上,形成一力偶.因此,平面载流线圈所受的磁力矩为

$$M = F_2 \frac{l_1}{2} \cos \theta + F_2' \frac{l_1}{2} \cos \theta = BIl_1l_2 \cos \theta = BIS \cos \theta = BIS \sin \varphi,$$

式中 $S = l_1l_2$ 表示线圈平面的面积.如果线圈有 N 匝,那么线圈所受的磁力矩的大小为

$$M = NBIS \sin \varphi = p_{\mathrm{m}} B \sin \varphi, \tag{12.36}$$

式中 $p_{\mathrm{m}} = NIS$ 就是线圈磁矩的大小.磁矩是矢量,用 $\vec{p}_{\mathrm{m}}$ 表示,式(12.36)写成矢量式为

$$\vec{M} = \vec{p}_{\mathrm{m}} \times \vec{B}, \tag{12.37}$$

$\vec{M}$ 的方向与 $\vec{p}_{\mathrm{m}} \times \vec{B}$ 的方向一致.

式(12.37)虽是从矩形线圈这一特例导出的,然而可以证明,对于任意形状的平面载流线圈,此式同样适用.下面讨论几种特殊情况.

① 当 $\varphi = \dfrac{\pi}{2}$,此时线圈平面与 $\vec{B}$ 平行,$\vec{p}_{\mathrm{m}}$ 与 $\vec{B}$ 垂直,线圈所受的磁力矩最大,其值为 $M = NBIS$,这时磁力矩有使 φ 减少的趋势.

② 当 $\varphi = 0$,此时线圈平面与 $\vec{B}$ 垂直,$\vec{p}_{\mathrm{m}}$ 与 $\vec{B}$ 同方向,线圈所受的磁力矩为零,此时线圈处于稳定平衡状态.

③ 当 $\varphi = \pi$,此时线圈平面与 $\vec{B}$ 垂直,但 $\vec{p}_{\mathrm{m}}$ 与 $\vec{B}$ 反向,线圈所受磁力矩也为零,这时线圈

处于非稳定平衡位置. 所谓非稳定平衡位置, 是指一旦外界扰动使线圈稍稍偏离这一平衡位置, 磁场对线圈的磁力矩作用就将使线圈继续偏离, 直到 $\vec{p}_\mathrm{m}$ 转向 $\vec{B}$ 的方向(即线圈达到稳定平衡状态)时为止.

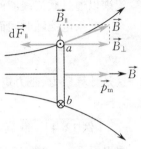

从上面的讨论可知, 平面载流刚性线圈在均匀磁场中, 由于只受磁力矩作用, 因此只发生转动, 而不会发生整个线圈的平动.

磁场对载流线圈作用力矩的规律是制造各种电动机和电流计的基本原理.

2. 非均匀磁场对平面载流线圈的作用

如果平面载流线圈处在非均匀磁场中, 如图 12.32 所示, 由于线圈上各个电流元所在处 $\vec{B}$ 的大小和方向上都不相同, 各个电流元所受到的安培力的大小和方向一般也都不同, 因此, 线圈所受的合力和合力矩一般也不会等于零, 线圈除转动外还要平动.

图 12.32　非均匀磁场中的载流线圈

12.5.4　磁力的功

1. 载流导线在磁场中运动时磁力所做的功

设在磁感应强度为 $\vec{B}$ 的均匀磁场中, 有一载流的闭合回路 $abcda$, 电流 I 保持不变, 电路中 ab 长为 l, 可沿 da 和 cb 滑动, 如图 12.33 所示. 按安培定律, ab 所受的磁力 $\vec{F}$ 的大小为

$$F = BIl,$$

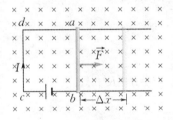

$\vec{F}$ 的方向如图 12.33 所示. 在 ab 从初始位置向右移动 Δx 距离过程中, 磁力 $\vec{F}$ 所做的功为

$$A = F\Delta x = BIl\Delta x = BI\Delta S = I\Delta\Phi_\mathrm{m}. \qquad (12.38)$$

式(12.38)说明, 当载流导线在磁场中运动时, 如果电流保持不变, 磁力所做的功等于电流乘以通过回路所环绕的面积内磁通量的增量.

图 12.33　磁力所做的功

2. 平面载流线圈在磁场中转动时磁力矩所做的功

设一面积为 S、通有电流 I 的平面线圈, 处于磁感应强度为 $\vec{B}$ 的均匀磁场中. 现在计算线圈转动时, 磁力矩所做的功.

如图 12.34 所示, 设线圈转过极小的角度 $\mathrm{d}\varphi$, 使 $\vec{n}(\vec{p}_\mathrm{m})$ 与 $\vec{B}$ 之间的夹角从 φ 增为 $\varphi + \mathrm{d}\varphi$, 在此转动过程中, 磁力矩做负功(磁力矩总是力图使 $\vec{p}_\mathrm{m}$ 转向 $\vec{B}$),

$$\mathrm{d}A = -M\mathrm{d}\varphi = -BIS\sin\varphi\mathrm{d}\varphi = BIS\mathrm{d}(\cos\varphi)$$
$$= I\mathrm{d}(BS\cos\varphi) = I\mathrm{d}\Phi_\mathrm{m}. \qquad (12.39)$$

当上述线圈从 φ_1 转到 φ_2 的过程中, 维持线圈内电流不变, 则磁力矩做的总功为

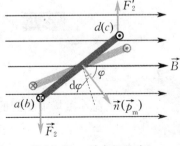

$$A = \int_{\Phi_\mathrm{m1}}^{\Phi_\mathrm{m2}} I\mathrm{d}\Phi_\mathrm{m} = I(\Phi_\mathrm{m2} - \Phi_\mathrm{m1}) = I\Delta\Phi_\mathrm{m}, \qquad (12.40)$$

图 12.34　磁力矩做功

式中 Φ_{m1} 和 Φ_{m2} 分别表示线圈处在 φ_1 和 φ_2 位置时,通过线圈的磁通量.

可以证明,一个任意的闭合回路在磁场中改变位置或改变形状时,如果维持线圈上电流不变,则磁力或磁力矩所做的功都可按 $A = I\Delta\Phi_m$ 计算,亦即磁力或磁力矩所做的功等于电流乘以通过载流线圈的磁通量的增量.

如果电流随时间而改变,这时磁力或磁力矩所做的功要用积分计算:

$$A = \int_{\Phi_{m1}}^{\Phi_{m2}} I\mathrm{d}\Phi_m. \tag{12.41}$$

这是计算磁力、磁力矩做功的一般公式.

> **例 12.4** 载流 I 的半圆形闭合线圈半径为 R,放在均匀的外磁场 $\vec{B}$ 中,$\vec{B}$ 的方向与线圈平面平行,如图 12.35 所示.求:(1)此时线圈所受的力矩的大小和方向;(2)当线圈由图示位置转至平衡位置时,磁力矩所做的功.

解 (1)线圈的磁矩

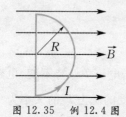

图 12.35　例 12.4 图

$$\vec{p}_m = IS\vec{n} = I\frac{\pi}{2}R^2\vec{n}.$$

在图示位置时,线圈磁矩 $\vec{p}_m$ 的方向与 $\vec{B}$ 垂直,指向纸面外.

由 $\vec{M} = \vec{p}_m \times \vec{B}$,图示位置线圈所受磁力矩的大小为

$$M = p_m B\sin\frac{\pi}{2} = \frac{1}{2}\pi IBR^2,$$

磁力矩 $\vec{M}$ 的方向由 $\vec{p}_m \times \vec{B}$ 确定,为垂直于 $\vec{B}$ 的方向向上.

(2)线圈旋转时磁力矩所做的功为

$$A = I\Delta\Phi_m = I(\Phi_{2m} - \Phi_{1m}) = I\left(B\frac{1}{2}\pi R^2 - 0\right) = \frac{1}{2}IB\pi R^2.$$

也可以用积分计算:

$$A = \int_{\frac{\pi}{2}}^{0} -M\mathrm{d}\theta = \int_{\frac{\pi}{2}}^{0} -p_m B\sin\theta\mathrm{d}\theta = p_m B\cos\theta\Big|_{\frac{\pi}{2}}^{0} = \frac{1}{2}IB\pi R^2.$$

12.6　洛伦兹力　带电粒子在磁场中的运动

12.6.1　洛伦兹力

运动电荷在磁场中受到的作用力叫作*洛伦兹力*.其表达式为

$$\vec{f} = q\vec{v} \times \vec{B},$$

式中 q 的正负取决于粒子所带电荷的正负,$\vec{v}$ 为带电粒子的运动速度.洛伦兹力 $\vec{f}$ 的方向总是与带电粒子的速度方向垂直,故洛伦兹力对运动电荷不做功,不能改变带电粒子的速度大

小,只能改变其速度方向.

　　洛伦兹力与安培力有着紧密的联系:安培力是载流导体中做定向运动的带电粒子在磁场中受到的洛伦兹力的宏观体现.下面由安培力公式结合导体中电流的微观机制给出洛伦兹力的表达式.

　　由安培定律,任一电流元 $I\mathrm{d}\vec{l}$ 在磁感应强度为 $\vec{B}$ 的磁场中,所受到的力 $\mathrm{d}\vec{F}$ 的大小为

$$\mathrm{d}F = BI\mathrm{d}l\sin(I\mathrm{d}\vec{l}, \vec{B}).$$

电流可写成

$$I = qnvS,$$

式中 S 为电流元的截面积,v 为带电粒子的定向运动速率,q 为带电粒子的电量,n 为导体内带电粒子的数密度.由于电流元 $I\mathrm{d}\vec{l}$ 的方向与带电粒子 q(假设 $q > 0$)定向运动方向一致,即 $\sin(I\mathrm{d}\vec{l}, \vec{B}) = \sin(\vec{v}, \vec{B})$,则有

$$\mathrm{d}F = qvnSB\mathrm{d}l\sin(\vec{v}, \vec{B}).$$

在线元 $\mathrm{d}l$ 这一段导体内定向运动的带电粒子数目为 $\mathrm{d}N = nS\mathrm{d}l$,每一个带电粒子受到的磁场作用力通过粒子与电流元导线的碰撞产生磁场对载流导线的作用力 $\mathrm{d}\vec{F}$,因此每一个定向运动的带电粒子所受到的磁力 $\vec{f}$ 的大小为

$$f = \frac{\mathrm{d}F}{\mathrm{d}N} = qvB\sin(\vec{v}, \vec{B}). \tag{12.42}$$

　　如果带电粒子带正电荷,则它所受的洛伦兹力 $\vec{f}$ 的方向与 $\vec{v}\times\vec{B}$ 的方向一致.如果粒子带负电荷,则洛伦兹力的方向与 $\vec{v}\times\vec{B}$ 的相反,如图 12.36 所示.

　　洛伦兹力的矢量表达式为

$$\vec{f} = q\vec{v}\times\vec{B}.$$

　　如果带电粒子在同时存在电场和磁场的空间运动时,则其所受合力为

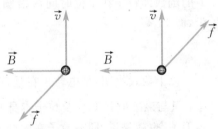

图 12.36　洛伦兹力的方向

$$\vec{F} = q(\vec{E} + \vec{v}\times\vec{B}). \tag{12.43}$$

式(12.43)称为**洛伦兹关系式**,它包含电场力 $q\vec{E}$ 与磁场力(洛伦兹力)$q\vec{v}\times\vec{B}$ 两部分.

12.6.2　带电粒子在磁场中的运动

1. 带电粒子在均匀磁场中的运动

　　设有一均匀磁场,磁感应强度为 $\vec{B}$,一电量为 q、质量为 m 的粒子以速度 $\vec{v}$ 进入磁场.在磁场中粒子受到洛伦兹力,其运动方程为

$$\vec{f} = q\vec{v}\times\vec{B} = m\frac{\mathrm{d}\vec{v}}{\mathrm{d}t}. \tag{12.44}$$

下面分三种情况进行讨论.

　　(1) $\vec{v}$ 与 $\vec{B}$ 平行或反平行

当带电粒子的运动速度 $\vec{v}$ 与 $\vec{B}$ 平行或反平行时,作用于带电粒子的洛伦兹力等于零.由式(12.44)可知,$\vec{v} =$ 恒矢量.故带电粒子仍做匀速直线运动,不受磁场的影响.

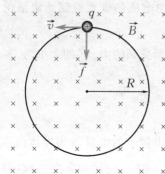

图 12.37 $\vec{v}$ 与 $\vec{B}$ 垂直时的运动

（2）$\vec{v}$ 与 $\vec{B}$ 垂直

当带电粒子以速度 $\vec{v}$ 沿垂直于磁场的方向进入一均匀磁场 $\vec{B}$ 中,如图 12.37 所示.此时洛伦兹力 $\vec{f}$ 的方向始终与速度 $\vec{v}$ 垂直,故带电粒子将在 $\vec{f}$ 与 $\vec{v}$ 所组成的平面内做匀速圆周运动.洛伦兹力即为向心力,其运动方程为

$$qvB = m\frac{v^2}{R}.$$

可求得轨道半径（又称回旋半径）为

$$R = \frac{mv}{qB}. \tag{12.45}$$

由式(12.45)可知,对于一定的带电粒子$\left(\text{即}\dfrac{q}{m}\text{一定}\right)$,当它在均匀磁场中运动时,其轨道半径 R 与带电粒子的速度值成正比.

由式(12.45)还可求得粒子在圆周轨道上绕行一周所需的时间（即周期）为

$$T = \frac{2\pi R}{v} = \frac{2\pi m}{qB}, \tag{12.46}$$

T 的倒数即粒子在单位时间内沿圆周轨道转过的圈数,称为带电粒子的回旋频率,用 ν 表示,即

$$\nu = \frac{1}{T} = \frac{qB}{2\pi m}. \tag{12.47}$$

以上两式表明,带电粒子在垂直于磁场方向的平面内做圆周运动时,其周期 T 和回旋频率 ν 只与磁感应强度 $\vec{B}$ 及粒子本身的质量 m 和所带的电量 q 有关,而与粒子的速度及回旋半径无关.也就是说,同种粒子在同样的磁场中运动时,快速粒子在半径大的圆周上运动,慢速粒子在半径小的圆周上运动,但它们绕行一周所需的时间都相同.这是带电粒子在磁场中做圆周运动的一个显著特征.回旋加速器就是根据这一特征设计制造的.

（3）$\vec{v}$ 与 $\vec{B}$ 斜交成 θ 角

当带电粒子的运动速度 $\vec{v}$ 与磁场 $\vec{B}$ 成 θ 角时,可将 $\vec{v}$ 分解为与 $\vec{B}$ 垂直的速度分量 $v_{\perp} = v\sin\theta$ 和与 $\vec{B}$ 平行的速度分量 $v_{/\!/} = v\cos\theta$.根据上面的讨论可知,在垂直于磁场的方向,由于具有分速度 $v_{\perp}$,磁场力将使粒子在垂直于 $\vec{B}$ 的平面内做匀速圆周运动.在平行于磁场的方向上,磁场对粒子没有作用力,粒子以速度分量 $v_{/\!/}$ 做匀速直线运动.这两种运动合成的结果,使带电粒子在均匀磁场中做等螺距的螺旋运动,如图 12.38 所示.此时螺旋线的半径为

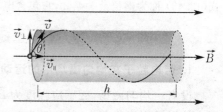

图 12.38 $\vec{v}$ 与 $\vec{B}$ 斜交时的运动

$$R = \frac{mv_\perp}{qB} = \frac{mv\sin\theta}{qB},$$

螺旋周期为

$$T = \frac{2\pi R}{v_\perp} = \frac{2\pi m}{qB}, \tag{12.48}$$

螺距为

$$h = v_{/\!/}T = (v\cos\theta)T = \frac{2\pi mv\cos\theta}{qB}. \tag{12.49}$$

2. 洛伦兹力在科学与工程技术中的应用实例

(1) 回旋加速器

在原子核物理与高能物理的研究中,常用回旋加速器来加速某些带电粒子.回旋加速器的结构如图 12.39 所示,A,B 是置于高度真空室中的两个金属半圆形盒,常称为 D 形电极.将两个 D 形电极与交流电源连接,在两个 D 形电极之间的缝隙处就产生交变电场.将 D 形电极放在电磁铁的两个磁极之间,使垂直于盒面的方向上有一恒定的均匀磁场.把带电粒子引入两盒间缝隙中央的 P 处,设这时缝隙处的电场正好由 B 指向 A,则 P 处带正电的粒子将会被加速而进入盒 A,盒内没有电场,粒子受均匀磁场作用做匀速圆周运动,其半径为

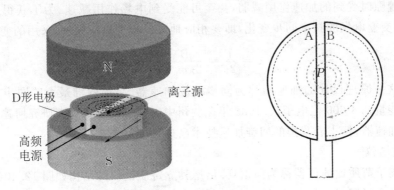

图 12.39　回旋加速器示意图

$$R = \frac{v}{\left(\frac{q}{m}\right)B}, \tag{12.50}$$

式中 v 是粒子进入盒内的速率,$\frac{q}{m}$ 是粒子的荷质比,B 是磁感应强度的大小.粒子在一个电极内运动所需的时间为

$$\tau = \frac{\pi R}{v} = \frac{\pi m}{qB}. \tag{12.51}$$

当粒子运动的速度远小于光速时,带电粒子的质量 m 随速度的改变可以忽略不计,因此 τ 为恒量.如果电源的周期 $T = \frac{2\pi m}{qB}$,那么当粒子从 A 盒出来到达缝隙时,缝隙中的场强方向恰已反向,因而粒子被加速,以较大的速度进入 B 盒,并在 B 盒内以较大半径做圆弧运动,经过 τ 秒后,又回到缝隙再次被加速进入 A 盒.这样,粒子可以受到一个固定频率电源的多次加速,粒子速度越来越大,轨道半径也将逐渐增大,形成图中虚线所示的运动轨道.最后用致偏电

极将粒子引出,从而获得高能粒子束,以便进行实验工作.如果粒子在被引出前最后一圈的半径为 R,按式(12.50)可知,引出粒子的速度大小为

$$v = \frac{q}{m}BR,$$

而粒子的动能为

$$E_k = \frac{1}{2}mv^2 = \frac{q^2}{2m}B^2R^2. \tag{12.52}$$

用回旋加速器可能获得的质子的最大能量约为 30 MeV,氦核的最大能量约为 100 MeV,可见用回旋加速器能获得的粒子能量值有一定界限.这是因为当粒子的速度很大时,相对论效应不能忽略,即质量与速度 v 值有关,

$$m = \frac{m_0}{\sqrt{1 - \dfrac{v^2}{c^2}}}, \tag{12.53}$$

式中 m_0 为粒子的静质量,c 为真空中光速.可以看出,随着粒子运动速度的增大,半周期 $\tau = \dfrac{\pi m}{qB}$ 不再是恒量,与电源所施加的交变电场变化的周期步调不一致,这就引起粒子通过 A,B 两极间的缝隙时受到的加速作用减弱,甚至可能受到电场作用减速.为了获得更高能量的粒子,必须使交变电场的频率同步变化,即要相应地降低交变电压频率,采用的变频频率为

$$\nu = \frac{1}{2\tau} = \frac{qB}{2\pi m_0}\sqrt{1 - \frac{v^2}{c^2}}.$$

根据这一原理设计的加速器称为同步回旋加速器.目前欧洲最大的同步加速器可使加速质子的能量达 4 000 亿电子伏.1988 年在兰州中国科学院近代物理研究所建成了我国最大的重离子加速器,标志着我国的回旋加速技术已进入国际先进行列.

(2) 质谱仪

测定离子荷质比的仪器称为**质谱仪**.倍恩勃立奇质谱仪的结构如图 12.40(a) 所示.离子源所产生的离子经过狭缝 S_1 与 S_2 之间的加速电场后,进入 P_1 与 P_2 两板之间的狭缝.P_1 和 P_2 两板构成**速度选择器**,使用速度选择器的目的是使具有一定速度的离子被选择出来.如图 12.40(b) 所示,在 P_1,P_2 两板之间加一电场,方向垂直于板面,大小为 E.如离子所带的电量为 $+q$,则离子所受的电场力 $\vec{f}_e = q\vec{E}$,方向和板面垂直,指向右.同时在 P_1,P_2 两板之间,另

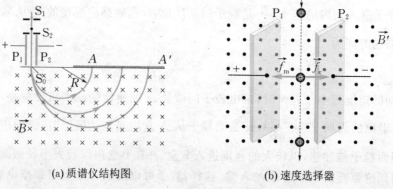

(a) 质谱仪结构图　　　　　　　　　(b) 速度选择器

图 12.40　倍恩勃立奇质谱仪

加一垂直于纸面向外的磁场,磁感应强度为 $\vec{B}'$,如离子的速度为 $\vec{v}$,则离子所受的磁场力为 $f_m = qvB'$,方向也与板面垂直,但指向左.因此,仅当离子的速度恰好使电场力和磁场力等值而反向,即满足

$$qE = qvB' \quad \text{或} \quad v = \frac{E}{B'}$$

时,才可能穿过 P_1 和 P_2 两板之间,而从狭缝 S_0 射出.速度大于或小于 E/B' 的离子都要射向 P_1 或 P_2 板而不能从 S_0 射出.

离子经过速度选择器后从狭缝 S_0 射出,在 S_0 以外的空间中没有电场,仅有垂直于纸面的均匀磁场,磁感应强度为 $\vec{B}$.离子进入该磁场后,将做匀速圆周运动,设半径为 R,由式(12.45)可得

$$\frac{q}{m} = \frac{v}{RB},$$

式中 m 为离子的质量.以离子的速度 $v = \frac{E}{B'}$ 代入,得

$$\frac{q}{m} = \frac{E}{RBB'},$$

如果离子是一价的,q 与电子电量 e 等值;如果是二价的,q 为 $2e$,其余类推.上式右边各量都可直接测量,因此可算出 $\frac{q}{m}$ 值.

从狭缝 S_0 射出来的离子速度 v 与电量 q 都是相等的,如果这些离子中有质量不同的同位素,在磁场 $\vec{B}$ 中做圆周运动的半径 R 就不一样,因此,这些离子就将按照质量的不同而分别射到照相底片 AA' 上的不同位置,形成若干条线状谱,每一条谱线对应于一定的质量.根据谱线的位置,可知圆周的半径 R,因此可算出相应的质量,故这种仪器叫作质谱仪.利用质谱仪可以精确地测定同位素的原子量.图 12.41 为用质谱仪测得的锗元素的质谱,数字表示各同位素的质量数,即最靠近原子量的整数.

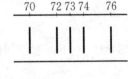

图 12.41　锗的质谱

12.6.3　霍尔效应

(1)霍尔效应

1879 年美国青年物理学家霍尔发现,在均匀磁场中置一矩形截面的载流导体,若电流方向与磁场方向垂直,则导体在垂直于电流又垂直于磁场的方向上出现电势差,称为霍尔电势差,这一现象叫作霍尔效应.霍尔效应也存在于半导体中,如图 12.42 所示.

实验表明,霍尔电势差 U_H 与电流 I 及磁感应强度 $\vec{B}$ 的大小成正比,与导体板的厚度 d 成反比,即

$$U_H = R_H \frac{IB}{d}, \tag{12.54}$$

式中 R_H 是仅与导体材料有关的常数,称为霍尔系数.

霍尔电势差的产生是由于运动电荷在磁场中受洛伦兹力作用的结果.因为导体中的电流是载流子定向运动形成的,如果做定向运动的带电粒子是负电荷,则它所受的洛伦兹力 f_m

的方向如图 12.42(b) 所示,结果使导体的上表面 M 聚集负电荷,下表面 N 聚集正电荷,在 M,N 两表面间产生方向向上的电场;如果做定向运动的带电粒子是正电荷,则它所受的洛伦兹力 $\vec{f}_m$ 的方向如图 12.42(c) 所示,使导体的上表面 M 聚集正电荷,下表面 N 聚集负电荷,在 M,N 两表面间产生方向向下的电场. 当该电场对带电粒子的电场力 $\vec{f}_e$ 正好与磁场 $\vec{B}$ 对带电粒子的洛伦兹力 $\vec{f}_m$ 相平衡时,达到稳定状态,此时上、下两面的电势差 $U_M - U_N$ 就是霍尔电势差 U_H.

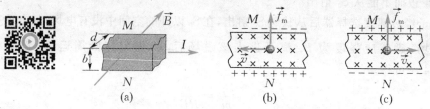

图 12.42　霍尔效应

设导体内载流子的电量为 q,平均定向运动速度为 $\vec{v}$,它在磁场中所受到的洛伦兹力大小为

$$f_m = qvB.$$

如果导体板的宽度为 b,当导体上、下两表面间的电势差为 $U_M - U_N$ 时,带电粒子所受的电场力大小为

$$f_e = qE = q\frac{U_M - U_N}{b}.$$

由平衡条件有

$$qvB = q\frac{U_M - U_N}{b},$$

则导体上、下两表面间的电势差为

$$U_H = U_M - U_N = bvB.$$

设导体内载流子数密度为 n,于是 $I = nqvbd$,代入上式可得

$$U_H = \frac{1}{nq}\frac{IB}{d}, \tag{12.55}$$

将式(12.55)与式(12.54)比较,得霍尔系数

$$R_H = \frac{1}{nq}. \tag{12.56}$$

式(12.56)表明,霍尔系数的数值取决于每个载流子所带的电量 q 和载流子的浓度 n,其正负取决于载流子所带电荷的正负. 由实验测定霍尔电势差或霍尔系数后,就可判定载流子带的是正电荷还是负电荷. 也可用此方法来判定半导体是空穴型的(p型)还是电子型的(n型).此外,根据霍尔系数的大小,还可测定载流子的浓度.

一般金属导体中的载流子是自由电子,其浓度很大,所以金属材料的霍尔系数很小,相应的霍尔电势差也很弱. 但在半导体材料中,载流子浓度 n 很小,因而半导体材料的霍尔系数与霍尔电势差比金属大得多,故实际中大多采用半导体霍尔效应.

近年来,霍尔效应已在测量技术、电子技术、自动化技术、计算技术等各个领域中得到越来越普遍的应用. 例如,我国已制造出多种半导体材料的霍尔元件,可以用来测量磁感应强度、电流、压力、转速等,还可以用于放大、振荡、调制、检波等方面,也可以用于电子计算机中的计算元件等.

> **例 12.5**　有一宽为 0.50 cm,厚为 0.10 mm 的薄片银导线,当导体片中通以 2 A 电流且有 0.8 T 的磁场垂直薄片时,试求产生的霍尔电势差(银的密度为 10.5 g/cm³).
>
> **解**　银原子是单价原子,每个原子贡献一个自由电子,则单位体积中的自由电子数 n 等于单位体积中的银原子数. 已知银的相对原子质量为 108,1 mol 银(0.108 kg)有 $N_A = 6.02 \times 10^{23}$ 个原子,银的密度为 10.5×10^3 kg/m³,所以
>
> $$n = N_A \frac{\rho}{M_{mol}} = 6.02 \times 10^{23} \times \frac{10.5 \times 10^3}{0.108} \text{ m}^{-3} \approx 5.85 \times 10^{28} \text{ m}^{-3}.$$
>
> 由式(12.55)可求出霍尔电势差
>
> $$U_H = \frac{1}{nq} \frac{IB}{d} = \frac{2 \times 0.8}{5.85 \times 10^{28} \times 1.6 \times 10^{-19} \times 0.10 \times 10^{-3}} \text{ V} = 1.7 \times 10^{-6} \text{ V}.$$
>
> 由此可知,对于良导体,霍尔电势差是非常微小的.

*(2) 磁流体发电

除固体中的霍尔效应外,在导电流体中同样会产生霍尔效应. 图 12.43 是磁流体发电机的工作原理图. A_1,A_2 为两块面积为 S、相距为 d 的极板,其间充满均匀磁场 $\vec{B}$. 利用导电流体的霍尔效应,可以直接把从燃烧室中出来的等离子体的热运动能量转化为电能,这就是磁流体发电机的基本原理.

当从燃烧室中出来的等离子体(电离气体)以速度 $\vec{v}$ 进入极板之间的磁场时,离子所受到的洛伦兹力为

$$F = qvB.$$

该力垂直于极板平面,是一种非静电力,相应的非静电场强为

$$E_k = \frac{F}{q} = vB.$$

容易算出 A_1,A_2 间的电动势为

$$\mathscr{E} = E_k d = vBd.$$

可见,利用等离子体在磁场中的流动可以发电.

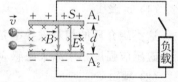

图 12.43　磁流体发电机的工作原理图

在普通发电机中,电动势是由线圈在磁场中转动产生的. 为此必须先把初级能源(化学燃料、核燃料)燃烧放出的热能经过锅炉、热机等变成机械能,然后再变成电能. 而在磁流体发电机中,是利用热能加热等离子体,然后使等离子体通过磁场产生电动势直接得到电能. 不经过热能到机械能的转变,因而损耗少、热效率高(可达 50% ~ 60%,而火力发电的热效率通常只有 30% ~ 40%). 磁流体发电不需要水冷装置,对环境污染也较低,故受到世界各国重视. 但磁流体发电目前还存在某些技术问题有待解决,如发电通道效率低,通道和电极的材料都要求耐高温、耐腐蚀、耐化学烧蚀等. 目前所用材料的寿命都比较短,因而使磁流体发电机不能长时间运行. 故磁流体发电尚未能运用在生产中.

磁场中的磁介质

12.7.1 磁介质的分类

与电介质的情况相似,磁介质在磁场中要被磁化,产生附加磁场,从而使原来的磁场发生变化.设无磁介质时(真空状态)某处的磁感应强度为 $\vec{B}_0$,放入磁介质后因磁介质磁化而产生的附加磁场为 $\vec{B}'$,那么该处总磁感应强度为

$$\vec{B} = \vec{B}_0 + \vec{B}'. \tag{12.57}$$

对不同的磁介质,$\vec{B}'$ 的大小和方向可能有很大的差别.为了便于讨论磁介质的分类,我们引入相对磁导率 μ_r.当均匀磁介质充满整个磁场时,磁介质的相对磁导率定义为

$$\mu_r = \frac{B}{B_0}, \tag{12.58}$$

式中 B 为磁介质中的总磁感应强度的大小,B_0 为真空中磁场或者说外磁场的磁感应强度的大小.μ_r 可用来描述不同磁介质磁化后对原外磁场的影响.类似于介电常量 ε 的定义,我们定义磁介质的磁导率

$$\mu = \mu_0 \mu_r, \tag{12.59}$$

式中 μ_0 为真空磁导率.实验指出,就磁性来说,物质可分为三类.

(1) 抗磁质

这类磁介质的相对磁导率 $\mu_r < 1$,在外磁场中,其附加磁感应强度 $\vec{B}'$ 与 $\vec{B}_0$ 方向相反,因而总磁感应强度小于原来磁感应强度,即 $B < B_0$,例如汞、铜、铋、氢、锌、铅等.

(2) 顺磁质

这类磁介质的相对磁导率 $\mu_r > 1$,在外磁场中,其附加磁感应强度 $\vec{B}'$ 与 $\vec{B}_0$ 方向相同,因而总磁感应磁场大于原来磁感应强度,即 $B > B_0$,例如锰、铬、铂、氧等.

(3) 铁磁质

这类磁介质的相对磁导率 $\mu_r \gg 1$,在外磁场中,其附加磁感应强度 $\vec{B}'$ 与 $\vec{B}_0$ 方向相同,且 $B' \gg B_0$,因而总磁感应强度远远大于原来磁感应强度,即 $B \gg B_0$,例如铁、钴、镍、钆、镝等.

顺磁质和抗磁质的磁性都很弱,统称为弱磁质.它们的 μ_r 尽管大于1或者小于1,但是都很接近1,而且 μ_r 都是与外磁场无关的常数.铁磁质的磁性很强,且还具有一些特殊的性质.

12.7.2 顺磁质与抗磁质的磁化

物质都是由分子或原子构成的,原子中的每一个电子都同时参与两种运动,即电子环绕原子核的轨道运动和电子本身的自旋.这两种运动都能产生磁效应.把分子看成一个整体,分子中各个电子对外界所产生的磁效应的总和可用一个等效的圆电流表示,称为分子电流. 这种分子电流具有的磁矩称为分子固有磁矩或分子磁矩,用 $\vec{p}_m$ 表示.

当没有外磁场作用时,抗磁质中每个分子的固有磁矩 $\vec{p}_m = \vec{0}$,从而整块磁介质的 $\sum \vec{p}_m = \vec{0}$,介质不显磁性;顺磁质中每个分子虽然具有固有磁矩 $\vec{p}_m$,但由于分子热运动,各分子磁矩的取向是杂乱无章的,对磁介质中任何一个体积元来说,各分子磁矩的矢量和为零,即 $\sum \vec{p}_m = \vec{0}$,因而对外也不显磁性. 下面我们分别讨论这两种磁介质在外磁场中的表现.

(1) 顺磁质的磁化

当顺磁质处在外磁场中时,各分子磁矩都要受到磁力矩的作用,由 $\vec{M} = \vec{p}_m \times \vec{B}$ 可知,在磁力矩的作用下,各分子磁矩的取向都具有转到与外磁场方向相同的趋势,这样,顺磁质就被磁化了,磁化后所产生的附加磁场 $\vec{B}'$ 与外磁场 $\vec{B}_0$ 相同. 于是,在外磁场中,顺磁质内的磁感应强度 $\vec{B}$ 的大小为

$$B = B_0 + B'.$$

(2) 抗磁质的磁化

抗磁质分子中各电子的轨道磁矩和自旋磁矩的矢量和为零,因而分子无固有磁矩,抗磁质的磁化是因为在外磁场中,抗磁质分子产生了附加磁矩的缘故.

分子中每个电子的轨道运动和自旋运动所对应的磁矩,在外磁场的作用下会产生一附加磁矩 $\Delta \vec{p}_m$,而且不管原有磁矩的方向如何,其附加磁矩 $\Delta \vec{p}_m$ 的方向总是和外磁场的方向相反. 由于分子中每个电子的附加磁矩都与外磁场的方向相反,因而电子附加磁矩的总和即分子的附加磁矩与外磁场的方向相反,所有分子的附加磁矩的方向也与外磁场的方向相反. 因此,在抗磁质中,就出现与外磁场 $\vec{B}_0$ 方向相反的附加磁场 $\vec{B}'$. 于是,抗磁质内磁感应强度要比外磁场小一点,即

$$B = B_0 - B'.$$

应该指出,抗磁性是一切磁介质共同具有的特性,顺磁质分子也有抗磁性,只是顺磁质的抗磁效应较其顺磁效应要小得多,因此,在研究顺磁质的磁化时可以不计其抗磁性的影响.

抗磁性的一种经典解释

以电子的轨道运动为例,如图 12.44(a) 所示,由于电子带负电,电子的磁矩 $\vec{p}_m$ 与轨道角动量 $\vec{L}$ 方向相反. 在外磁场 $\vec{B}_0$ 中,电子磁矩受到的磁力矩为

$$\vec{M} = \vec{p}_m \times \vec{B}_0.$$

因 $\vec{M}$ 垂直于 $\vec{L}$,故 $\vec{M}$ 不改变 $\vec{L}$ 的大小,只改变其方向,又根据角动量定理 $d\vec{L} = \vec{M}dt$ 可知,角动量增量与力矩方向相同,在图 12.44(a) 中,$d\vec{L}$ 的方向垂直于纸面向里,而在图 12.44(b) 中,$d\vec{L}$ 的方向则垂直于纸面向外. 在磁力矩的作用下,电子将附加一个以外磁场方向为轴线的转动,称为电子的进动,这与陀螺在重力矩的作用下的进动类似,如图 12.44(c) 所示. 与这一进动相对应,电子除了原有轨道磁矩 $\vec{p}_m$ 外,又具有一个附加磁矩 $\Delta \vec{p}_m$. 图 12.44(a),(b) 表明,无论电子的运动方向如何,$\Delta \vec{p}_m$ 的方向都与外磁场方向相反,因而附加磁矩总是起到削弱外磁场的作用,这就是抗磁质抗磁性的来源.

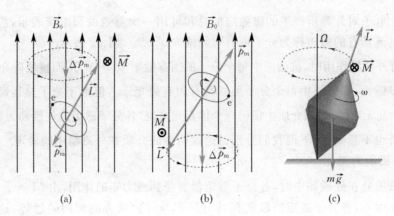

图 12.44　外磁场中电子的进动和附加磁矩

12.7.3　磁化强度

在电介质中我们引入了电极化强度 $\vec{P}$ 来描述电介质的极化程度,同样,在磁介质中我们引入**磁化强度** $\vec{M}$ 来描述磁介质的磁化程度. 其定义如下:

$$\vec{M} = \frac{\sum \vec{p}_m}{\Delta V}, \qquad (12.60)$$

即介质内某点处的磁化强度 $\vec{M}$ 等于该点处单位体积内分子磁矩的矢量和.

由式(12.60)可知,磁介质中分子磁矩排列的整齐程度越高,相互抵消的成分越少,$\sum \vec{p}_m$ 值越大,$\vec{M}$ 的值越大. 可见,$\vec{M}$ 是一个描述分子磁矩排列整齐程度的物理量. 顺磁质中,$\vec{M}$ 与 $\vec{B}_0$ 同向;抗磁质中,$\vec{M}$ 与 $\vec{B}_0$ 反向. 在国际单位制中,磁化强度 $\vec{M}$ 的单位是安[培]每米(A/m).

如图 12.45(a) 所示,设一无限长直螺线管内充满各向同性的均匀顺磁质,线圈中通以电流 I_0 后在螺线管内产生均匀磁场 $\vec{B}_0$,磁介质被均匀磁化后磁化强度为 $\vec{M}$. 图 12.45(b) 所示为磁介质内任一横截面上分子电流的排列情况. 在磁介质内部任意位置处,分子电流成对出现,且方向相反,结果互相抵消. 只有在横截面的边缘处,分子电流未被抵消,形成与横截面边缘重合的圆电流 I_s,称为**磁化电流**,如图 12.45(c) 所示. 整体看来,磁化了的介质就像是一个由磁化电流构成的螺线管,设 j_s 为圆柱形磁介质表面上"每单位长度的分子面电流"(即**磁化电流面密度**),则对于截面积为 S、长为 l 的一段磁介质圆柱,总磁矩大小为

$$\left| \sum \vec{p}_m \right| = I_s S = j_s l S.$$

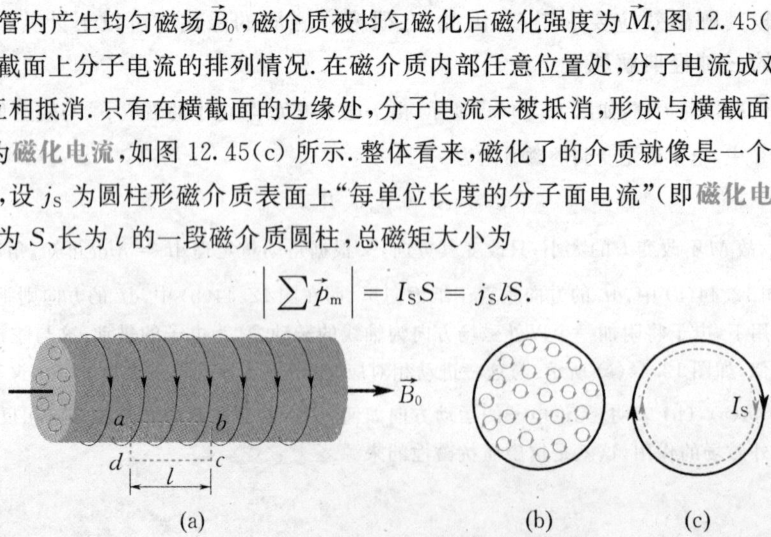

图 12.45　充满磁介质的长直螺线管

由式(12.60),磁介质内磁化强度大小为

$$M = |\vec{M}| = \frac{|\sum \vec{p}_m|}{\Delta V} = \frac{j_s lS}{lS} = j_s. \qquad (12.61)$$

考虑方向之后,上式可写为矢量形式:

$$\vec{j}_s = \vec{M} \times \vec{n},$$

式中 $\vec{n}$ 为磁介质表面外法线方向的单位矢量.不难看出,这一关系与电介质中极化电荷面密度与电极化强度的关系 $\sigma' = \vec{P} \cdot \vec{n} = P_n$ 相对应.

下面我们进一步讨论在一定范围内,磁化强度与磁化电流之间的关系.如图 12.45(a) 所示,在圆柱形磁介质的边界附近,取一长方形的闭合回路 $abcda$,ab 在磁介质内部,它平行于柱体轴线,长度为 l,而 bc,ad 两边则垂直于柱面.在磁介质内部各点处 $\vec{M}$ 都沿 ab 方向,大小相等,在柱外各点处 $\vec{M} = \vec{0}$.磁化强度 $\vec{M}$ 对图 12.45(a) 中的闭合回路的线积分为

$$\oint_L \vec{M} \cdot d\vec{l} = \int_{ab} \vec{M} \cdot d\vec{l} = M\overline{ab} = Ml.$$

将式(12.61)代入后得

$$\oint_L \vec{M} \cdot d\vec{l} = j_s l = I_s. \qquad (12.62)$$

这里 $j_s l = I_s$ 就是通过闭合回路 $abcda$ 的总磁化电流.式(12.62)虽然是从均匀磁介质及长方形闭合回路的简单特例导出,但却是在任何情况下都普遍适用的关系式.

12.7.4　磁场强度　磁介质中的安培环路定理

当电流的磁场中有磁介质存在时,由于介质的磁化,要产生磁化电流.如果考虑到磁化电流对磁场的贡献,则安培环路定理应写成

$$\oint_L \vec{B} \cdot d\vec{l} = \mu_0 \sum (I_0 + I_s), \qquad (12.63)$$

将式(12.62)代入上式,得

$$\oint_L \vec{B} \cdot d\vec{l} = \mu_0 \left(\sum I_0 + \oint_L \vec{M} \cdot d\vec{l} \right),$$

即

$$\oint_L \left(\frac{\vec{B}}{\mu_0} - \vec{M} \right) \cdot d\vec{l} = \sum I_0. \qquad (12.64)$$

引进一辅助矢量

$$\vec{H} = \frac{\vec{B}}{\mu_0} - \vec{M}, \qquad (12.65)$$

称 $\vec{H}$ 为磁场强度.这样,有磁介质存在时,安培环路定理可写成简单形式:

$$\oint_L \vec{H} \cdot d\vec{l} = \sum I_0, \qquad (12.66)$$

即磁场强度沿任一闭合回路的线积分等于穿过该闭合回路的传导电流的代数和.这就是磁介质中的安培环路定理.这样,引进辅助矢量 $\vec{H}$ 后,安培环路定理中不再包含磁化电流.

式(12.65)是磁场强度 $\vec{H}$ 的定义式,它表示了磁场中任一点处 $\vec{H}$, $\vec{B}$, $\vec{M}$ 三个物理量之间的关系.对于各类磁介质,不论均匀或非均匀,该式总是成立的.在国际单位制中,$\vec{H}$ 的单位是安[培]每米(A/m).

实验表明,对于各向同性的均匀磁介质,介质内任一点处的磁化强度 $\vec{M}$ 与磁场强度 $\vec{H}$ 成正比,即

$$\vec{M} = \chi_m \vec{H}, \tag{12.67}$$

式中 χ_m 是比例系数,称为介质的**磁化率**,它是描述介质磁化特性的物理量,由介质本身的性质决定.将式(12.67)代入式(12.65)得

$$\vec{H} = \frac{\vec{B}}{\mu_0} - \chi_m \vec{H},$$

即

$$\vec{B} = \mu_0(1 + \chi_m)\vec{H}. \tag{12.68}$$

如果引入一个物理量 μ_r,令 $\mu_r = 1 + \chi_m$,μ_r 就是磁介质的相对磁导率,与式(12.58)所定义的 μ_r 是同一个量.于是式(12.68)可写为

$$\vec{B} = \mu_0 \mu_r \vec{H} = \mu\vec{H}, \tag{12.69}$$

式中 μ 称为**介质的磁导率**,其单位与 μ_0 相同.

在真空中(空气中情况近似相同),$\chi_m = 0$,$\mu_r = 1$,$\vec{B} = \mu_0\vec{H}$;对于顺磁质,$\chi_m > 0$,$\mu_r > 1$;对于抗磁质,$\chi_m < 0$,$\mu_r < 1$.表 12.1 给出了几种顺磁质和抗磁质的磁化率的实验值.可见,在常温下,顺磁质和抗磁质的磁化率都很小,相对磁导率 μ_r 都很接近于1,其磁导率 μ 也接近于真空磁导率 μ_0,都是弱磁质.

表 12.1　磁介质的磁化率的实验值(20 ℃ 时)

顺磁质	$\chi_m (= \mu_r - 1)$	抗磁质	$\chi_m (= \mu_r - 1)$
氮	0.013×10^{-6}	氢	-0.063×10^{-6}
氧	1.9×10^{-6}	铜	-9.6×10^{-6}
铝	22×10^{-6}	汞	-32×10^{-6}
钯	800×10^{-6}	铋	-176×10^{-6}

最后,必须强调指出,虽然 $\vec{H}$ 只由传导电流激发,但并不意味着介质中磁化电流对磁场不产生影响,磁介质对磁场的影响反映在相对磁导率 μ_r 上.不同的磁介质对磁场的影响不同,因而 μ_r 不同.真正具有直接物理意义的是磁感应强度 $\vec{B}$,而不是磁场强度 $\vec{H}$.$\vec{H}$ 仅仅是一个辅助量,引入 $\vec{H}$ 的目的是为了更方便地得到 $\vec{B}$.$\vec{H}$ 与电场中电位移 $\vec{D}$ 的地位相当,只是由于历史的原因,才把它叫作磁场强度.

例 12.6　无限长圆柱形导体外面包有一层相对磁导率为 μ_r 的圆筒形磁介质.导体半径

为 R_1，磁介质的外半径为 R_2，如图 12.46 所示. 当导体内有电流 I 通过时，求介质内、外磁场强度和磁感应强度的分布.

解　由于电流分布的轴对称性，磁场分布也具有轴对称性. $r \leqslant R_1$ 区域为金属导体内部，由安培环路定理可得

$$2\pi r H_1 = \frac{I}{\pi R_1^2}\pi r^2,$$

所以

$$H_1 = \frac{I}{2\pi R_1^2}r \quad (r \leqslant R_1).$$

导体的 μ_r 接近于 1，可作真空处理，即 $\mu_r = 1$，故导体内的磁感应强度的大小为

$$B_1 = \mu_0 H_1 = \frac{\mu_0 I}{2\pi R_1^2}r \quad (r \leqslant R_1).$$

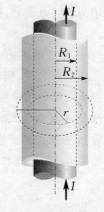

图 12.46　例 12.6 图

$R_1 < r \leqslant R_2$ 的区域是相对磁导率为 μ_r 的磁介质，由安培环路定理可得

$$2\pi r H_2 = I,$$

$$H_2 = \frac{I}{2\pi r} \quad (R_1 < r \leqslant R_2),$$

$$B_2 = \mu_0 \mu_r H_2 = \frac{\mu_0 \mu_r I}{2\pi r} \quad (R_1 < r \leqslant R_2).$$

$r > R_2$ 的区域为真空，由安培环路定理可得

$$2\pi r H_3 = I,$$

$$H_3 = \frac{I}{2\pi r} \quad (r > R_2),$$

$$B_3 = \mu_0 H_3 = \frac{\mu_0 I}{2\pi r} \quad (r > R_2).$$

12.7.5　铁磁质

铁磁质包括铁、钴、镍、钆、镝，以及这些元素与其他元素的多种化合物. 铁磁质具有下列特殊性质.

① 有很大的相对磁导率 μ_r，其值可为数百至数万.

② 铁磁质的 $\vec{B}$ 和 $\vec{H}$ 不成简单的正比关系，即它们的磁导率 μ 不是恒量，而是随磁场强度 $\vec{H}$ 变化着的.

③ 外磁场停止作用后，铁磁质仍能保留部分磁性.

④ 它们各具有临界温度，称为居里点，当温度在居里点以上时，铁磁质转化为顺磁质. 铁的居里点是 1 040 K，钴的居里点是 1 388 K，镍的居里点 631 K.

1. 磁化曲线

铁磁质的 $\vec{B}$，$\vec{H}$ 关系可以通过实验来研究. 一般把 H 作为自变量，B 作为 H 的函数，因为在长直螺线管、环形螺线管中，H 仅由传导电流决定，而 B 与磁介质有关.

在实验室中,常用图 12.47 所示的电路来研究铁磁质的磁化特性.以铁磁质作芯的环形螺线管和电源及可变电阻串联成一电路,设螺线管每单位长度的匝数为 n,当线圈中通有大小为 I 的电流时,螺绕环内的磁场强度为

$$H = nI.$$

与 H 相应的磁感应强度 B 可通过图中的磁通计来测量.

实验表明,测得铁磁质内的磁感应强度 B 和磁场强度 H 之间的关系,不再是顺磁质和抗磁质内那种简单的正比关系,而是较复杂的函数关系,如图 12.48 所示.从图中可以看出,当 H 从零逐渐增大时,B 也逐渐增加;到点 1 以后,B 随 H 的增大而急剧增加;到达点 2 以后,B 随 H 的增加就变慢了;到达点 a 后,再增大 H,B 几乎不变,即磁化已达到饱和,这时的磁感应强度 B_m 叫作饱和磁感应强度.这条曲线叫作起始磁化曲线,简称磁化曲线.

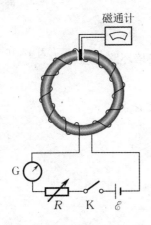

图 12.47　测定铁磁质磁化特性的实验

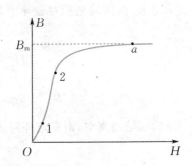

图 12.48　铁磁质的起始磁化曲线

不同的铁磁质有不同的磁化曲线,有了这种曲线,已知 B,H 中的一个量,就可以从曲线中查出另一个量.因此,在设计电磁铁、变压器以及其他一些电器设备时,磁化曲线是很重要的依据.

2. 磁滞回线

铁磁质的磁化在达到饱和状态以后,如果使 H 减小,实验发现,此时 B 值也将减小,但 B 值并不沿原来的起始磁化曲线(Oa 曲线)下降,而是沿着另一曲线 ab 下降,对应的 B 值比原来的值要大,说明铁磁质的磁化是不可逆的过程,如图 12.49 所示.当 $H = 0$ 时,B 不为零,而是仍保留一定大小的磁感应强度 B_r,B_r 称为剩余磁感应强度,简称剩磁.到了 b 点以后,继续改变磁场强度 H:$0 \rightarrow -H_c \rightarrow -H_s \rightarrow 0 \rightarrow +H_c \rightarrow +H_s \rightarrow 0$,相应的磁感应强度 B 也随之变化,B-H 曲线沿着 $b \rightarrow c \rightarrow a' \rightarrow b' \rightarrow c' \rightarrow a \rightarrow b$ 形成闭合曲线.由上述变化过程可以看出,磁感应强度 B 的变化总是滞后于磁场强度 H,这种现象称为磁滞,铁磁质的这种 B-H 闭合曲线叫作磁滞回线.如果在还未达到饱和状态以前,就将 H 减小,B 将沿另一较小的磁滞回线变化,如图中虚线所示.从上述的实验结果可知,对铁磁质而

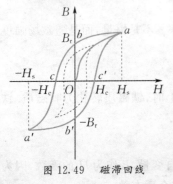

图 12.49　磁滞回线

言,B 不是 H 的单值函数,对同一磁场强度,磁感应强度可能有不同的量值,即 B 的值不仅与 H 有关,还取决于铁磁质的磁化历史.

若要完全消除铁磁质内的剩磁,需要加上反向磁场.使铁磁质完全退磁所需的反向磁场强度 H_c 的量值叫作**矫顽力**.实际应用中通常不采用加恒定的反向电流消除剩磁的方法,而是施加一个由强变弱的交变磁场,使铁磁质的剩磁逐渐减弱到零.例如老式录音机和录像机的磁头、磁带等的退磁大都采用这一方法.

实验表明,铁磁质反复磁化时要发热,这种耗散为热量的能量损失称为**磁滞损耗**.这是因为铁磁质在反复磁化时,分子的振动加剧,使分子振动加剧的能量是由产生磁化场的电流所供给的.可以证明,一次磁化的磁滞损耗与磁滞回线所围成的面积成正比,磁滞损耗的功率与磁化的频率成正比.因此,对一个具有铁芯的线圈来说,通过的交流电频率越高,以及铁芯材料的磁滞回线面积愈大时,磁滞损耗的功率就越大.

3. 磁畴

铁磁性不能用一般顺磁质的磁化理论来解释.因为铁磁质的单个原子或分子不具有任何特殊的磁性.如铁原子和铬原子的结构大致相同,原子的磁矩也相同,但铁是典型的铁磁质,而铬是普通的顺磁质.

现代理论和实验都证明,在铁磁质内存在着许多小区域,其体积约为 10^{-12} m^3,其中含有 $10^{12} \sim 10^{15}$ 个原子.在这些小区域内的原子间存在非常强的电子"交换耦合作用",使相邻原子的磁矩排列整齐,也就是说,这些小区域称为**磁畴**.无外磁场作用时,同一磁畴内的分子磁矩方向一致,各个磁畴的磁矩方向杂乱无章,磁介质的总磁矩为零,宏观上对外不显磁性.图 12.50 所示为多晶铁磁质的磁畴示意图.

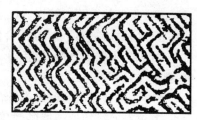

图 12.50　多晶铁磁质的磁畴示意图

为了讨论方便,示意地画出四个体积相同的磁畴,如图 12.51 所示.它们的取向不同,磁矩恰好抵消,对外不呈现磁性,如图 12.51(a) 所示.当加有外磁场时,则铁磁质内自发磁化方向和外场相近的磁畴体积将因外场的作用而扩大,自发磁化方向与外场有较大偏离的磁畴体积将缩小,如果磁场还较弱,则磁畴的这种扩大、缩小过程还较缓慢,如图 12.51(b) 所示,相当于图 12.48 中磁化曲线的 $O \sim 1$ 段.如外场继续增强,到一定值时,磁畴界壁就以相当快的速度跳跃地移动,直到自发磁化方向与外场偏离较大的那些磁畴全部消失,如图 12.51(c) 所示.这一过程与图 12.48 中 $1 \sim 2$ 段相对应,是一不可逆过程(亦即外磁场减弱后,磁畴不能完全恢复原状了).如外场再继续增加,则留存的磁畴逐渐转向外场方向,如图 12.51(d) 所

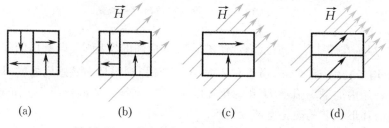

　　　(a)　　　　　　　(b)　　　　　　　(c)　　　　　　　(d)

图 12.51　用磁畴的观点说明铁磁质的磁化过程

示.当所有磁畴的自发磁化方向都和外磁场方向相同时,磁化达到饱和,相当于图 12.48 中的 $2 \sim a$ 段.

由于铁磁质内存在杂质和内应力,因此磁畴在磁化和退磁过程中做不连续的体积变化和转向时,磁畴不能按原来变化规律逆着退回原状,因而出现磁滞现象和剩磁.

铁磁性和磁畴结构的存在是分不开的.当铁磁质受到强烈震动,或在高温下剧烈的热运动使磁畴瓦解时,铁磁质的铁磁性也就消失了.居里(P. Curie)曾发现:对任何铁磁质来说,各有一特定的温度,当铁磁质的温度高于这一温度时,磁畴全部瓦解,铁磁性完全消失而成为普通的顺磁质.这个温度叫作居里点.

4. 铁磁质的分类及其应用

从铁磁质的性质和应用方面来看,按磁滞回线的形状可将铁磁质分为软磁材料、硬磁材料和矩磁材料.

软磁材料的矫顽力小($H_c < 100 \, \mathrm{A/m}$),磁滞回线狭长,如图 12.52(a) 所示.这种材料容易磁化,也容易退磁,适合在交变电磁场中工作,如各种电感元件、变压器、镇流器、继电器等.一旦切断电流后,剩磁很小.常用的金属软磁材料有工业纯铁、硅钢、坡莫合金等.还有非金属软磁铁氧体,如锰锌铁氧体、镍锌铁氧体等.

硬磁材料的矫顽力较大($H_c > 100 \, \mathrm{A/m}$),磁滞回线肥大,如图 12.52(b) 所示.其磁滞特性显著.这种材料一旦磁化后,会保留较大的剩磁,且不易退磁,故适合于作永久磁体,用于磁电式电表、永磁扬声器、拾音器、电话、录音机、耳机等电器设备.常见的金属硬磁材料有碳钢、钨钢、铝钢等.

还有一种铁磁质叫作矩磁材料,其特点是剩磁很大,接近于饱和磁感应强度 B_m,而矫顽力小,其磁滞回线接近于矩形,如图 12.52(c) 所示.当它被外磁场磁化时,总是处在 B_r 或 $-B_r$ 两种不同的剩磁状态.因此适用于计算机中作储存记忆元件.通常计算机中采用二进制,只有"1"和"0"两个数码,因此可用矩磁材料的两种剩磁状态分别代表两个数码,起到"记忆"的作用.目前常用的矩磁材料有锰-镁铁氧体和锂-锰铁氧体等.

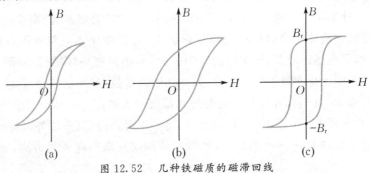

图 12.52　几种铁磁质的磁滞回线

例 12.7　在图 12.47 所示测定铁磁质磁化特性的实验中,设所用的环形螺线管共有 1 000 匝,平均半径为 15.0 cm,当通有 2.00 A 电流时,测得环内磁感应强度 B 为 1.00 T.求: (1)螺线管铁芯内的磁场强度 H 和磁化强度 M;(2)该铁磁质的磁导率 μ 和相对磁导率 μ_r; (3)已磁化的环形铁芯的磁化电流面密度.

解　(1)磁场强度为

$$H = nI = \frac{1\,000}{2\pi \times 15.0 \times 10^{-2}} \times 2.00 \text{ A/m} = 2.12 \times 10^{3} \text{ A/m}.$$

磁化强度

$$M = \frac{B}{\mu_0} - H = \frac{1.00}{4\pi \times 10^{-7}} \text{ A/m} - 2.12 \times 10^{3} \text{ A/m} = 7.94 \times 10^{5} \text{ A/m}.$$

（2）铁磁质中磁场在上述 H 值时的磁导率为

$$\mu = \frac{B}{H} = \frac{1.00}{2.12 \times 10^{3}} \text{ H/m} = 4.72 \times 10^{-4} \text{ H/m}.$$

相对磁导率为

$$\mu_r = \frac{\mu}{\mu_0} = \frac{4.72 \times 10^{-4}}{4\pi \times 10^{-7}} = 376.$$

（3）环形铁芯的磁化电流面密度为

$$j_s = M = 7.94 \times 10^{5} \text{ A/m},$$

其绕行方向与螺线管中电流方向相同.

 本 章 提 要

一、基本概念

1. 载流线圈的磁矩

$$\vec{p}_m = IS\vec{n},$$

$\vec{n}$ 为线圈法线方向单位矢量，它与电流方向成右手螺旋关系.

2. 磁感应强度

磁感应强度的量值等于具有单位磁矩的试验线圈所受到的最大磁力矩：

$$B = \frac{M_{max}}{p_m},$$

方向与该点处试验线圈在稳定平衡位置时线圈磁矩的方向相同.

3. 磁通量

磁通量为穿过磁场中某一曲面 S 的磁感应线的总数.

$$\Phi_m = \int_S \vec{B} \cdot d\vec{S}.$$

二、基本实验定律

1. 毕奥-萨伐尔定律

电流元 $Id\vec{l}$ 在真空中某点处产生的磁感应强度为

$$d\vec{B} = \frac{\mu_0}{4\pi} \frac{Id\vec{l} \times \vec{r}}{r^3}.$$

根据叠加原理，任意形状的载流导体在真空中产生的磁感应强度为

$$\vec{B} = \int_L d\vec{B} = \int_L \frac{\mu_0}{4\pi} \frac{Id\vec{l} \times \vec{r}}{r^3}.$$

一带电量为 q 的运动电荷在真空中产生的磁感应强度为

$$\vec{B} = \frac{\mu_0}{4\pi} \frac{q\vec{v} \times \vec{r}}{r^3}.$$

2. 安培定律

电流元 $Id\vec{l}$ 在磁场中受到的力为

$$d\vec{F} = Id\vec{l} \times \vec{B},$$

方向由右手螺旋定则确定.

一段载流导线所受的安培力为

$$\vec{F} = \int_L Id\vec{l} \times \vec{B}.$$

平面载流线圈受的磁力矩

$$\vec{M} = \vec{p}_m \times \vec{B}.$$

磁力的功

$$A = \int_{\Phi_{m1}}^{\Phi_{m2}} Id\Phi_m.$$

三、稳恒磁场的基本性质

1. 高斯定理

$$\oint_S \vec{B} \cdot d\vec{S} = 0.$$

2. 安培环路定理

$$\oint_L \vec{B} \cdot \mathrm{d}\vec{l} = \mu_0 \sum I_i.$$

四、几种典型电流的磁场

1. 无限长载流直导线的磁场

$$B = \frac{\mu_0 I}{2\pi r}.$$

2. 圆电流在圆心处的磁场

$$B = \frac{\mu_0 I}{2R}.$$

3. 无限长直螺线管内部的磁场

$$B = \mu_0 n I.$$

五、磁场中的带电粒子的运动

1. 洛伦兹力

$$\vec{f} = q\vec{v} \times \vec{B}.$$

2. 均匀磁场中带电粒子的回转运动

回转半径

$$R = \frac{mv}{qB}.$$

周期

$$T = \frac{2\pi m}{qB}.$$

3. 霍尔电势差

$$U_{\mathrm{H}} = R_{\mathrm{H}} \frac{IB}{d}.$$

六、磁介质

1. 三类磁介质

(1) 顺磁质——$\vec{B}'$ 与 $\vec{B}_0$ 方向相同,$\mu_r > 1, B > B_0$;

(2) 抗磁质——$\vec{B}'$ 与 $\vec{B}_0$ 方向相反,$\mu_r < 1, B < B_0$;

(3) 铁磁质——$\vec{B}'$ 与 $\vec{B}_0$ 方向相同,$\mu_r \gg 1, B \gg B_0$.

2. 磁化强度

$$\vec{M} = \frac{\sum \vec{p}_{\mathrm{m}}}{\Delta V}.$$

3. 磁化强度与磁化电流的关系

$$\vec{j}_{\mathrm{s}} = \vec{M} \times \vec{n},$$

$\vec{n}$ 为介质表面法线方向单位矢量.

$$I_{\mathrm{S}} = \oint_L \vec{M} \cdot \mathrm{d}\vec{l}.$$

七、有磁介质时的安培环路定理

磁场强度

$$\vec{H} = \frac{\vec{B}}{\mu_0} - \vec{M}.$$

有磁介质时的安培环路定理

$$\oint_L \vec{H} \cdot \mathrm{d}\vec{l} = \sum I_0.$$

对各向同性的磁介质

$$\vec{B} = \mu \vec{H}.$$

习　题　12

12.1　两条磁感应线能否相交?为何不把作用于运动电荷的磁力方向定义为磁感应强度 $\vec{B}$ 的方向?

12.2　空间存在一磁感应强度为 $\vec{B} = a\vec{i} + b\vec{j} + c\vec{k}$ (SI) 的磁场,则通过一半径为 R、开口向 z 轴正方向的半球壳表面的磁通量为多少?

12.3　由安培环路定理 $\oint_L \vec{B} \cdot \mathrm{d}\vec{l} = \mu_0 \sum I$ 可推知磁场是一个有源场,这种表述是否正确?

12.4　某地有一距地面 25 m 高的高压输电线,通有电流 5.0×10^3 A,则该电流在正下方的地面上产生的磁感应强度为多大?

12.5　如习题 12.5 图所示,被折成钝角的长直载流导线中,通有电流 $I = 20$ A,$\theta = 120°, a =$ 2.0 mm,求 A 点的磁感应强度.

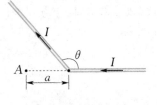

习题 12.5 图

12.6　如习题 12.6 图所示,有一均匀带电刚性细杆 AB,均匀带电量为 $+Q$,绕垂直于某一轴 O 以角速度 ω 匀速转动(O 点在细杆 AB 延长线上),试求

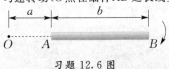

习题 12.6 图

O 点处的磁感应强度大小.

12.7　已知磁感应强度 $B = 2.0\,T$ 的均匀磁场,方向沿 x 轴正方向,如习题 12.7 图所示.试求:

(1) 通过图中 $abcd$ 面的磁通量;

(2) 通过图中 $befc$ 面的磁通量;

(3) 通过图中 $aefd$ 面的磁通量.

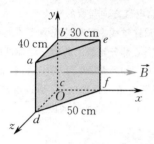

习题 12.7 图

12.8　如习题 12.8 图所示,AB,CD 为长直导线,BC 为圆心在 O 点的一段圆弧形导线,其半径为 R.若导线通以电流 I,求 O 点的磁感应强度.

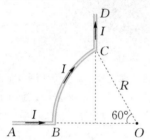

习题 12.8 图

12.9　在真空中,有两根互相平行的无限长直导线 L_1 和 L_2,相距 $0.10\,m$,通有方向相反的电流,$I_1 = 20\,A$,$I_2 = 10\,A$,如习题 12.9 图所示.A,B 两点与导线在同一平面内,与导线 L_2 的距离均为 $5.0\,cm$.试求 A,B 两点处的磁感应强度,以及磁感应强度为零的点的位置.

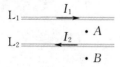

习题 12.9 图

12.10　两平行长直导线相距 $d = 40\,cm$,两根导线载有电流 $I_1 = I_2 = 20\,A$,如习题 12.10 图所示.求通过图中阴影部分面积的磁通量.($r_1 = r_3 = 10\,cm$,$l = 25\,cm$.)

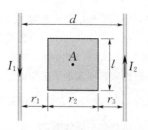

习题 12.10 图

12.11　如习题 12.11 图所示,载有电流的导线构成的体系(O 点是半径为 R_1 和 R_2 的两个半圆弧的共同圆心),其中 1 与 4 为半无限长导线,试计算 O 点的磁感应强度 $\vec{B}$.

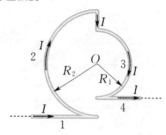

习题 12.11 图

12.12　如习题 12.12 图所示,两根导线沿半径方向引向铁环上的 A,B 两点,并在很远处与电源相连.已知圆环的粗细均匀,求环中心 O 处的磁感应强度.

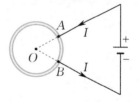

习题 12.12 图

12.13　在一半径 $R = 1.0\,cm$ 的无限长半圆柱形金属薄片中,自上而下地有电流 $I = 5.0\,A$ 通过,电流分布均匀.如习题 12.13 图所示.试求圆柱轴线上任一点 P 处的磁感应强度.

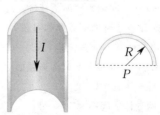

习题 12.13 图

12.14 氢原子处在基态时,它的电子可看作是在半径 $a = 0.52 \times 10^{-8}$ cm 的轨道上做匀速圆周运动,速率 $v = 2.2 \times 10^8$ cm/s.求电子在轨道中心所产生的磁感应强度和电子磁矩的值.

12.15 由一半径为 R 的 $\frac{1}{4}$ 圆弧和相互垂直的两根直导线构成的平面线框,绕 OC 边以匀角速度 ω 旋转,初始时刻处于如习题 12.15 图所示位置,线框通有电流为 I 并置于磁感应强度为 $\vec{B}$ 的均匀磁场中,求:

(1) 线框的磁矩及在任意时刻所受的磁力矩;

(2) 圆弧 AC 所受的最大安培力.

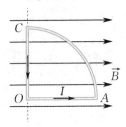

习题 12.15 图

12.16 如习题 12.16 图所示是一根很长的长直圆管形导体的横截面,内、外半径分别为 a,b,导体内载有沿轴线方向的电流 I,且 I 均匀地分布在管的横截面上.设导体的磁导率 $\mu \approx \mu_0$,试证明导体内部各点($a < r < b$)的磁感应强度的大小为

$$B = \frac{\mu_0 I}{2\pi(b^2 - a^2)} \frac{r^2 - a^2}{r}.$$

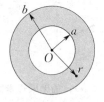 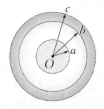

习题 12.16 图　　　　习题 12.17 图

12.17 一根很长的同轴电缆,由一导体圆柱(半径为 a)和一同轴的导体圆管(内、外半径分别为 b,c)构成,垂直于轴的横截面如习题 12.17 图所示.使用时,电流 I 从一导体流进,从另一导体流回.设电流都是均匀地分布在导体的横截面上,求:

(1) 导体圆柱内($r < a$);

(2) 两导体之间($a < r < b$);

(3) 导体圆管内($b < r < c$);

(4) 电缆外($r > c$)

各点处磁感应强度的大小.

12.18 在半径为 R 的长直圆柱形导体内部,与轴线平行地挖成一半径为 r 的长直圆柱形空腔,两轴间距离为 a,且 $a > r$,横截面如习题 12.18 图所示.现在电流 I 沿导体管通过,且均匀分布在管的横截面上,而电流方向与管的轴线平行.求:

(1) 圆柱轴线上的磁感应强度的大小;

(2) 空心部分轴线上的磁感应强度的大小.

12.19 如习题 12.19 图所示,长直电流 I_1 附近有一等腰直角三角形线框,通以电流 I_2,两者共面.求 $\triangle ABC$ 的各边所受的磁力.

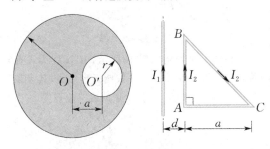

习题 12.18 图　　　　习题 12.19 图

12.20 如习题 12.20 图所示,在长直导线 AB 内通以电流 $I_1 = 20$ A,在矩形线圈 $CDEF$ 中通有电流 $I_2 = 10$ A,AB 与线圈共面,且 CD,EF 都与 AB 平行.已知 $a = 9.0$ cm,$b = 20.0$ cm,$d = 1.0$ cm,求:

(1) 导线 AB 的磁场对矩形线圈各边的作用力;

(2) 矩形线圈所受合力和合力矩.

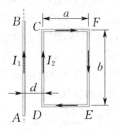

习题 12.20 图

12.21 边长为 $l = 0.1$ m 的正三角形线圈放在磁感应强度 $B = 1$ T 的均匀磁场中,线圈平面与磁场方向平行,如习题 12.21 图所示.当线圈通以电流 $I = 10$ A,求:

(1) 线圈每边所受的安培力;

(2) 对 OO' 轴的磁力矩大小;

(3) 从所在位置转到线圈平面与磁场垂直时磁

力所做的功.

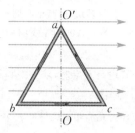

习题 12.21 图

12.22　与水平面成 θ 角的斜面上放一木圆柱,圆柱的质量为 m,半径为 R,长为 l,在圆柱上密绕有 N 匝导线,圆柱轴线位于导线回路平面内,如习题 12.22 图所示.均匀磁场 $\vec{B}$ 的方向竖直向上,回路平面与斜面平行.问通过回路的电流至少要多大时圆柱体才不致沿斜面向下滚动?

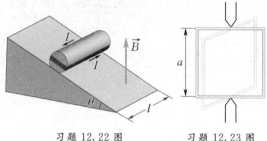

习题 12.22 图　　　　习题 12.23 图

12.23　一正方形线圈,由细导线做成,边长为 a,共有 N 匝,可以绕通过其相对两边中点的一个竖直轴自由转动,如习题 12.23 图所示.现在线圈中通有电流 I,并把线圈放在均匀的水平外磁场 $\vec{B}$ 中,线圈对其转轴的转动惯量为 J.求线圈绕其平衡位置做微小振动时的振动周期 T.

12.24　一长直导线通有电流 $I_1 = 20$ A,旁边放一导线 ab,其中通有电流 $I_2 = 10$ A,两者垂直且共面,如习题12.24图所示.求导线 ab 所受作用力对 O 点的力矩.

12.25　横截面积 $S = 2.0$ mm^2、密度 $\rho = 8.9 \times 10^3$ kg/m^3 的铜线弯成如习题12.25图所示形状,其中 OA 和 BO' 两段保持水平方向不动,$ADCB$ 是边长为 a 的正方形的三边,$ADCB$ 部分可绕水平轴 OO' 转动,如习题 12.25 图所示,均匀磁场方向向上.当导线中通有电流 $I = 10$ A 时,在平衡情况下,AD 段和 BC 段与竖直方向的夹角 $\theta = 15°$,求磁感应强度 $\vec{B}$

的大小.

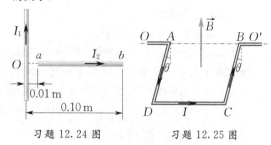

习题 12.24 图　　　　习题 12.25 图

12.26　如习题 12.26 图所示,一平面塑料圆盘,半径为 R,表面带有面密度为 σ 的电荷.假定圆盘绕其轴线 AA' 以角速度 ω 转动,磁场 $\vec{B}$ 的方向垂直于转轴 AA'.试证明磁场作用于圆盘的力矩的大小为 $M = \dfrac{\pi\sigma\omega R^4 B}{4}$.(提示:将圆盘分成许多同心圆环来考虑.)

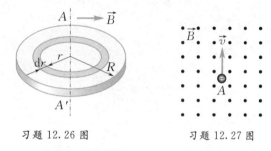

习题 12.26 图　　　　习题 12.27 图

12.27　一电子在 $B = 70 \times 10^{-4}$ T 的均匀磁场中做圆周运动,圆周半径 $r = 3.0$ cm.已知 $\vec{B}$ 垂直于纸面向外,某时刻电子在 A 点,速度 $\vec{v}$ 向上,如习题12.27 图所示.

(1) 试画出此电子运动的轨道;

(2) 求此电子速度 $\vec{v}$ 的大小;

(3) 求此电子的动能 E_k.

12.28　一电子在 $B = 20 \times 10^{-4}$ T 的磁场中沿半径为 $R = 2.0$ cm 的螺旋线运动,螺距 $h = 5.0$ cm,如习题 12.28 图所示.

(1) 求此电子的速度;

(2) 磁场 $\vec{B}$ 的方向如何?

12.29　在霍尔效应实验中,一宽 1.0 cm、长 4.0 cm、厚 1.0×10^{-3} cm 的导体沿长度方向载有 3.0 A 的电流,当磁感应强度大小为 $B = 1.5$ T 的磁场垂直地通过

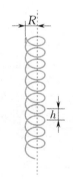

习题 12.28 图

该导体时,产生1.0×10^{-5} V的横向电压.试求:

(1) 载流子的漂移速度;

(2) 每立方米的载流子数目.

12.30 如习题12.30图所示,坐标中的三条线表示三种不同磁介质的 B-H 关系曲线,虚线是 $B=\mu_0 H$ 关系的曲线,试指出哪一条表示顺磁质?哪

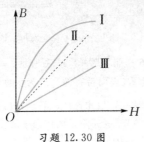

习题 12.30 图

一条表示抗磁质?哪一条表示铁磁质?

12.31 有一螺绕环,其中心周长为 $L=10$ cm,环上线圈匝数 $N=200$ 匝,线圈中通有电流 $I=100$ mA.

(1) 当管内是真空时,求管中心的磁场强度 $\vec{H}$ 和磁感应强度 $\vec{B}_0$;

(2) 若环内充满相对磁导率 $\mu_r=4\,200$ 的磁性物质,则管内的 $\vec{H}$ 和 $\vec{B}$ 各是多少?

(3) 磁性物质中心处由导线中传导电流产生的 $\vec{B}_0$ 和由磁化电流产生的 $\vec{B}'$ 各是多少?

应用拓展　　名家简介

第 13 章　电磁感应　电磁场

13.1　电磁感应的基本定律

13.1.1　电磁感应现象

电磁感应现象是电磁学中最重大的发现之一,其发现进一步揭示了电磁现象的内在关系,推动了电磁学理论的发展.1820 年丹麦物理学家奥斯特发现了电流的磁效应,首次揭示了长期以来一直被认为是彼此独立的电现象和磁现象之间的联系.既然电流可以产生磁场,人们自然想到,磁场是否也能产生电流?于是许多科学家开始对这个问题进行探索和研究.通过研究人们发现了下列电磁感应现象.

① 当磁棒移近并插入线圈时,与线圈串联的电流计上有电流通过;磁棒拔出时,电流计上的电流方向相反.磁棒相对线圈的速度越快,线圈中产生的电流越大.

② 用一通有电流的线圈代替上述磁棒时,结果相同.

③ 如果两个靠近的线圈相互位置固定,当与电源相连的原线圈中电流发生变化时(接通或断开开关,改变电阻大小),也会在另一线圈(称为副线圈)内引起电流.若线圈中有铁磁性介质棒时,效果更明显.

④ 把接有电流计的、一边可滑动的导线框放在均匀的恒定磁场中,可滑动的一边运动时线框中有电流.

以上现象的共同特点是:当穿过闭合回路的磁通量发生变化时,不管这种变化是由于什么原因引起的,回路中都会产生感应电流.

在闭合回路中有电流就一定存在某种电动势.这种引起感应电流的电动势称为感应电动势.感应电动势比感应电流更能反映电磁感应现象的本质.如果回路不闭合,仍然存在感应电动势,但无感应电流.此外,感应电流的大小受到回路电阻的影响,而感应电动势的大小则不随回路电阻而改变.总之,对于电磁感应现象应该这样来理解:当穿过闭合导体回路的磁通量发生变化时,不管这种变化是由于什么原因引起的,回路中都会产生感应电动势.

13.1.2　法拉第电磁感应定律

我们已经知道,在电磁感应现象中,感应电动势比感应电流更能反映电磁现象的本质,法拉第通过分析一系列的电磁感应实验,总结出了感应电动势与磁通量变化之间的关系,这个关系称为**法拉第电磁感应定律**.它的表述如下:**不论任何原因使通过回路面积的磁通量发生变化**

时,回路中产生的感应电动势与磁通量对时间的变化率成正比,即

$$\mathscr{E} = -k\frac{\mathrm{d}\Phi_{\mathrm{m}}}{\mathrm{d}t},$$

式中 k 为比例系数,其值取决于式中各量所采用的单位. 在 SI 中, $\mathscr{E}$ 以伏[特](V)计, Φ_{m} 以韦[伯](Wb)计, t 以秒(s)计,则 $k = 1$,所以

$$\mathscr{E} = -\frac{\mathrm{d}\Phi_{\mathrm{m}}}{\mathrm{d}t}. \tag{13.1}$$

若线圈密绕 N 匝,则

$$\mathscr{E} = -N\frac{\mathrm{d}\Phi_{\mathrm{m}}}{\mathrm{d}t} = -\frac{\mathrm{d}\Psi}{\mathrm{d}t},$$

其中 $\Psi = N\Phi$ 叫作磁通链.

　　式(13.1)中的负号反映了感应电动势的方向与磁通量变化率之间的关系. 使用该式时,先在闭合回路上任意规定一个正绕向,并用右手螺旋定则确定回路所包围的面积的正法线 $\bar{n}$ 的方向. 于是磁通量 Φ_{m}、磁通量变化率 $\frac{\mathrm{d}\Phi_{\mathrm{m}}}{\mathrm{d}t}$ 和感应电动势 $\mathscr{E}$ 的正负均可确定. 例如,磁场方向与 $\bar{n}$ 方向相同,即磁通量为正值,此时若磁通量增加,则 $\frac{\mathrm{d}\Phi_{\mathrm{m}}}{\mathrm{d}t} > 0$, $\mathscr{E} < 0$,表示感应电动势 $\mathscr{E}$ 的方向与规定的正绕向相反;若此时磁通量减少,则 $\frac{\mathrm{d}\Phi_{\mathrm{m}}}{\mathrm{d}t} < 0$, $\mathscr{E} > 0$,表示感应电动势 $\mathscr{E}$ 的方向与规定的正绕向相同. 磁通量的其他变化情况可类似分析.

　　对于只有电阻 R 的回路,感应电流

$$I = \frac{\mathscr{E}}{R} = -\frac{1}{R}\frac{\mathrm{d}\Phi_{\mathrm{m}}}{\mathrm{d}t},$$

在 t_1 到 t_2 的一段时间内通过回路导线中任一截面的感应电量为

$$q = \int_{t_1}^{t_2} I\mathrm{d}t = -\frac{1}{R}\int_{\Phi_{\mathrm{m}1}}^{\Phi_{\mathrm{m}2}} \mathrm{d}\Phi_{\mathrm{m}} = \frac{1}{R}(\Phi_{\mathrm{m}1} - \Phi_{\mathrm{m}2}),$$

式中 $\Phi_{\mathrm{m}1}$ 和 $\Phi_{\mathrm{m}2}$ 分别是时刻 t_1 和 t_2 通过回路的磁通量. 上式表明,在一段时间内通过导线任一截面的电量与这段时间内导线所包围的面积的磁通量的变化量成正比,而与磁通量变化的快慢无关. 常用的测量磁感应强度的磁通计(又称高斯计)就是根据这个原理制成的.

13.1.3　楞次定律

　　如何判定感应电流的方向呢?为解决这个问题,楞次在总结大量实验的基础上,于 1924 年提出楞次定律,该定律表述如下:闭合回路中感应电流的方向,总是企图使它所产生的通过回路面积的磁通量,去补偿(或者说反抗)引起感应电流的磁通量的改变. 或者,也可以表述为感应电流的效果总是反抗引起感应电流的原因.

　　楞次定律是能量守恒定律在电磁感应现象上的具体体现. 如把磁棒 N 极插入线圈时,线圈中因有感应电流流过,也相当于一根磁棒. 由楞次定律知,线圈的 N 极应出现在上端,与磁棒的 N 极相对. 这样,插入磁棒时外力必须克服两个 N 极的斥力做机械功,该机械功转化为感应电流的焦耳热.

例 13.1　一根无限长直导线载有交变电流 $i = i_0 \sin \omega t$，旁边有一个和它共面的矩形线圈 $abcd$，如图 13.1 所示. 求线圈中的感应电动势.

解　先求出长直导线的磁场穿过矩形线圈的磁通量，取顺时针为回路正方向（线圈法线方向垂直于纸面向里），则

$$\Phi_m = \int_S \vec{B} \cdot d\vec{S} = \int_h^{h+l_2} \frac{\mu_0 i}{2\pi x} l_1 dx = \frac{\mu_0 i l_1}{2\pi} \ln \frac{h+l_2}{h}.$$

根据法拉第电磁感应定律，有

$$\mathcal{E} = -\frac{d\Phi_m}{dt} = -\left(\frac{\mu_0 l_1}{2\pi} \ln \frac{h+l_2}{h} \right) \frac{di}{dt}$$

$$= -\frac{\mu_0 l_1 \omega}{2\pi} \ln \left(\frac{h+l_2}{h} \right) i_0 \cos \omega t.$$

图 13.1　例 13.1 图

讨论：当 $0 < \omega t < \dfrac{\pi}{2}$ 时，$\cos \omega t > 0$，$\mathcal{E} < 0$，$\mathcal{E}$ 的方向与回路正方向相反，即逆时针方向；同理，当 $\dfrac{\pi}{2} < \omega t < \pi$ 时，$\cos \omega t < 0$，$\mathcal{E} > 0$，$\mathcal{E}$ 的方向与回路正方向相同，即顺时针方向.

$\mathcal{E}$ 的方向还可由楞次定律直接判断. 例如，$0 < \omega t < \dfrac{\pi}{2}$ 时，$\sin \omega t > 0$ 且不断增加，说明图示方向的电流不断增加，也就是垂直纸面向里的磁场不断增加. 根据楞次定律，感应电流的效果要阻碍这种增加，即感应电流产生的磁场必然垂直纸面向外，由右手螺旋定则判断，感应电流为逆时针方向.

13.2　动生电动势

13.2.1　动生电动势

感应电动势的产生是由于回路中的磁通量发生变化引起的，而引起回路中磁通量变化的其中一种原因是由于导体或导体回路在磁场中运动，其产生的电动势称为**动生电动势**. 动生电动势的产生，可以用洛伦兹力来解释. 如图 13.2 所示，长为 l 的导体棒与导轨所构成的矩形回路 $abcd$ 平放在纸面内，均匀磁场 $\vec{B}$ 垂直纸面向里. 当导体 ab 以速度 $\vec{v}$ 沿导轨向右滑动时，导体棒内的自由电子也以速度 $\vec{v}$ 随之向右运动. 电子受到的洛伦兹力为

$$\vec{f} = (-e)\vec{v} \times \vec{B},$$

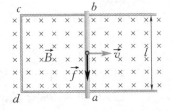

图 13.2　动生电动势

$\vec{f}$ 的方向从 b 指向 a. 在洛伦兹力作用下，自由电子有向下的定向漂移运动. 如果导轨是导体，在回路中将产生沿 $abcd$ 方向的电流；如果导轨是绝缘体，则洛伦兹力将使自由电子在 a 端积累，使

a 端带负电而 b 端带正电. 在 ab 棒上产生自上而下的静电场. 静电场对电子的作用力从 a 指向 b, 与电子所受的洛伦兹力方向相反. 当静电力与洛伦兹力达到平衡时, ab 间的电势差达到稳定值, b 端电势比 a 端电势高. 由此可见, 这段运动导体棒相当于一个电源, 它的非静电力就是洛伦兹力.

我们已经知道, 电动势定义为将单位正电荷从负极通过电源内部移到正极的过程中非静电力做的功. 在动生电动势的情形中, 作用在单位正电荷上的非静电力 $\vec{F}_k$ 是洛伦兹力, 即

$$\vec{F}_k = \frac{\vec{f}}{-e} = \vec{v} \times \vec{B},$$

所以, 动生电动势

$$\mathscr{E}_{ab} = \int_{-}^{+} \vec{F}_k \cdot d\vec{l} = \int_a^b (\vec{v} \times \vec{B}) \cdot d\vec{l}. \tag{13.2}$$

一般而言, 在任意的稳恒磁场中, 一个任意形状的导线 L(闭合的或不闭合的)在运动或发生形变时, 各个线元 $d\vec{l}$ 的速度 $\vec{v}$ 的大小和方向都可能不同. 这时, 在整个导线 L 中所产生的动生电动势为

$$\mathscr{E} = \int_L (\vec{v} \times \vec{B}) \cdot d\vec{l}. \tag{13.3}$$

例 13.2 如图 13.3 所示, 长度为 L 的铜棒在磁感应强度为 $\vec{B}$ 的均匀磁场中以角速度 ω 绕 O 轴沿逆时针方向转动. 求: (1) 棒中感应电动势的大小和方向; (2) 如果将铜棒换成半径为 L 的金属圆盘, 求盘心与边缘间的电势差.

解 (1) 在铜棒上取一线段元 $d\vec{l}$, 其速度大小 $v = l\omega$, 由于 $\vec{v}, \vec{B}, d\vec{l}$ 相互垂直, 故 $d\vec{l}$ 上的动生电动势为

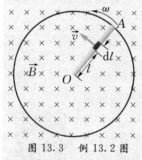

图 13.3　例 13.2 图

$$d\mathscr{E} = (\vec{v} \times \vec{B}) \cdot d\vec{l} = Bv\,dl = Bl\omega\,dl.$$

由于各线段元上 $d\mathscr{E}$ 的方向相同, 整个铜棒上的电动势为

$$\mathscr{E} = \int d\mathscr{E} = \int_0^L B\omega l\,dl = \frac{1}{2}B\omega L^2,$$

$\vec{v} \times \vec{B}$ 方向由 A 指向 O, 故 O 端电势高.

此题也可用感应电动势的公式求解, 设棒 OA 在 dt 时间内转过角度 $d\theta$, 则

$$d\Phi_m = \vec{B} \cdot d\vec{S} = BdS = B\frac{1}{2}L^2 d\theta.$$

感应电动势的大小为

$$\mathscr{E} = \frac{d\Phi_m}{dt} = \frac{1}{2}BL^2 \frac{d\theta}{dt} = \frac{1}{2}B\omega L^2.$$

根据楞次定律, 可以判断感应电动势的方向, 读者可自己判断.

(2) 将铜棒换成金属圆盘, 可将圆盘看作是由无数根并联的金属棒 OA 组合而成的, 故盘心 O 与边缘 A 之间的电势差仍为

$$\mathscr{E} = \frac{1}{2}B\omega L^2.$$

例 13.3　电流为 I 的长直载流导线近旁有一与之共面的导体 ab，长为 l. 设导体的 a 端与长导线相距为 d，ab 延长线与长导线的夹角为 θ，如图 13.4 所示，导体 ab 以匀速度 $\vec{v}$ 沿电流方向平移. 试求 ab 上的感应电动势.

解　在 ab 上取一线元 $\mathrm{d}\vec{l}$，它与长直导线的距离为 r，该处磁场方向垂直纸面向里，大小为 $B = \dfrac{\mu_0 I}{2\pi r}$. $\vec{v} \times \vec{B}$ 的方向与 $\mathrm{d}\vec{l}$ 方向之间夹角为 $\dfrac{\pi}{2} + \theta$，且 $\mathrm{d}l = \dfrac{\mathrm{d}r}{\sin\theta}$.

$$\mathscr{E}_{ab} = \int_a^b (\vec{v} \times \vec{B}) \cdot \mathrm{d}\vec{l} = \int_a^b \frac{\mu_0 Iv}{2\pi r} \sin 90° \cos\left(\frac{\pi}{2} + \theta\right)\mathrm{d}l$$

$$= -\int_a^b \frac{\mu_0 Iv}{2\pi r}\sin\theta\mathrm{d}l = -\int_{r_a}^{r_b} \frac{\mu_0 Iv}{2\pi r}\mathrm{d}r = -\frac{\mu_0 Iv}{2\pi}\ln\frac{d + l\sin\theta}{d}.$$

因为 $\mathscr{E}_{ab} < 0$，所以电动势方向从 b 指向 a. 当 $\theta = 90°$ 时

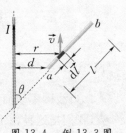

$$\mathscr{E}_{ab} = -\frac{\mu_0 Iv}{2\pi}\ln\frac{d + l}{d}.$$

图 13.4　例 13.3 图

13.2.2　交流发电机基本原理

例 13.4　交流发电机的原理如图 13.5 所示，面积为 S 的线圈共有 N 匝，使其在均匀磁场中绕定轴 OO' 以角速度 ω 做匀速转动，求线圈中的感应电动势.

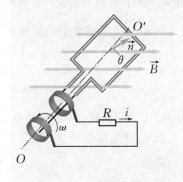

图 13.5　交流发电机原理

解　设 $t = 0$ 时，线圈平面的法线方向 $\vec{n}$ 与磁感应强度 $\vec{B}$ 的方向平行，那么在时刻 t，$\vec{n}$ 与 $\vec{B}$ 之间的夹角为 $\theta = \omega t$，穿过 N 匝线圈的磁通链为

$$\Psi = NBS\cos\theta = NBS\cos\omega t,$$

由电磁感应定律可得线圈中的感应电动势为

$$\mathscr{E} = -\frac{\mathrm{d}\Psi}{\mathrm{d}t} = NBS\omega\sin\omega t,$$

式中 B，S 和 ω 都是常量，令 $\mathscr{E}_\mathrm{m} = NBS\omega$，则

$$\mathscr{E} = \mathscr{E}_\mathrm{m}\sin\omega t = \mathscr{E}_\mathrm{m}\sin 2\pi\nu t,$$

ν 为线圈转动频率，即单位时间的转数.

水力发电系统就是利用水位的落差推动发电机的转子，从而将机械能转换成电能的.

由上述计算可知，在均匀磁场中，匀速转动的线圈内所产生的感应电动势是时间的正弦函数，$\mathscr{E}_\mathrm{m}$ 为感应电动势的最大值，叫作电动势的振幅. 当外电路的电阻 R 远远大于线圈的电阻时，则根据欧姆定律，闭合回路中的感应电流为

$$i = \frac{\mathscr{E}_\mathrm{m}}{R}\sin(\omega t - \varphi) = I_\mathrm{m}\sin(\omega t - \varphi).$$

$I_\mathrm{m} = \dfrac{\mathscr{E}_\mathrm{m}}{R}$ 叫作电流振幅，上式中的电流叫作正弦交变电流，简称交流电. 由于线圈内有自感，故

交变电流的相位比交变电动势的相位落后一个 φ 值.

  应当指出,这里分析的是交流发电机的基本工作原理,实际上大功率的交流发电机输出交流电的线圈是固定不动的,转动的部分则是提供磁场的电磁铁线圈(即转子),它以角速度 ω 绕 OO' 轴转动,而形成所谓的旋转磁场.这种结构的发动机是由特斯拉发明的.

13.3   感 生 电 动 势

13.3.1   感生电动势 涡旋电场

  当线圈不动而磁场发生变化时,线圈的磁通量也会变化,在导体内也会产生感应电势,我们把这种由于磁场发生变化而激发的电动势叫作感生电动势.

  由于导体回路不动,产生感生电动势的非静电力不可能是洛伦兹力,它只能是由变化的磁场本身引起的.在分析电磁感应现象的基础上,麦克斯韦敏锐地提出如下假设:变化的磁场在其周围空间会激发一种涡旋状的非静电场强,称为涡旋电场或感生电场,记为 $\vec{E}_r$,以区别于由电荷按库仑定律激发的静电场.大量的实验事实证实了麦克斯韦假设的正确性.

  涡旋电场与库仑场的共同之处在于:它们都是一种客观存在的物质,都具有电能,对电荷都有作用力.不同之处在于:静电场是由电荷激发的,而涡旋电场不是由电荷激发的,而是由变化的磁场激发的;静电场的电场线是有头有尾的,始于正电荷,终于负电荷,而涡旋电场的电场线是闭合的,即 $\oint_L \vec{E}_r \cdot \mathrm{d}\vec{l} \neq 0$.涡旋电场不是保守场,而在回路中产生感生电动势的非静电力正是这一涡旋电场力,即

$$\mathscr{E} = \oint_L \vec{E}_r \cdot \mathrm{d}\vec{l} = -\frac{\mathrm{d}\Phi_m}{\mathrm{d}t}. \tag{13.4}$$

  应当明确,式(13.4)不仅对由导体所构成的闭合回路适用,对其他的回路,甚至对真空,都是适用的.这就是说,只要穿过空间内某一闭合回路所围面积的磁通量发生变化,那么此闭合回路上的感生电动势总是等于涡旋电场 $\vec{E}_r$ 沿该闭合回路的环流.

  对 L 围成的面积 S,磁通量为 $\Phi_m = \int_S \vec{B} \cdot \mathrm{d}\vec{S}$,所以感生电动势可表示为

$$\mathscr{E} = \oint_L \vec{E}_r \cdot \mathrm{d}\vec{l} = -\frac{\mathrm{d}}{\mathrm{d}t} \int_S \vec{B} \cdot \mathrm{d}\vec{S}.$$

当闭合回路 L 不动时,面积 S 和夹角 θ 均与时间无关,可以把对时间的微商和对曲面 S 的积分两个运算的顺序交换,得

$$\oint_L \vec{E}_r \cdot \mathrm{d}\vec{l} = -\int_S \frac{\partial \vec{B}}{\partial t} \cdot \mathrm{d}\vec{S}. \tag{13.5}$$

这就是法拉第电磁感应定律的积分形式.式(13.5)中的负号表示 $\vec{E}_r$ 与 $\dfrac{\partial \vec{B}}{\partial t}$ 构成左手螺旋关

系,是楞次定律的数学表示.式(13.5)表明,只要存在着变化的磁场,就一定会有涡旋电场.

例 13.5　　如图13.6所示,半径为R的圆柱形空间内分布有均匀磁场,方向垂直于纸面向里,磁场的变化率$\dfrac{\partial B}{\partial t}$为正常数,求圆柱形空间内、外$\vec{E}_r$的分布.

解　根据磁场分布的轴对称性可知,空间涡旋电场的电场线应是围绕着磁场的一系列同心圆.在圆柱形空间内过 P 点作半径为$r(r<R)$的圆形回路L,使L的环绕方向与磁感应强度$\vec{B}$的方向构成右手螺旋关系,即设图中沿L的顺时针切线方向为$\vec{E}_r$的正方向,由式(13.5)

$$\oint_L \vec{E}_r \cdot d\vec{l} = -\int_S \frac{\partial \vec{B}}{\partial t} \cdot d\vec{S},$$

并考虑$\vec{E}_r$具有轴对称性,$\dfrac{\partial B}{\partial t}$为常数,可得

$$E_r \cdot 2\pi r = -\frac{\partial B}{\partial t}\pi r^2,$$

即有

$$E_r = -\frac{r}{2}\frac{\partial B}{\partial t} \quad (r<R). \tag{13.6}$$

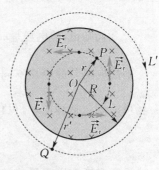

图 13.6　例 13.5 图

在圆柱形空间外过 Q 点作半径为$r'(r' \geqslant R)$的圆形回路L',注意磁感应强度$\vec{B}$仅限于$r<R$的范围内,依照上面计算可得

$$E_r \cdot 2\pi r' = -\frac{\partial B}{\partial t}\pi R^2,$$

$$E_r = -\frac{R^2}{2r'}\frac{\partial B}{\partial t} \quad (r' \geqslant R). \tag{13.7}$$

上述两式中负号表明,$\vec{E}_r$电场线是逆时针的,回路上各点$\vec{E}_r$沿圆周切线方向.

$\vec{E}_r$的方向也可由楞次定律判断:因$\dfrac{\partial B}{\partial t}>0$,表明垂直于纸面向里的磁场增加,根据楞次定律,感应电流产生的磁场必然垂直于纸面向外,据此可判断$\vec{E}_r$电场线是逆时针的.

例 13.6　　在圆柱形的均匀磁场中,若$\dfrac{\partial B}{\partial t}>0$,在圆柱内垂直磁场方向放置一直导线$ab$,其长度为$L$,与圆心垂直距离为$h$,如图 13.7 所示,求此直导线 ab 上的感应电动势.

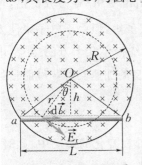

图 13.7　例 13.6 图

解　方法一:由法拉第电磁感应定律求解.

作闭合回路$OabO$,回路内感应电动势

$$\mathscr{E} = -\frac{d\Phi_m}{dt} = -\int_S \frac{dB}{dt}dS\cos\pi = \frac{dB}{dt}\frac{hL}{2},$$

因为$\mathscr{E}_{Oa} = \mathscr{E}_{bO} = 0$,所以

$$\mathscr{E}_{ab} = \mathscr{E} - \mathscr{E}_{Oa} - \mathscr{E}_{bO} = \frac{hL}{2}\frac{dB}{dt}.$$

$\mathscr{E}_{ab}$的方向(即$\mathscr{E}$的方向)可由楞次定律确定为由 a 到 b,即 b 端电

势高.

　　方法二：由电动势定义求解.

在圆柱内部，$E_{\rm r}=-\dfrac{r}{2}\dfrac{{\rm d}B}{{\rm d}t}$，当 $\dfrac{{\rm d}B}{{\rm d}t}>0$ 时，$E_{\rm r}$ 为逆时针方向（见图 13.7），所以

$$\mathcal{E}_{ab}=\int_a^b \vec{E}_{\rm r}\cdot{\rm d}\vec{l}=\int_a^b \frac{r}{2}\frac{{\rm d}B}{{\rm d}t}{\rm d}l\cos\theta=\int_0^L \frac{h}{2}\frac{{\rm d}B}{{\rm d}t}{\rm d}l=\frac{Lh}{2}\frac{{\rm d}B}{{\rm d}t}.$$

$\mathcal{E}_{ab}$ 的方向由 $\vec{E}_{\rm r}$ 在 ${\rm d}\vec{l}$ 上的投影确定，即由 a 端指向 b 端，b 端电势高.

13.3.2　涡旋电场的环路定理

　　我们知道，静电场是一种保守力场，沿任意闭合回路电场强度环流恒等于零，即 $\oint_L \vec{E}_{\rm e}\cdot{\rm d}\vec{l}=0$. 涡旋电场与静电场不同，它沿任意闭合回路的环流为 $\oint_L \vec{E}_{\rm r}\cdot{\rm d}\vec{l}=-\dfrac{{\rm d}\varPhi_{\rm m}}{{\rm d}t}$. 一般情况下，电场可能既包括静电场，也包括涡旋电场，因此，对总场强 $\vec{E}=\vec{E}_{\rm e}+\vec{E}_{\rm r}$ 而言，有

$$\oint_L \vec{E}\cdot{\rm d}\vec{l}=-\int_s \frac{\partial\vec{B}}{\partial t}\cdot{\rm d}\vec{S}.$$

这是麦克斯韦方程组的基本方程之一.

13.3.3　涡旋电场的应用

1. 电子感应加速器

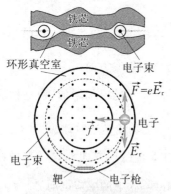

图 13.8　电子感应加速器

　　作为涡旋电场的一个重要应用，我们讨论电子感应加速器. 它的结构如图 13.8 所示，在电磁铁的两磁极间放置一个环形真空室. 电磁铁线圈中通以交变电流，在两磁极间产生交变磁场. 交变磁场又在真空室内激发涡旋电场. 电子由电子枪注入环形真空室时，在磁场施加的洛伦兹力和涡旋电场的电场力共同作用下电子做加速圆周运动. 由于磁场和涡旋电场都是周期性变化的，只有在涡旋电场的方向与电子绕行方向相反时，电子才能得到加速，因此每次电子束注入并得到加速后，要在涡旋电场的方向改变之前把电子束引出使用. 容易分析出，电子得到加速的时间最长只是交变电流周期 T 的四分之一. 这个时间虽短，但由于电子束注入真空室时初速度相当大，在加速的短时间内，电子束已在环内加速绕行了几十万圈. 小型电子感应加速器可把电子加速到 $0.1\sim 1$ MeV，用来产生 X 射线. 大型的加速器可获得能量达数百兆电子伏的电子，可用于科学研究.

2. 涡电流

　　在一些电器设备中，常常遇到大块的金属在磁场中运动，或者处在变化的磁场中. 此时，金属内部也要产生感应电流. 这种电流在金属体内部自成闭合回路，称为 **涡电流** 或 **涡流**. 由

于大块金属中电流流经的截面积很大,电阻很小,涡电流可达到很大的数值.在科学实验和生产中,涡电流有时可加以利用,有时则应予以消除.

（1）涡电流的热效应

利用涡电流的热效应可以使金属导体被加热.如高频感应冶金炉就是把难熔或贵重的金属放在陶瓷坩埚里,坩埚外面套上线圈,线圈中通以高频电流,利用高频电流激发的交变磁场在金属中产生的涡电流的热效应把金属熔化,如图 13.9 所示.在真空技术方面,也广泛利用涡电流给待抽真空仪器内的金属部分加热,以清除附在其表面的气体.家用电器中的电磁炉,也是利用涡流的热效应来加热和烹饪的.感应加热的主要优点是温度高、加热快、易控制,由于可与真空系统相连,加热时不易被氧化,工件的杂质也易于清除,是一种理想的加热方式.涡电流热效应也有危害的一面,它对变压器、电动机等设备运行极为不利.涡电流的热效应会导致铁芯温度升高、损害绝缘材料、消耗部分电能.为了减少涡电流损耗,一般变压器、电极及其他交流仪器的铁芯不采用整块材料,而是用互相绝缘的硅钢片叠压而成,这样增大了电阻,减少了涡电流,使损耗降低.

（2）电磁阻尼

大块金属在磁场中运动会产生涡电流,根据楞次定律,涡电流本身将产生磁场阻碍引起涡电流的原因 —— 大块金属的运动,这必然使正在运动的金属块受到一个阻力作用,这种现象称为**电磁阻尼**.如图 13.10 所示,磁场垂直于一金属圆盘平面且局限于一有限区域,当圆盘转动时,由于电磁阻尼,圆盘必然很快停止转动.

图 13.9　高频感应冶金炉示意图　　　图 13.10　电磁阻尼　　　图 13.11　电磁阻尼摆

图 13.11 是电磁阻尼摆示意图.如果用绝缘体制成的摆放入磁场中,其振动衰减很弱;如果改用金属摆,由于金属摆中的涡电流产生电磁阻尼,振动急剧衰减而停止摆动.电磁阻尼的应用非常广泛,一般电磁测量仪器中,通常都配有这种阻尼装置,使与摆相连的指针很快静止下来,以方便读数.

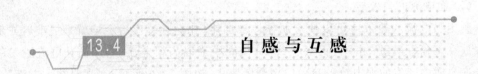

13.4　自感与互感

13.4.1　自感

根据法拉第电磁感应定律,当穿过回路面积的磁通量发生变化时,回路中就有感应电动势产生. 我们知道,当回路中通有电流时,就有该电流所产生的磁场穿过回路. 由此可知,如果某一回路中的电流、回路的形状或回路周围的磁介质发生变化时,穿过该回路自身的磁通量将发生变化,从而在回路中也会产生感应电动势,这种现象称为**自感现象**,相应的电动势叫作**自感电动势**.

由于磁感应强度正比于电流 I,故穿过线圈回路自身的磁通量 Φ_{m} 与电流成正比,即

$$\Phi_{\mathrm{m}} = LI, \tag{13.8}$$

L 称为自感系数,简称**自感**.

根据法拉第电磁感应定律,线圈中的自感电动势为

$$\mathscr{E}_L = -\frac{\mathrm{d}\Phi_{\mathrm{m}}}{\mathrm{d}t} = -\left(L\frac{\mathrm{d}I}{\mathrm{d}t} + I\frac{\mathrm{d}L}{\mathrm{d}t}\right).$$

若回路的大小、形状及回路周围磁介质不变,则 L 为一常量,$\dfrac{\mathrm{d}L}{\mathrm{d}t} = 0$,因而

$$\mathscr{E}_L = -L\frac{\mathrm{d}I}{\mathrm{d}t}. \tag{13.9}$$

当线圈的匝数为 N 时,式(13.8)应改写成

$$\Psi = N\Phi_{\mathrm{m}} = LI.$$

自感电动势的方向可由楞次定律判断. 在国际单位制中,自感系数的单位是亨[利](H). 由于 H 单位较大,实用上常用 mH 和 μH.

例 13.7　有一长直密绕螺线管,长度为 l,横截面积为 S,线圈的总匝数为 N,管中充满磁导率为 μ 的磁介质,试求其自感.

解　设螺线管通有电流 I,忽略漏磁和两端磁场的不均匀性,管内各点的磁感应强度的大小为

$$B = \mu\frac{N}{l}I,$$

穿过每匝线圈磁通量为

$$\Phi_{\mathrm{m}} = BS = \mu\frac{N}{l}IS,$$

穿过螺线管的磁通链为

$$\Psi = N\Phi_{\mathrm{m}} = \mu \frac{N^2}{l} IS,$$

由 $\Psi = LI$ 得

$$L = \frac{\Psi}{I} = \mu \frac{N^2}{l} S.$$

设螺线管单位长度上线圈的匝数为 n,螺线管的体积为 V,有 $n = N/l$ 和 $V = lS$,故上式为

$$L = \mu n^2 V.$$

可见,螺线管的自感系数只取决于其本身特性,而与电流无关.为了得到自感系数较大的螺线管,通常采用较细的导线绕制线圈绕组,以增加 n,并在管内充以磁导率 μ 大的磁介质.

例 13.8　求同轴电缆单位长度的自感系数.已知电缆内、外半径分别为 R_1 和 R_2,两圆筒间充满磁导率为 μ 的介质.

解　设电缆内、外圆筒中电流 I 的方向如图 13.12 所示,两圆筒间 $(R_1 < r < R_2)$ 的磁感应强度大小为 $B = \dfrac{\mu I}{2\pi r}$,在两圆筒间任取一长度为 l 的截面,通过此截面的磁通量为

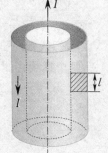

$$\Phi_{\mathrm{m}} = \int_s \vec{B} \cdot \mathrm{d}\vec{S} = \int_{R_1}^{R_2} \frac{\mu I}{2\pi r} l\,\mathrm{d}r = \frac{\mu I}{2\pi} \ln \frac{R_2}{R_1},$$

所以同轴电缆单位长度的自感系数为

$$L_0 = \frac{\Phi_{\mathrm{m}}}{Il} = \frac{\mu}{2\pi} \ln \frac{R_2}{R_1}.$$

图 13.12　同轴电缆

13.4.2　互感

当一个线圈中的电流发生变化时,所产生的变化磁场会在它附近的另一个线圈中引起磁通量变化而产生感应电动势,这种因两个载流线圈中的电流变化而相互在对方线圈中激起感应电动势的现象称为**互感现象**,相应的电动势叫作**互感电动势**.显然,一个线圈中的互感电动势不仅与另一线圈中电流改变的快慢有关,而且还与两个线圈的结构以及它们之间的相对位置有关.

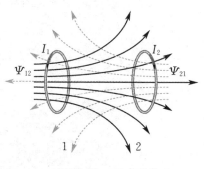

图 13.13　互感现象

如图 13.13 所示,有两个相邻的线圈 1 和线圈 2,设由线圈 1 中电流 I_1 产生的且穿过线圈 2 的磁通链为 Ψ_{21},由线圈 2 中电流 I_2 产生的且穿过线圈 1 的磁通链为 Ψ_{12}.若线圈形状大小和相对位置均保持不变,周围又无铁磁质存在,则由毕奥-萨伐尔定律可推知,Ψ_{21} 与 I_1 成正比,Ψ_{12} 与 I_2 成正比,即

$$\Psi_{21} = M_{21} I_1, \tag{13.10}$$

$$\Psi_{12} = M_{12} I_2. \tag{13.11}$$

式中的 M_{21} 和 M_{12} 分别称为线圈 1 对线圈 2 的互感系数和线圈 2 对线圈 1 的互感系数,简称**互感**,可以证明

$$M_{21} = M_{12} = M.$$

根据法拉第电磁感应定律,当 I_1 发生变化时,在线圈 2 中激起的互感电动势为

$$\mathscr{E}_{21} = -\frac{d\Psi_{21}}{dt} = -M\frac{dI_1}{dt}. \tag{13.12}$$

同理,I_2 发生变化时,在线圈 1 中激起的互感电动势为

$$\varepsilon_{12} = -\frac{d\Psi_{12}}{dt} = -M\frac{dI_2}{dt}. \tag{13.13}$$

互感系数的单位与自感系数相同,为亨[利](H).

互感系数的计算一般比较复杂,实际常用实验方法测定,仅对一些简单的情况,可用定义式(13.10)和式(13.11)做出计算.

例 13.9 如图 13.14 所示,C_1 表示一长螺线管(称为原线圈),长为 l、截面积为 S,共有 N_1 匝,C_2 表示另一长螺线管(称为副线圈),长度和截面积都与 C_1 相同,并与 C_1 共轴,共有 N_2 匝.螺线管内磁介质为非铁磁质,其磁导率为 μ.求:(1)这两个共轴螺线管的互感系数;(2)两个螺线管的自感系数与互感系数的关系.

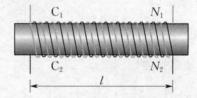

图 13.14　两个共轴螺线管互感系数的计算

解 (1)设原线圈中通有电流 I_1,则管内磁感应强度与磁通量分别为

$$B = \mu\frac{N_1}{l}I_1, \quad \Phi_m = BS = \mu\frac{N_1}{l}I_1 S.$$

通过副线圈的磁通量也是 Φ_m,所以副线圈的磁通链为

$$N_2\Phi_m = \mu\frac{N_1 N_2}{l}I_1 S.$$

按互感系数的定义 $M = \dfrac{N_2\Phi_m}{I_1}$,得

$$M = \mu\frac{N_1 N_2}{l}S.$$

(2)原线圈通有电流 I_1 时,其自身的磁通链为

$$N_1\Phi_m = \mu\frac{N_1^2 I_1}{l}S,$$

按自感系数的定义,原线圈的自感系数为

$$L_1 = \frac{N_1\Phi_m}{I_1} = \mu\frac{N_1^2}{l}S.$$

同理,副线圈的自感系数为

$$L_2 = \mu\frac{N_2^2}{l}S.$$

由此可见

$$M = \sqrt{L_1 L_2}.$$

必须指出,只有这样完全耦合(即无漏磁)的线圈才有 $M = \sqrt{L_1 L_2}$,一般情况下,$M = k\sqrt{L_1 L_2}$,而 $0 \leqslant k \leqslant 1$,$k$ 称为耦合系数,其值与两线圈的相对位置有关.当两线圈垂直放置时,$k \approx 0$.

例 13.10　一矩形线圈长为 a,宽为 b,由 N 匝表面绝缘的导线组成,放在一根很长的导线旁边并与之共面.求图 13.15 中(a),(b)两种情况下线圈与长直导线之间的互感.

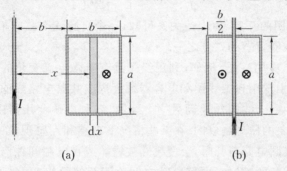

图 13.15　长直导线与共面矩形线圈的互感

解　如图 13.15(a) 所示,长直导线在 x 处的磁感应强度为 $B = \dfrac{\mu_0 I}{2\pi x}$,通过线圈的磁通链为

$$\Psi = N \int_b^{2b} \frac{\mu_0 I}{2\pi x} a \, \mathrm{d}x = \frac{N\mu_0 Ia}{2\pi} \ln \frac{2b}{b}.$$

所以,线圈与长直导线的互感为

$$M = \frac{\Psi}{I} = \frac{N\mu_0 a}{2\pi} \ln 2.$$

在图 13.15(b) 中,长直导线两边的磁感应强度方向相反且以导线为轴对称分布,通过矩形线圈的磁通链为零,所以 $M = 0$. 这是消除互感的方法之一.

两个有互感耦合的线圈串联后等效于一个自感线圈,如图 13.16 所示,但其等效自感系数 L 不等于原来两线圈的自感系数之和.设原来两线圈的长度都为 l,截面积都为 S,匝数分别为 N_1,N_2,自感系数分别为 L_1,L_2. 当线圈中通有电流 I 时,在图 13.16(a) 所示的顺接情况下,通过线圈的磁通链为

$$\Psi_L = N_1 \Phi_{m1} + N_2 \Phi_{m2} + N_1 \Phi_{12} + N_2 \Phi_{21} = \mu \frac{N_1^2 S}{l} I + \mu \frac{N_2^2 S}{l} I + 2\mu \frac{N_1 N_2 S}{l} I,$$

自感系数为

$$L = \frac{\Psi_L}{I} = \mu \frac{N_1^2 S}{l} + \mu \frac{N_2^2 S}{l} + 2\mu \frac{N_1 N_2 S}{l},$$

即

$$L = L_1 + L_2 + 2M. \tag{13.14a}$$

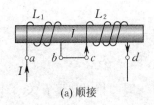
(a) 顺接

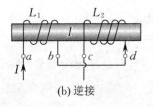
(b) 逆接

图 13.16　　自感线圈的串联

同理,可求出在图 13.16(b) 所示的逆接后的等效自感系数 L 为

$$L = L_1 + L_2 - 2M. \tag{13.14b}$$

上两式中,M 是两线圈的互感. 由上述关系可知,一个自感线圈截成相等的两部分后,每一部分的自感均小于原线圈自感的二分之一.

　　自感和互感现象应用广泛. 例如,利用线圈具有阻碍电流变化的特性,可以稳定电路中的电流;无线电设备中常用自感线圈和电容器组合构成共振电路或滤波器等. 通过互感线圈能够使能量或信号由一个线圈传递到另一个线圈. 各种电源变压器以及电压和电流互感器等,都是利用互感现象的原理制成的. 在某些情况下自感和互感现象又是有害的. 例如,当具有很大自感的自感线圈电路断开时,会使线圈被烧坏或在电闸间隙产生强烈的电弧,这在实际应用中是要设法避免的;又如,两路电话之间由于互感而串音,电子仪器中电路之间会由于互感而互相干扰,影响正常工作,这时人们不得不采用磁屏蔽方法来减小这种干扰.

13.5　磁场的能量

13.5.1　自感磁能

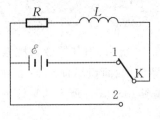

图 13.17　　自感磁能

　　如图 13.17 所示,当开关 K 倒向 1,自感为 L 的线圈与电源接通,回路中的电流 i 将由零逐渐增至恒定值 I. 这一电流变化在线圈中所产生的自感电动势与电流的方向相反,起着阻碍电流增大的作用,根据全电路欧姆定律可得

$$\mathscr{E} - L\frac{\mathrm{d}i}{\mathrm{d}t} = iR,$$

两边乘以 $i\mathrm{d}t$,再积分得

$$\int_0^\infty \mathscr{E}i\mathrm{d}t = \int_0^I Li\,\mathrm{d}i + \int_0^\infty i^2R\mathrm{d}t = \frac{1}{2}LI^2 + \int_0^\infty i^2R\mathrm{d}t, \tag{13.15}$$

式中等式左边为电流增大过程中电源所做的功,等式右边第二项为电阻 R 产生的焦耳热. 由于在电流增大过程中,电源必须克服自感电动势做功,因此,等式右边第一项 $\frac{1}{2}LI^2$ 必为电源克服自感电动势所做的功,该功将转化成某种能量储存在线圈中.

同时,当电路中的电流由零增至 I 时,在周围空间将逐渐建立起一定强度的磁场.因此,电源反抗自感电动势所做的功,就在建立磁场的过程中,转化成磁场能量,称为**自感磁能**,其量值为

$$W_{\mathrm{m}} = \frac{1}{2}LI^2. \tag{13.16}$$

考虑自感线圈放电的情况,可更进一步证实上述结论.在图 13.17 中,将开关 K 倒向 2,电源断开,回路中的电流并不立即消失,根据欧姆定律,有

$$-L\frac{\mathrm{d}i}{\mathrm{d}t} = iR,$$

结合初始条件 $t = 0, i = I$,解此微分方程可得

$$\int_I^i \frac{\mathrm{d}i}{i} = -\int_0^t \frac{R}{L}\mathrm{d}t, \quad i = Ie^{-\frac{R}{L}t},$$

即放电电流随时间指数衰减,放电过程中电阻 R 上产生的焦耳热为

$$\int_0^\infty i^2 R\mathrm{d}t = \int_0^\infty I^2 Re^{-\frac{2Rt}{L}}\mathrm{d}t = \frac{1}{2}LI^2. \tag{13.17}$$

式(13.17)表明,放电过程中电阻上产生的焦耳热正是来源于自感磁能.

13.5.2　磁场的能量

通过分析我们知道,磁场是一种特殊物质,同电场一样,它也具有能量.我们以长直螺线管为例来进行讨论.当长直螺线管中通有电流 I 时,管内的磁感应强度为 $B = \mu nI$,磁场强度为 $H = nI$,螺线管的自感系数 $L = \mu n^2 V$,它所储存的磁能为

$$W_{\mathrm{m}} = \frac{1}{2}LI^2 = \frac{1}{2}\mu n^2 VI^2 = \frac{1}{2}\mu nInIV = \frac{1}{2}BHV = \frac{1}{2}\mu H^2 V = \frac{1}{2}\frac{B^2}{\mu}V,$$

式中 V 是螺线管内部空间体积,也就是磁场存在的空间体积.螺线管内部是均匀磁场,因此磁场的能量体密度可表示为

$$w_{\mathrm{m}} = \frac{W_{\mathrm{m}}}{V} = \frac{B^2}{2\mu} = \frac{1}{2}BH = \frac{1}{2}\mu H^2. \tag{13.18}$$

利用 $\vec{B} = \mu\vec{H}$,上式可写成

$$w_{\mathrm{m}} = \frac{1}{2}\vec{B} \cdot \vec{H}. \tag{13.19}$$

式(13.18)和式(13.19)虽然是从长直螺线管这一特例导出的,但可适用于一切磁场.

对于非均匀磁场,可以把磁场划分为无数体积元 $\mathrm{d}V$,利用公式

$$W_{\mathrm{m}} = \int_V w_{\mathrm{m}}\mathrm{d}V = \int_V \frac{B^2}{2\mu}\mathrm{d}V \tag{13.20}$$

来计算体积 V 中的磁场能量.

例 13.11　求无限长同轴传输电缆 l 长度内所储存的磁场的能量及自感系数.已知电缆内、外半径分别为 R_1 和 R_2,电流 I 分布在两圆筒导体表面,两圆筒间充满磁导率为 μ 的介质,如图 13.18 所示.

解　由安培环路定理可知,同轴电缆的磁场处于 $R_1 < r < R_2$ 之间,其余空间 $B = 0$,两

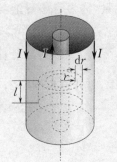

图 13.18 　例 13.11 图

圆筒之间为非均匀磁场,离轴 r 处的磁感应强度为

$$B = \frac{\mu I}{2\pi r} \quad (R_1 < r < R_2),$$

在 r 处取一厚度为 dr 的圆柱形薄壳,该体积元的体积为 $dV = 2\pi r l\, dr$,如图 13.18 所示.在此体积元中磁场能量为

$$dW_m = w_m dV = \frac{B^2}{2\mu}dV = \frac{\mu I^2}{8\pi^2 r^2}2\pi r l\, dr,$$

长为 l 的一段电缆内储存的磁能为

$$W_m = \int dW_m = \int_V w_m dV = \int_{R_1}^{R_2}\frac{\mu I^2}{8\pi^2 r^2}2\pi r l\, dr$$
$$= \frac{\mu I^2 l}{4\pi}\ln\frac{R_2}{R_1} = \frac{1}{2}\left(\frac{\mu l}{2\pi}\ln\frac{R_2}{R_1}\right)I^2,$$

将上式与自感磁能 $W_m = \dfrac{1}{2}LI^2$ 比较可得

$$L = \frac{\mu l}{2\pi}\ln\frac{R_2}{R_1}.$$

这一结果与例 13.8 的计算结果是一致的.

例 13.12 　无限长圆柱形导体半径为 R,磁导率为 μ,截面上电流 I 均匀分布,试求每单位长度导体内所储存的磁能.

解 　导体内距中心轴线为 r 处的磁场强度为

$$H = \frac{Ir}{2\pi R^2},$$

取 r 处厚度为 dr 的一段单位长度薄圆筒为体积元,则体积元的体积为 $dV = 2\pi r dr$,单位长度导体内所储存的磁能为

$$W_m = \int_V w_m dV = \int_V \frac{1}{2}\mu H^2 dV = \frac{1}{2}\int_0^R \frac{\mu r^2 I^2}{4\pi^2 R^4}2\pi r dr = \frac{\mu I^2}{4\pi R^4}\int_0^R r^3 dr = \frac{\mu I^2}{16\pi}.$$

13.5.3 　互感磁能

如图 13.19 所示,两个邻近的线圈组成两回路,当两线圈中分别通以电流 I_1,I_2 时,其磁场能量为多少?

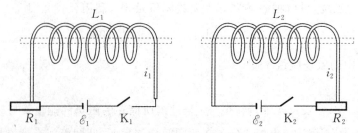

图 13.19 　互感磁能

因磁场能量仅由磁场的分布决定,为状态量,而与建立的过程无关,可设想电流 I_1,I_2 按下述两种方式建立.

(1) 打开 K_2、合上 K_1,使电流 i_1 由零增至 I_1. 这一过程中,由于自感 L_1 的存在,电源 $\mathscr{E}_1$ 需反抗自感电动势做功,使回路 1 获得自感磁能:

$$W_{L1} = \frac{1}{2}L_1 I_1^2,$$

保持 K_1 合上,再合上 K_2,这时电流 i_2 由零增至 I_2. 这一过程中由于自感 L_2 的存在,电源 $\mathscr{E}_2$ 做功,回路 2 中产生自感磁能:

$$W_{L2} = \frac{1}{2}L_2 I_2^2.$$

同时,当 i_2 增大时,在回路 1 中会产生互感电动势 $\mathscr{E}_{12}$,

$$\mathscr{E}_{12} = -M_{12}\frac{\mathrm{d}i_2}{\mathrm{d}t},$$

式中 M_{12} 是线圈 2 相对于线圈 1 的互感系数.

为保持电流 I_1 不变,电源 $\mathscr{E}_1$ 还必须反抗互感电动势做功:

$$A = -\int_0^t \mathscr{E}_{12} I_1 \mathrm{d}t = \int_0^t M_{12} I_1 \frac{\mathrm{d}i_2}{\mathrm{d}t}\mathrm{d}t = \int_0^{I_2} M_{12} I_1 \mathrm{d}i_2 = M_{12} I_1 I_2.$$

此功将转化为磁能,也储存在两个线圈中,称为**互感磁能**

$$W_{12} = M_{12} I_1 I_2. \tag{13.21}$$

经上述步骤后,两回路中的电流分别为 I_1,I_2,系统具有的总磁能为

$$W_{\mathrm{m}} = W_{L1} + W_{L2} + W_{12} = \frac{1}{2}L_1 I_1^2 + \frac{1}{2}L_2 I_2^2 + M_{12} I_1 I_2. \tag{13.22}$$

(2) 若所选定的步骤是先合上 K_2,再合上 K_1,类似地可求出建立 I_1,I_2 后的磁场能量为

$$W'_{\mathrm{m}} = \frac{1}{2}L_1 I_1^2 + \frac{1}{2}L_2 I_2^2 + M_{21} I_1 I_2,$$

式中 M_{21} 是线圈 1 相对于线圈 2 的互感系数.

上述两种方式达到同一电流状态,对应同一磁场,其磁场能量应相同(能量为状态量),即有

$$W'_{\mathrm{m}} = W_{\mathrm{m}},$$

由此可得

$$M_{12} = M_{21} = M.$$

可见,达到 I_1 和 I_2 状态后,一对互感线圈的磁场中储存的磁能为

$$W_{\mathrm{m}} = \frac{1}{2}L_1 I_1^2 + \frac{1}{2}L_2 I_2^2 + M I_1 I_2, \tag{13.23}$$

式中前两项为自感磁能,第三项为互感磁能.式(13.23)表明,系统的总磁能为自感磁能和互感磁能之和.

当图 13.19 所示两线圈中的电流 I_1 与 I_2 所产生的磁场方向相反时,互感电动势将做正功,提供能量,给电源充电.在这种情况下,互感磁能将为负.

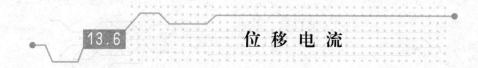

位 移 电 流

13.6.1 位移电流

通过前面的讨论,我们知道变化的磁场能激发电场,那么变化的电场是否也能激发磁场呢?

对于稳恒电流,磁场满足安培环路定理

$$\oint_L \vec{H} \cdot \mathrm{d}\vec{l} = \sum I_0. \tag{13.24}$$

这个定理表明,磁场强度沿任意闭合回路的环流等于穿过以该闭合回路为边界曲面的传导电流的代数和.但是,以闭合回路为边界的曲面不是唯一的,原则上有无穷多个.对于稳恒电流,因其连续性,若它通过以闭合回路为边界的某一曲面,必将通过该闭合回路为边界的所有曲面.也就是说,在稳恒电流情况下,对于以闭合回路 L 为边界的不同曲面而言,式(13.24)总是成立的.但是,对于非稳恒电流,情况将有所不同,下面我们以电容器充、放电为例来进行研究.

如图 13.20 所示的电容器充电电路,当平行板电容器充电时,导线中和电容器两极板内有传导电流,而在电容器两极板之间则无传导电流.取一闭合回路 L,并以它为边界作两个曲面 S_1 和 S_2,S_1 中有传导电流穿过,而 S_2 底面在电容器两极板间,无传导电流流过.因此,根据安培环路定理有

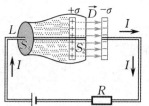

图 13.20 电容器的充电过程

$$\oint_L \vec{H} \cdot \mathrm{d}\vec{l} = I \quad (\text{对曲面 } S_1),$$

$$\oint_L \vec{H} \cdot \mathrm{d}\vec{l} = 0 \quad (\text{对曲面 } S_2).$$

上两式显然矛盾.由此可见,稳恒电流磁场的安培环路定理对非稳恒电流情况不成立,应以新的规律来代替它.

电容器充电时,极板间虽无传导电流,但极板上电荷随时间变化,因而两极板间的电位移大小 $\left(D = \sigma = \dfrac{Q}{S}\right)$ 及电位移通量$(\Phi_D = DS = Q)$ 都随时间变化.根据电荷守恒定律,极板上电荷对时间的变化率 $\mathrm{d}Q/\mathrm{d}t$ 也即是回路中的传导电流 I.若极板面积为 S,则极板内的传导电流为

$$I = \frac{\mathrm{d}Q}{\mathrm{d}t} = \frac{\mathrm{d}(S\sigma)}{\mathrm{d}t} = S\frac{\mathrm{d}\sigma}{\mathrm{d}t} = S\frac{\mathrm{d}D}{\mathrm{d}t}.$$

等式左边是流过回路的电流,而等式右边却是两极板间电位移通量随时间的变化率,说明这两个表面上无关的物理量之间必然存在一定的联系.据此,麦克斯韦提出了一个大胆的假

设：变化的电场可在其周围空间激发磁场. 为了定量表述这种变化电场 $\dfrac{d\vec{D}}{dt}$ 和激发的磁场 $\vec{H}$ 之间的关系，麦克斯韦引入一等效电流的概念，称之为**位移电流**，并定义为

$$I_d = \frac{d\Phi_D}{dt} = \frac{d}{dt}\int_s \vec{D} \cdot d\vec{S} = \int_s \frac{\partial \vec{D}}{\partial t} \cdot d\vec{S}. \qquad (13.25)$$

其位移电流密度为

$$\vec{j}_d = \frac{d\vec{D}}{dt}. \qquad (13.26)$$

式(13.25)和式(13.26)表明，通过某截面的位移电流 I_d 等于穿过该截面的电位移通量对时间的变化率；通过某点的位移电流密度 $\vec{j}_d$ 等于该点电位移对时间的变化率.

位移电流密度的大小为 $j_d = \dfrac{dD}{dt} = \dfrac{d\sigma}{dt}$，与板上传导电流密度的大小相等. 位移电流密度的方向即是 $\dfrac{d\vec{D}}{dt}$ 的方向. 如图13.20所示，电容器充电时，D 值增加，$\dfrac{d\vec{D}}{dt}$ 与 $\vec{D}$ 同向，因而 I_d 与回路中传导电流方向一致；电容器放电时，D 值减少，$\dfrac{d\vec{D}}{dt}$ 与 $\vec{D}$ 反向，I_d 仍与回路中传导电流方向一致. 因此，回路中位移电流的方向始终与传导电流方向一致.

在一般情况下，电介质中的电流主要是位移电流，传导电流可忽略不计；而导体中的电流主要是传导电流，位移电流可忽略不计. 但在超高频电流情况下，导体内的传导电流和位移电流均起作用，不可忽略.

13.6.2　全电流定律

在一般情况下，位移电流、传导电流可能同时通过某一截面，据此，麦克斯韦提出了全电流的概念：通过某截面的全电流是通过该截面的传导电流和位移电流的代数和. 这一概念修正了电流连续性的定义，如上所述，当电容器充、放电时，回路中只有传导电流存在，电容器两极板间又只有位移电流存在，无论是传导电流还是位移电流，都是不连续的. 但由于在电容器两极板间中断的传导电流，又由位移电流接续下去. 因此，在任何情况下，全电流总是连续的.

我们已经知道，在非稳恒电流的情况下，安培环路定理 $\oint_L \vec{H} \cdot d\vec{l} = \sum I_0$ 不再适用. 麦克斯韦指出，只要用全电流来代替传导电流 $\sum I_0$，则安培环路定理就可推广至非稳恒的情况，其普遍表达式为

$$\oint_L \vec{H} \cdot d\vec{l} = \sum (I_0 + I_d) \qquad (13.27)$$

或

$$\oint_L \vec{H} \cdot d\vec{l} = \int_s \vec{j} \cdot d\vec{S} + \int_s \frac{\partial \vec{D}}{\partial t} \cdot d\vec{S}. \qquad (13.28)$$

上两式表明,位移电流与传导电流按照相同的规律激发磁场.

应该强调指出,位移电流与传导电流是两个截然不同的概念.传导电流是自由电荷的定向运动,位移电流本质上不是一种电流,而是一种变化的电场,两者仅在激发磁场方面等效,在产生焦耳热上,两者截然不同.传导电流可以产生焦耳热,而位移电流在导体中是不会产生焦耳热的.高频情况下,介质的反复极化会放出大量热,这是位移电流热效应的原因,与传导电流通过导体时放出的焦耳热不同,遵从完全不同的规律.

例 13.13　如图 13.21 所示,半径为 R、相距为 $l(l \ll R)$ 的圆形空气平行板电容器,两端加上交变电压 $U = U_0 \sin \omega t$,求:(1)电容器极板间的位移电流;(2)位移电流密度 $\vec{j}_d$ 的大小;(3)位移电流激发的磁场分布 $B(r)$(r 为离轴线的距离).

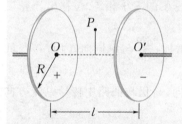

图 13.21　例 13.13 图

解　(1)由于 $l \ll R$,故平板间可看作均匀电场,其电场强度为 $E = \dfrac{U}{l}$,根据位移电流的定义,可得

$$I_d = \frac{\mathrm{d}\Phi_D}{\mathrm{d}t} = \frac{\mathrm{d}(DS)}{\mathrm{d}t} = \varepsilon_0 \frac{\mathrm{d}E}{\mathrm{d}t} \pi R^2$$

$$= \frac{\varepsilon_0 \pi R^2}{l} \frac{\mathrm{d}U}{\mathrm{d}t} = \frac{\varepsilon_0 \pi R^2}{l} U_0 \omega \cos \omega t.$$

还可用另一种方法求位移电流.根据全电流的连续性,位移电流等于电容器极板上的电量对时间的变化率,即

$$I_d = \frac{\mathrm{d}Q}{\mathrm{d}t} = \frac{\mathrm{d}}{\mathrm{d}t}(CU) = C \frac{\mathrm{d}U}{\mathrm{d}t}.$$

平行板电容器的电容 $C = \dfrac{\varepsilon_0 \pi R^2}{l}$,代入上式得

$$I_d = \frac{\varepsilon_0 \pi R^2}{l} U_0 \omega \cos \omega t.$$

两种方法所得结果相同.

(2)根据位移电流密度的定义,可得其大小为

$$j_d = \frac{\partial D}{\partial t} = \varepsilon_0 \frac{\partial E}{\partial t} = \frac{\varepsilon_0 U_0}{l} \omega \cos \omega t.$$

(3)磁场分布应具有轴对称性,应用全电流定律可得

$$\oint_{L_1} \vec{H}_1 \cdot \mathrm{d}\vec{l} = \int_S \vec{j}_d \cdot \mathrm{d}\vec{S} = j_d \pi r^2 \quad (r < R), \quad H_1 2\pi r = \frac{\varepsilon_0 U_0}{l} \pi r^2 \omega \cos \omega t,$$

$$H_1 = \left(\frac{\varepsilon_0 U_0}{2l} \omega \cos \omega t \right) r, \quad B_1 = \mu_0 H_1 = \left(\frac{\varepsilon_0 \mu_0}{2l} U_0 \omega \cos \omega t \right) r;$$

$$\oint_{L_2} \vec{H}_2 \cdot \mathrm{d}\vec{l} = I_d = j_d \pi R^2 \quad (r \geqslant R), \quad H_2 2\pi r = \frac{\varepsilon_0 U_0}{l} \pi R^2 \omega \cos \omega t,$$

$$H_2 = \left(\frac{\varepsilon_0 R^2}{2l} U_0 \omega \cos \omega t \right) \frac{1}{r}, \quad B_2 = \mu_0 H_2 = \left(\frac{\varepsilon_0 \mu_0 R^2}{2l} U_0 \omega \cos \omega t \right) \frac{1}{r}.$$

13.7　麦克斯韦方程组

　　前面我们分别介绍了麦克斯韦关于涡旋电场和位移电流的两个假设. 前者指出变化的磁场在空间产生涡旋电场, 后者则指出变化的电场在空间产生涡旋磁场. 它们深刻揭示了电场和磁场的内在联系以及物理规律的对称性. 麦克斯韦在引入涡旋电场和位移电流两个重要概念以后, 首先对静电场和稳恒电流的磁场所遵循的场方程组加以修正和推广, 将电磁学的基本规律概括为四个基本方程, 称为 **麦克斯韦方程组**, 从而建立了宏观电磁场的理论体系.

　　(1) 电场的高斯定理

　　静电场为有源场, 设其电位移为 $\vec{D}_1$, 有

$$\oint_S \vec{D}_1 \cdot \mathrm{d}\vec{S} = \sum q_0.$$

涡旋电场为无源场, 设其电位移为 $\vec{D}_2$, 有

$$\oint_S \vec{D}_2 \cdot \mathrm{d}\vec{S} = 0.$$

　　一般情况下, 电场可能既包括静电场, 又包括涡旋电场, 因此电位移 $\vec{D}$ 应写成两种电位移的矢量和, 即 $\vec{D} = \vec{D}_1 + \vec{D}_2$, 所以

$$\oint_S \vec{D} \cdot \mathrm{d}\vec{S} = \sum q_0, \tag{13.29}$$

即通过任意闭合曲面的电位移通量等于该闭合曲面所包围的自由电荷的代数和.

　　(2) 磁场的高斯定理

　　传导电流和位移电流都激发涡旋磁场, 其磁感应线是连续的闭合曲线, 则有

$$\oint_S \vec{B} \cdot \mathrm{d}\vec{S} = 0, \tag{13.30}$$

即通过任意闭合曲面的磁通量均等于零.

　　(3) 电场的环路定理

　　静电场为保守场, 设其电场强度为 $\vec{E}_1$, 有

$$\oint_L \vec{E}_1 \cdot \mathrm{d}\vec{l} = 0.$$

变化的磁场所激发的电场为有旋场, 其电场线为闭合曲线. 设其电场强度为 $\vec{E}_2$, 有

$$\oint_L \vec{E}_2 \cdot \mathrm{d}\vec{l} = -\frac{\mathrm{d}\Phi_m}{\mathrm{d}t} = -\int_S \frac{\partial \vec{B}}{\partial t} \cdot \mathrm{d}\vec{S}.$$

设 $\vec{E}$ 为空间任一点总的电场强度, 则 $\vec{E} = \vec{E}_1 + \vec{E}_2$, 所以

$$\oint_L \vec{E} \cdot \mathrm{d}\vec{l} = -\int_S \frac{\partial \vec{B}}{\partial t} \cdot \mathrm{d}\vec{S}, \tag{13.31}$$

即电场强度沿任意闭合回路的线积分等于穿过以该闭合回路为边界的任意曲面的磁通量对时间变化率的负值.

(4) 磁场的环路定理

传导电流和位移电流都激发涡旋磁场,其总磁场强度 $\vec{H}$ 的环流为

$$\oint_L \vec{H} \cdot \mathrm{d}\vec{l} = \sum (I_0 + I_\mathrm{d}) = \int_S \left(\vec{j} + \frac{\partial \vec{D}}{\partial t} \right) \cdot \mathrm{d}\vec{S}, \tag{13.32}$$

即磁场强度沿任意闭合回路的线积分等于穿过以该闭合回路为边界的任意曲面的传导电流与位移电流的代数和.

归纳起来,麦克斯韦方程组的积分形式为

$$\begin{cases} \oint_S \vec{D} \cdot \mathrm{d}\vec{S} = \sum q_0, \\[2mm] \oint_S \vec{B} \cdot \mathrm{d}\vec{S} = 0, \\[2mm] \oint_L \vec{E} \cdot \mathrm{d}\vec{l} = -\int_S \frac{\partial \vec{B}}{\partial t} \cdot \mathrm{d}\vec{S}, \\[2mm] \oint_L \vec{H} \cdot \mathrm{d}\vec{l} = \sum (I_0 + I_\mathrm{d}) = \int_S \left(\vec{j} + \frac{\partial \vec{D}}{\partial t} \right) \cdot \mathrm{d}\vec{S}. \end{cases} \tag{13.33}$$

相应的微分形式为

$$\begin{cases} \nabla \cdot \vec{D} = \rho_0, \\[2mm] \nabla \cdot \vec{B} = 0, \\[2mm] \nabla \times \vec{E} = -\frac{\partial \vec{B}}{\partial t}, \\[2mm] \nabla \times \vec{H} = \vec{j} + \frac{\partial \vec{D}}{\partial t}. \end{cases} \tag{13.34}$$

有介质存在时,上述麦克斯韦方程组还需补充描述介质性质的方程. 对于各向同性的介质,有

$$\begin{cases} \vec{D} = \varepsilon \vec{E}, \\[2mm] \vec{B} = \mu \vec{H}. \end{cases} \tag{13.35}$$

由宏观电磁现象总结出来的麦克斯韦方程组是宏观电磁场理论的基础,一个多世纪以来,它经受了实践的检验,是现代电子学、无线电电子学不可缺少的理论基础. 麦克斯韦电磁理论的卓越成就还在于它预言了电磁波的存在,并明确指出光波也是电磁波,使波动光学成为电磁场理论的一个分支.

电　磁　波

13. 8. 1　电磁振荡

在含有电容和电感的电路中,电流和电量、电场和磁场随时间做周期性变化的现象称为**电磁振荡**.其电路称为**振荡电路**.电磁波的产生与电磁振荡是分不开的.

下面介绍最简单最基本的无阻尼自由电磁振荡,它由电感 L 和电容 C 组成振荡电路.先由电源对电容器充电,使电容器两极板 A,B 上分别带有等量异号电荷 $+Q_0$ 和 $-Q_0$,再将电容器与自感线圈相连.在电容器放电之前瞬间,电路中没有电流,电场的能量全部集中在电容器的两极板间,如图 13.22(a) 所示.

当电容器通过自感线圈放电时,自感线圈中将产生感应电动势,以反抗电流的增大.因此,在放电过程中,电路中的电流将逐渐增大,最终达到最大值 I_0,两极板上的电荷也相应地逐渐减少到零.在放电完毕时,电容器两极板间的电场能量全部转化成了线圈中的磁场能量,如图 13.22(b) 所示.

在电容器放电完毕时,电容器两极板上的电量减少到零,似乎电流应当中止.但是由于在磁场减小的同时,线圈中将产生自感电动势,从而产生感应电流,根据楞次定律,这一电流应该沿原有的方向流动,使电容器重新充电.在此过程中,自感线圈中的磁场能量又转化为电容器中的电场能量.反向充电结束时,回路中的电流为零,电容器极板上的电量达到最大值 Q_0,符号与开始时相反,如图 13.22(c) 所示.

然后,电容器又通过线圈放电,电路中的电流逐渐增大,电流的方向与图 13.22(b) 中的相反,电场能量又转化成了磁场能量,如图 13.22(d) 所示.

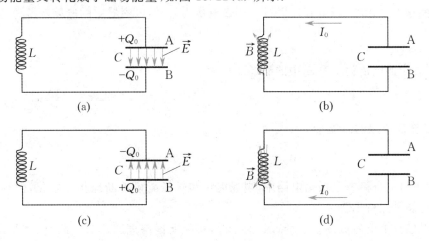

图 13.22　无阻尼自由电磁振荡

此后,电容器又被充电,回复到原状态,完成了一个完整的振荡过程. 当回路中无电阻、无辐射存在时,电路中能量无损耗,这种电磁振荡及电场能量与磁场能量的转化过程将持续反复地进行,称为无阻尼自由电磁振荡.

在无阻尼的情况下,回路中电阻为零,由全电路欧姆定律有

$$-L\frac{\mathrm{d}i}{\mathrm{d}t} = \frac{q}{C},$$

移项后代入 $i = \frac{\mathrm{d}q}{\mathrm{d}t}$ 得 $\frac{\mathrm{d}^2 q}{\mathrm{d}t^2} + \frac{1}{LC}q = 0$. 令 $\omega_0^2 = \frac{1}{LC}$,则有

$$\frac{\mathrm{d}^2 q}{\mathrm{d}t^2} + \omega_0^2 q = 0.$$

上述微分方程的解为

$$q = Q_0 \cos(\omega_0 t + \varphi),$$

对上式求导得

$$\frac{\mathrm{d}q}{\mathrm{d}t} = -\omega_0 Q_0 \sin(\omega_0 t + \varphi), \tag{13.36}$$

即

$$i = -I_0 \sin(\omega_0 t + \varphi) = I_0 \cos\left(\omega_0 + \varphi + \frac{\pi}{2}\right), \tag{13.37}$$

式中 Q_0 为电荷振幅,$I_0 = \omega_0 Q_0$ 为电流振幅. 在无阻尼自由电磁振荡电路中,电荷和电流的振幅都保持不变,所以这种振荡也称为等幅振荡.

设 T_0 和 ν_0 分别为无阻尼自由电磁振荡的周期和频率,则有

$$T_0 = 2\pi\sqrt{LC}, \tag{13.38a}$$

$$\nu_0 = \frac{1}{2\pi}\sqrt{\frac{1}{LC}}. \tag{13.38b}$$

可见,振荡周期和振荡频率由振荡电路本身的性质决定,故分别称为固有周期和固有频率;L 和 C 愈小,周期愈小,频率愈大.

从能量方面来看,当电容器极板上所带电量为 q 时,电容器中的电场能量为

$$W_e = \frac{q^2}{2C} = \frac{Q_0^2}{2C}\cos^2(\omega_0 t + \varphi).$$

此时,回路中的电流为 i,线圈中的磁场能量为

$$W_m = \frac{1}{2}Li^2 = \frac{1}{2}LI_0^2\sin^2(\omega_0 t + \varphi) = \frac{1}{2}\frac{(\omega_0 Q_0)^2\sin^2(\omega_0 t + \varphi)}{\omega_0^2 C} = \frac{Q_0^2}{2C}\sin^2(\omega_0 t + \varphi).$$

于是 LC 振荡电路的总能量为

$$W = W_e + W_m = \frac{1}{2}LI_0^2 = \frac{Q_0^2}{2C}.$$

可见,在无阻尼自由电磁振荡电路中,电场能量和磁场能量不断地相互转化,但在任一时刻,总的电磁能量保持不变.

无阻尼自由电磁振荡是一种理想的情况,实际上振荡电路都有电阻,电磁能量将转化为焦耳热,而且振荡电路还要以电磁波的形式把电磁能量辐射出去. 因此,如果电路中没有电源供给能量,那么在振荡过程中,电荷和电流的振幅将逐渐减小,这种电磁振荡称为阻尼电

磁振荡.阻尼电磁振荡的特征和运动规律与阻尼机械振动相似.

如果在电路中另外加上一个周期性变化的电动势,由于有能量补充,电荷和电流振幅可保持不变.这种在外加周期性电动势作用下的电磁振荡称为受迫电磁振荡.受迫电磁振荡达到稳定状态后,振荡频率等于外加周期性电动势的频率;振幅和初相位由电路特征和外加周期性电动势两者共同决定.

13.8.2 电磁波的辐射和传播

任何能使电场或磁场随时间变化的装置均可作为电磁波源辐射电磁波.在 LC 振荡电路中,电容器中的电场和线圈中的磁场做周期性变化,故 LC 振荡电路能够产生电磁辐射.但是,闭合的 LC 振荡电路频率低、辐射功率小,电场和磁场基本集中在电容器和线圈中,不便于发射电磁波.为了有效地把电路中的电磁能发射出去,必须按照图 13.23(a),(b),(c),(d) 的顺序对 LC 振荡电路逐步加以改造.其基本思路是:减少电容器的极板面积,拉大电容器两极板间的距离以减小电容 C,同时减少线圈匝数以减小线圈的自感系数 L.由于回路内 L,C 的减小,因而振荡频率大为提高,这大大增加了辐射功率.最后,电路逐渐开放演变成一根直导线,如图 13.23(d) 所示.此时电磁场完全开放于空间,电流在直导线中往复振荡,其两端交替出现等量异号的电荷,形成一个**振荡电偶极子**.电台和电视台的发射天线就是这种振荡电偶极子的组合.

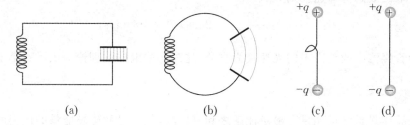

(a)　　　　　(b)　　　　(c)　　(d)

图 13.23 从 LC 振荡电路演变成振荡电偶极子

振荡电偶极子的电偶极矩为

$$p_e = ql = q_0 l\cos \omega t = p_0 \cos \omega t,$$

式中 $p_0 = q_0 l$ 是电矩振幅,q_0 是电荷最大值,l 是导线长度,ω 是角频率.

可以证明,振荡电偶极子在各向同性介质中辐射的电磁波,在远离振荡电偶极子的空间任一点 P 处,t 时刻的电场强度 $\vec{E}$ 和磁场强度 $\vec{H}$ 的量值分别为

$$E = \frac{\omega^2 p_0 \sin \theta}{4\pi\varepsilon u^2 r}\cos \omega\left(t - \frac{r}{u}\right), \tag{13.39a}$$

$$H = \frac{\omega^2 p_0 \sin \theta}{4\pi u r}\cos \omega\left(t - \frac{r}{u}\right), \tag{13.39b}$$

式中 r 为电偶极子中心到场点 P 的距离,θ 为矢径 $\vec{r}$ 与电偶极子轴线之间的夹角,$u = 1/\sqrt{\varepsilon\mu}$ 为电磁波在介质中的波速.

在更加远离振荡电偶极子的地方($r \gg l$),小范围内 θ 和 r 的变化很小,故 E,H 的振幅可看作常量,因而式(13.39) 可写为

$$E = E_0 \cos \omega\left(t - \frac{r}{u}\right), \tag{13.40a}$$

$$H = H_0 \cos \omega \left(t - \frac{r}{u} \right). \tag{13.40b}$$

此式为平面电磁波的波函数,可见在离电偶极子很远的地方,电磁波可视为平面波.

13.8.3 电磁波的性质

根据以上讨论,可将电磁波的性质归纳如下.

① 电磁波是横波. $\vec{E}$ 与 $\vec{H}$ 互相垂直,且均与传播方向垂直, $\vec{E} \times \vec{H}$ 沿其传播速度 $\vec{u}$ 的方向.

② $\vec{E}$ 和 $\vec{H}$ 分别在各自的平面上振动,这一特性称为电磁波的偏振性.

③ $\vec{E}$ 和 $\vec{H}$ 的相位相同、频率相同,而且还可以证明,在空间任一点处, $\vec{E}$ 和 $\vec{H}$ 之间在量值上有如下关系:

$$\sqrt{\varepsilon} E = \sqrt{\mu} H. \tag{13.41}$$

④ 电磁波的传播速度的大小 u 取决于介质的介电常量 ε 和磁导率 μ ,有

$$u = \frac{1}{\sqrt{\varepsilon \mu}}. \tag{13.42}$$

在真空中电磁波的传播速度则为

$$c = \frac{1}{\sqrt{\varepsilon_0 \mu_0}} = 2.997\ 9 \times 10^8\ \text{m/s}, \tag{13.43}$$

这与实验直接测出的真空中的光速极为吻合,这为光的电磁波理论提供了一个主要依据.

13.8.4 电磁波的能量

电磁波能量是电场能量和磁场能量之和.已知电场能量和磁场能量的体密度分别为

$$w_e = \frac{1}{2} \varepsilon E^2, \quad w_m = \frac{1}{2} \mu H^2.$$

因此,电磁场的能量体密度为

$$w = w_e + w_m = \frac{1}{2} (\varepsilon E^2 + \mu H^2), \tag{13.44}$$

将 $\sqrt{\varepsilon} E = \sqrt{\mu} H$ 代入上式,得

$$w = \varepsilon E^2 = \mu H^2. \tag{13.45}$$

单位时间内通过与传播方向垂直的单位面积的能量称为**能流密度**. 我们已经知道,能流密度与能量体密度和波速的关系为 $S = wu$,因此,电磁波的能流密度的量值为

$$S = \frac{1}{2} (\varepsilon E^2 + \mu H^2) u,$$

以 $u = \dfrac{1}{\sqrt{\varepsilon \mu}}$ 和 $\sqrt{\varepsilon} E = \sqrt{\mu} H$ 代入上式,得

$$S = EH,$$

方向沿电磁波的传播方向即 $\vec{u}$ 的方向,或 $\vec{E} \times \vec{H}$ 方向,于是能流密度矢量可表示为

$$\vec{S} = \vec{E} \times \vec{H}. \tag{13.46}$$

$\vec{S}$ 又称为**坡印亭矢量**.

例 13.14　圆柱形导体长为 l,半径为 a,电阻为 R,通有电流 I,证明:(1)在导体表面上, 坡印亭矢量 $\vec{S}$ 处处与导体表面垂直并指向导体内部;(2)沿导体表面的坡印亭矢量的面积分等于导体内产生的焦耳热功率 I^2R.

证明　(1)在圆柱表面上,电场强度 $\vec{E}$ 的方向即为电流的流动方向(沿 z 轴),磁场强度 $\vec{H}$ 与电流 I 构成右手螺旋关系.

如图 13.24 所示,由 $\vec{S} = \vec{E} \times \vec{H}$ 可以判定 $\vec{S}$ 垂直于导体表面,且指向导体的内部.

(2)导体表面处的磁场强度 $\vec{H}$ 和电场强度 $\vec{E}$ 分别为

$$\vec{H} = \frac{I}{2\pi a}\vec{e}_\theta, \quad \vec{E} = \frac{IR}{l}\vec{k},$$

则表面处的坡印亭矢量为

$$\vec{S} = \vec{E} \times \vec{H} = \frac{I^2R}{2\pi la}(-\vec{n}),$$

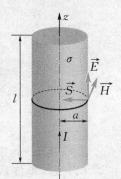

图 13.24　坡印亭矢量的方向

$-\vec{n}$ 表示 $\vec{S}$ 是沿表面的负法线方向,即指向轴心.对于长为 l 的导体,单位时间内通过表面积 $A = 2\pi al$ 输入的电磁能量为

$$\int_A \vec{S} \cdot \mathrm{d}\vec{A} = \frac{I^2R}{2\pi al} \cdot 2\pi al = I^2R.$$

上面计算表明,按照电磁场理论的观点,电路中各种负载所消耗的焦耳热,实际上并不是由电流带入的(电子的定向漂移速度极小,其数量级约为 10^{-4} m/s),而是由负载周围空间的电磁能输入的.由于电磁能以光速随电磁波而传播,电能是一种方便、可远距离迅速传输、应用广泛而损耗又较小的能源.

13.8.5　电磁波的动量

能量和动量是密切联系的,既然电磁波具有能量,它必然还带有一定的动量.根据相对论质速关系式 $m = \dfrac{m_0}{\sqrt{1 - u^2/c^2}}$,以及能量和动量的关系式 $w = \sqrt{p^2c^2 + m_0^2c^4}$,由于真空中电磁波传播速度 $u = c$,故可得电磁波静止质量和动量分别为

$$m_0 = m\sqrt{1 - u^2/c^2} = 0, \quad p = \frac{w}{c}, \tag{13.47}$$

电磁波的**动量密度**(即单位体积内电磁波具有的动量)可表示为 $g = w/c$,写成矢量式为

$$\vec{g} = \frac{w}{c}\left(\frac{\vec{c}}{c}\right) = \frac{w}{c^2}\vec{c} = \frac{\vec{S}}{c^2}, \tag{13.48}$$

式中 w 为电磁波的能量体密度.由于电磁波具有动量,当它入射到物体表面上时会对物体表面有压力作用,这种压力叫作**辐射压强**或**光压**.

13.8.6　电磁波谱

我们将电磁波按波长或频率的顺序排列成谱,称为电磁波谱.图 13.25 是按频率和波长两种标度绘制的电磁波谱.

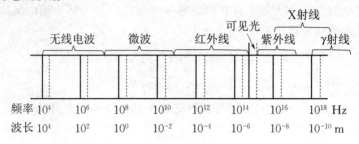

图 13.25　电磁波谱

电磁波在本质上相同,但不同波长范围的电磁波的产生方法各不相同.

(1) 无线电波是利用电磁振荡电路通过天线发射的,波长在 $10^{-2} \sim 10^4$ m 范围内(包括微波在内).

(2) 炽热的物体、气体放电等是原子中外层电子的跃迁所发射的电磁波.其中波长在 $0.4 \times 10^{-6} \sim 0.76 \times 10^{-6}$ m 范围内的,能引起视觉,称为可见光;波长在 $0.76 \times 10^{-6} \sim 0.4 \times 10^{-4}$ m 范围内的称为红外线,它不引起视觉,但热效应特别显著;波长在 $5.0 \times 10^{-9} \sim 0.4 \times 10^{-6}$ m 范围内的称为紫外线,它不引起视觉,但容易产生强烈的化学反应和生理作用(杀菌)等.

(3) 当快速电子射到金属靶时,会引起原子中内层电子的跃迁而产生 X 射线,其波长在 $0.4 \times 10^{-10} \sim 5.0 \times 10^{-9}$ m 范围内.它的穿透力强,工业上用于金属探伤和晶体结构分析,医疗上用于透视、拍片等.

(4) 当原子核内部状态改变时会辐射出 γ 射线,其波长在 10^{-10} m 以下,穿透本领比 X 射线更强,用于金属探伤、原子核结构分析等.

表 13.1 列出了各种无线电波的波段范围及主要用途.

表 13.1　各种无线电波的波段范围和用途

波段范围	波长 /m	频率 /kHz	主要用途
长波	$30\,000 \sim 3\,000$	$10 \sim 10^2$	电报通信
中波	$3\,000 \sim 200$	$10^2 \sim 1.5 \times 10^3$	无线电广播
中短波	$200 \sim 50$	$1.5 \times 10^3 \sim 6 \times 10^3$	电报通信、无线电广播
短波	$50 \sim 10$	$6 \times 10^3 \sim 3 \times 10^4$	电报通信、无线电广播
超短波(米波)	$10 \sim 1.0$	$3 \times 10^4 \sim 3 \times 10^5$	无线电广播电视、导航
分米波	$1 \sim 0.1$	$3 \times 10^5 \sim 3 \times 10^6$	电视、雷达、导航
微波(厘米波)	$0.1 \sim 0.01$	$3 \times 10^6 \sim 3 \times 10^7$	电视、雷达、导航
毫米波	$0.01 \sim 0.001$	$3 \times 10^7 \sim 3 \times 10^8$	雷达、导航、其他专门用途

本章提要

一、电磁感应的基本定律

1. 法拉第电磁感应定律

$$\mathscr{E} = -N \frac{\mathrm{d}\Phi_{\mathrm{m}}}{\mathrm{d}t},$$

其中 N 为总的线圈匝数，Φ_{m} 为每一匝线圈的磁通量，负号反映了感应电动势的方向，是楞次定律的数学表示.

2. 楞次定律

感应电流的效果总是反抗引起感应电流的原因.

二、动生电动势与感生电动势

1. 动生电动势

动生电动势是由于导体或导体回路在磁场中运动而产生的电动势. 洛伦兹力为产生动生电动势的非静电力.

$$\mathscr{E} = \int_L (\vec{v} \times \vec{B}) \cdot \mathrm{d}\vec{l}.$$

2. 感生电动势

感生电动势是由于磁场发生变化而激发的电动势. 涡旋电场力为产生感生电动势的非静电力.

$$\mathscr{E}_i = \oint_L \vec{E}_r \cdot \mathrm{d}\vec{l} = -\int_s \frac{\partial \vec{B}}{\partial t} \cdot \mathrm{d}\vec{S}.$$

三、自感与互感

1. 如果某一回路中的电流、回路的形状或回路周围的磁介质发生变化时，穿过该回路自身的磁通量将发生变化，从而在回路中产生感应电动势，这种现象称为**自感现象**，相应的电动势叫作**自感电动势**.

自感系数

$$L = \frac{\Psi}{I},$$

自感电动势

$$\mathscr{E} = -L \frac{\mathrm{d}I}{\mathrm{d}t}.$$

2. 当一个线圈中的电流发生变化时，所产生的变化磁场会在它附近的另一个线圈中引起磁通量变化而产生感应电动势的现象称为**互感现象**，相应的电动势叫作**互感电动势**.

互感系数

$$M = \frac{\Psi_{21}}{I_1} = \frac{\Psi_{12}}{I_2}.$$

互感电动势

$$\mathscr{E}_{21} = -M \frac{\mathrm{d}I_1}{\mathrm{d}t}, \quad \mathscr{E}_{12} = -M \frac{\mathrm{d}I_2}{\mathrm{d}t}.$$

四、磁场能量

1. 自感磁能

$$W_{\mathrm{m}} = \frac{1}{2} L I^2.$$

2. 磁场能量密度

$$w_{\mathrm{m}} = \frac{B^2}{2\mu} = \frac{1}{2}\mu H^2 = \frac{1}{2}BH.$$

3. 磁场能量

$$W_{\mathrm{m}} = \int_V \frac{B^2}{2\mu} \mathrm{d}V.$$

五、位移电流

1. 位移电流密度

$$\vec{j}_{\mathrm{d}} = \frac{\mathrm{d}\vec{D}}{\mathrm{d}t}.$$

2. 位移电流

$$I_{\mathrm{d}} = \frac{\mathrm{d}\Phi_{\mathrm{D}}}{\mathrm{d}t}.$$

六、麦克斯韦方程组

$$\begin{cases} \oint_s \vec{D} \cdot \mathrm{d}\vec{S} = \sum q_0, \\ \oint_s \vec{B} \cdot \mathrm{d}\vec{S} = 0, \\ \oint_L \vec{E} \cdot \mathrm{d}\vec{l} = -\int_s \frac{\partial \vec{B}}{\partial t} \cdot \mathrm{d}\vec{S}, \\ \oint_L \vec{H} \cdot \mathrm{d}\vec{l} = \sum (I_0 + I_{\mathrm{d}}) = \int_s \left(\vec{j} + \frac{\partial \vec{D}}{\partial t} \right) \cdot \mathrm{d}\vec{S}. \end{cases}$$

七、平面电磁波的性质

$$H = H_0 \cos \omega \left(t - \frac{r}{u} \right),$$

$$E = E_0 \cos \omega \left(t - \frac{r}{u} \right).$$

1. 电磁波是横波. $\vec{E}$ 与 $\vec{H}$ 互相垂直，且均与传播方向垂直.

2. 电磁波是偏振的，$\vec{E}, \vec{H}$ 分别在各自的平面内振动.

3. $\vec{E}$ 和 $\vec{H}$ 的相位相同、频率相同,而且

$$\sqrt{\varepsilon}E = \sqrt{\mu}H.$$

4. 电磁波的传播速度的大小为

$$u = \frac{1}{\sqrt{\varepsilon\mu}}\left(\text{真空中为 } c = \frac{1}{\sqrt{\varepsilon_0\mu_0}}\right).$$

八、电磁场的能量与动量

1. 电磁场的能量密度

$$w = \frac{1}{2}(\varepsilon E^2 + \mu H^2).$$

2. 电磁波的平均能流密度(坡印亭矢量)

$$\vec{S} = \vec{E} \times \vec{H}.$$

3. 电磁场的动量密度

$$\vec{g} = \frac{1}{c^2}\vec{E} \times \vec{H} = \frac{1}{c^2}\vec{S}.$$

 习　题　13

13.1　如习题 13.1 图所示,某一导体棒 AB 在均匀磁场 $\vec{B}$ 中绕通过 C 点且沿磁场方向的轴 OO' 转动(角速度 $\vec{\omega}$ 与 $\vec{B}$ 同方向),BC 段的长度为棒长的 $\frac{1}{3}$,则 A 点与 B 点谁的电势高?

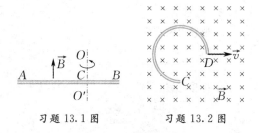

习题 13.1 图　　　　习题 13.2 图

13.2　如习题 13.2 图所示,在垂直于磁场 $\vec{B}$ 的平面内有一段 $\frac{3}{4}$ 圆弧形导线 CD 以速度 $\vec{v}$ 向右运动,圆弧所在圆的半径为 R,求其中产生的电动势.

13.3　一对互相垂直的相等的半圆形导线构成回路,半径 $R = 5\text{ cm}$,如习题 13.3 图所示.均匀磁场 $B = 8.0 \times 10^{-2}\text{ T}$,$\vec{B}$ 的方向与两半圆的公共直径(在 z 轴上)垂直,且与两个半圆面构成相等的角 α.当磁场在 5 ms 内均匀降为零时,求回路中的感应电动势的大小及方向.

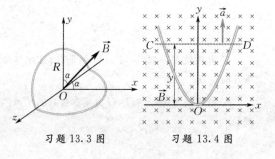

习题 13.3 图　　　　习题 13.4 图

*13.4　如习题 13.4 图所示,一根导线弯成抛物线形状 $y = ax^2$,放在均匀磁场中.$\vec{B}$ 与 Oxy 平面垂直;细杆 CD 平行于 x 轴并以加速度 $\vec{a}$ 从抛物线的底部向开口处做平动.求 CD 距 O 点为 y 处时回路中产生的感应电动势.

13.5　如习题 13.5 图所示,载有电流 I 的长直导线附近放一导体半圆环 MeN,其与长直导线共面,且端点 MN 的连线与长直导线垂直.半圆环的半径为 b,环心 O 与导线相距 a.设半圆环以速度 $\vec{v}$ 平行导线平移.求半圆环内感应电动势的大小和方向及 M,N 两端的电压 $U_M - U_N$.

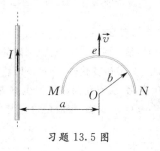

习题 13.5 图

13.6　如习题 13.6 图所示,在两平行的无限长载流直导线的平面内有一矩形线圈.两导线中的电流方向相反、大小相等,且电流以 $\frac{\text{d}I}{\text{d}t}$ 的变化率增大,求:

(1) 任一时刻线圈内通过的磁通量;

(2) 线圈中的感应电动势.

13.7　如习题 13.7 图所示,半径为 R 的圆线圈在磁感应强度为 $\vec{B}$ 的均匀磁场中以匀角速度 ω 绕轴 OO' 转动,轴垂直于 $\vec{B}$,$\overset{\frown}{ab}$ 等于八分之一周长,a 在轴上,试求任一时刻 t:

(1) 整个线圈上的感应电动势;

(2) $\overset{\frown}{ab}$ 上的感应电动势.

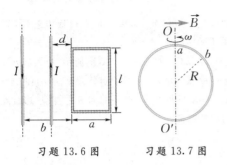

习题 13.6 图　　　习题 13.7 图

13.8　如习题 13.8 图所示,用一根硬导线弯成半径为 r 的一个半圆. 半圆形导线在磁感应强度为 $\vec{B}$ 的均匀磁场中以频率 f 绕图中半圆的直径旋转. 整个电路的电阻为 R. 求感应电流的最大值.

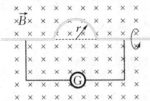

习题 13.8 图

13.9　如习题 13.9 图所示,长直导线通以电流 $I = 5$ A,在其右方放一长方形线圈,两者共面. 线圈长 $b = 0.06$ m,宽 $a = 0.04$ m,线圈以速度 $v = 0.03$ m/s 垂直于直导线平移远离. 求 $d = 0.05$ m 时线圈中感应电动势的大小和方向.

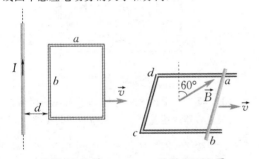

习题 13.9 图　　　习题 13.10 图

13.10　长度为 l 的金属杆 ab 以速率 v 在导电轨道 $abcd$ 上平行移动. 已知导轨处于均匀磁场 $\vec{B}$ 中,$\vec{B}$ 的方向与回路的法线成 $60°$ 角(如习题 13.10 图所示),$\vec{B}$ 的大小为 $B = kt$(k 为正常数). 设 $t = 0$ 时杆位于 cd 处,求任一时刻 t 导线回路中感应电动势的大小和方向.

13.11　有两个同轴圆形线圈,如习题 13.11 图所示,它们的半径分别为 R 和 r,相距为 x,且 $R \gg r$,$x \gg R$. 若大线圈通有电流 I 而小线圈沿 x 轴方向以速率 v 运动,试求 $x = NR$ 时(N 为正数) 小线圈回路中产生的感应电动势的大小.

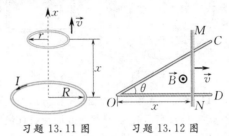

习题 13.11 图　　　习题 13.12 图

13.12　如习题 13.12 图所示,有一夹角为 θ 的金属架 COD 放在磁场中,磁感应强度 $\vec{B}$ 垂直于金属架 COD 所在平面. 一导体杆 MN 垂直于 OD 边,并在金属架上以恒定速度 $\vec{v}$ 向右滑动,$\vec{v}$ 与 MN 垂直. 设 $t = 0$ 时,$x = 0$. 则当磁感应强度的大小 $B = Kx\cos\omega t$ 时,在任一时刻框架内的感应电动势为多少?

13.13　磁感应强度为 $\vec{B}$ 的均匀磁场充满一半径为 R 的圆柱形空间,一金属杆放在习题 13.13 图中位置,杆长为 $2R$,其中一半位于磁场内、另一半在磁场外. 当 $\dfrac{\mathrm{d}B}{\mathrm{d}t} > 0$ 时,求杆两端的感应电动势的大小和方向.

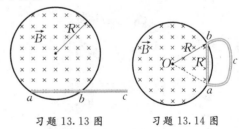

习题 13.13 图　　　习题 13.14 图

13.14　半径为 R 的长直螺线管中,有 $\dfrac{\mathrm{d}B}{\mathrm{d}t} > 0$ 的均匀磁场,一任意闭合导线 $abca$,一部分在螺线管内绷直成弦 ab,a,b 两点与螺线管绝缘,如习题 13.14 图所示. 设 $ab = R$,试求闭合导线中的感应电动势.

13.15　如习题 13.15 图所示,在垂直于长直螺线管轴的平面内放置导体 ab 于直径位置,另一导体 cd 在一弦上,导体均与螺线管绝缘. 当螺线管接通电源的一瞬间管内磁场如图方向. 试求:

（1）a,b 两端的电势差；

（2）c,d 两点电势高低的情况.

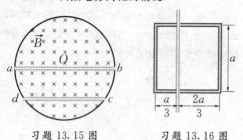

习题 13.15 图   习题 13.16 图

13.16 一无限长直导线和一正方形的线圈如习题 13.16 图所示放置（导线与线圈接触处绝缘）．求线圈与导线间的互感系数.

13.17 两根平行长直导线，横截面的半径都是 a，中心相距为 d，两导线属于同一回路．设两导线内部的磁通量可忽略不计，证明：这样一对导线长度为 l 的一段自感为

$$L = \frac{\mu_0 l}{\pi} \ln \frac{d-a}{a}.$$

13.18 两线圈顺接后总自感为 1.0 H，在它们的形状和位置都不变的情况下，逆接后总自感为 0.4 H．试求它们之间的互感.

13.19 一矩形截面的螺绕环如习题 13.19 图所示，共有 N 匝.

（1）求此螺绕环的自感系数；

（2）若导线内通有电流 I，环内磁能为多少？

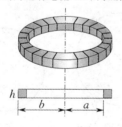

习题 13.19 图

13.20 一无限长圆柱形直导线，其截面各处的电流密度相等，总电流为 I．求导线内部单位长度上所储存的磁能.

13.21 圆柱形电容器内、外导体截面半径分别为 R_1 和 R_2（$R_1 < R_2$），中间充满介电常量为 ε 的电介质．当两极板间的电压随时间的变化率为 $\frac{dU}{dt} = k$ 时（k 为常数），求介质内距圆柱轴线为 r 处的位移电流密度.

13.22 试证：平行板电容器的位移电流可写成 $I_d = C \frac{dU}{dt}$，式中 C 为电容器的电容，U 是电容器两极板的电势差. 如果不是平行板电容器，以上关系还适用吗？

13.23 如习题 13.23 图所示，电荷 $+q$ 以速度 $\vec{v}$ 向 O 点运动，$+q$ 到 O 点的距离为 x，在 O 点处作半径为 a 的圆平面，圆平面与 $\vec{v}$ 垂直. 求通过此圆面的位移电流.

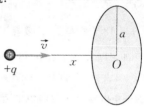

习题 13.23 图

13.24 如习题 13.24 图所示，设平行板电容器内各点的交变电场强度 $E = 720\sin 10^5 \pi t$ V/m，正方向规定如图所示. 试求：

（1）电容器中的位移电流密度；

（2）电容器内距中心连线 $r = 10^{-2}$ m 的一点 P 在当 $t = 0$ 和 $t = \frac{1}{2} \times 10^{-5}$ s 时磁场强度的大小及方向（不考虑传导电流产生的磁场）.

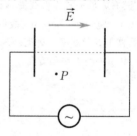

习题 13.24 图

13.25 由半径 $R = 0.10$ m 的两块圆板构成的平行板电容器放在真空中. 今对电容器匀速充电，使两极板间电场的变化率为 $\frac{dE}{dt} = 1.0 \times 10^{13}$ V/(m·s). 求两极板间的位移电流，并计算电容器内离两圆板中心连线 $r(r < R)$ 处的磁感应强度 B_r，以及 $r = R$ 处的磁感应强度 B_R.

'13.26 一导线截面半径为 10^{-2} m，单位长度的电阻为 3×10^{-3} Ω/m，载有电流 25.1 A．试计算在距导线表面很近一点的以下各量：

（1）$\vec{H}$ 的大小；

（2）$\vec{E}$ 在平行于导线方向上的分量；

（3）垂直于导线表面的 $\vec{S}$ 分量.

* **13.27**　有一圆柱形导体，截面半径为 a，电阻率为 ρ，载有电流 I_0.

（1）求在导体内距轴线为 r 处某点的 $\vec{E}$ 的大小和方向；

（2）求该点 $\vec{H}$ 的大小和方向；

（3）求该点坡印亭矢量 $\vec{S}$ 的大小和方向；

（4）将（3）的结果与长度为 l、半径为 r 的导体内消耗的能量做比较.

* **13.28**　一个很长的螺线管，每单位长度有 n 匝，截面半径为 a，载有一增加的电流 i，求：

（1）在螺线管内距轴线为 r 处一点的涡旋电场；

（2）该点处坡印亭矢量的大小和方向.

阅读材料一　磁单极子简介

在麦克斯韦电磁场理论中，电和磁并不处于完全对称的地位：电场是有源场，电场线是有头有尾的，自然界中存在单独的正电荷和负电荷；而磁场是无源场，磁感应线是无头无尾的，自然界中不存在单独的磁荷 —— 磁单极子（即单独存在的 N 极或 S 极）. 人们觉得这似乎是不合理的，因此，总有寻找磁荷的念头，并进行了一些探索.

1931 年，英国物理学家狄拉克首先从理论上探索了磁单极子存在的可能性. 狄拉克指出，磁单极子的存在与电动力学和量子力学没有矛盾，如果磁单极子存在的话，则单位磁荷 g_0 与电荷 e 应该有下述关系：$g_0 = 68.5e$. 由于 g_0 远比 e 大，按照库仑定律，两个磁单极子之间的作用力要比电荷之间的作用力大得多. 1974 年荷兰物理学家霍夫特和苏联物理学家鲍尔亚科夫又指出：磁单极子必然存在，它的质量超过质子质量的 5 000 倍. 在现今的关于弱相互作用、电磁相互作用和强相互作用统一的"大统一理论"中，也认为有磁单极子存在，并预言其质量为 2×10^{-8} g. 1978 年济尔多维奇和克罗波夫指出：在宇宙大爆炸的一瞬间，产生了能量极高的磁单极子. 但是由于爆炸引起的膨胀，使宇宙物质的温度很快下降. 这样，极性相反的磁单极子就易于发生湮没，使得宇宙中幸存的磁单极子寥寥无几.

同时，也有人试图通过实验来发现磁单极子的存在. 1951 年，美国的密尔斯曾用通电螺线管来捕获宇宙射线中的磁单极子. 如果磁单极子进入螺线管中，则会被磁场加速而在管下部的照相乳胶片上显示出它的径迹，但实验结果没有发现磁单极子. 还有其他的实验尝试，但直到目前还不能说在实验上确认了磁单极子的存在. 如果真有磁单极子存在的话，至少意味着麦克斯韦的电磁场理论需要修改.

（扫二维码阅读详细内容）

阅读材料二　遥感技术简介

遥感是用一定的技术、设备、系统在远离被测目标的位置上对被测目标的特性进行测量和记录的信息技术. 遥感器可安装在地面车载或飞机、卫星、航天器等运载工具上. 运载遥感器的运动工具称为遥感平台. 遥感技术主要包括四个方面. ① 遥感器. 用来接收目标或背景的辐射和反射的电磁波信息，并将其转换成电信号或图像加以记录. ② 信息传输系统. 将遥感得到的信息经初步处理后，用电信方式发送出去，或直接收回胶片. ③ 目标特征搜集. 从明暗程度、色彩、信号强弱的差异及变化规律中找出各种目标信息的特征，以便为判别目标提供依据. ④ 信息处理与判读. 将所收到的信息进行处理，包括消除噪声或虚假信息，矫正误差，借助于光电设备与目标特征进行比较，从复杂的背景中找出所需要的目标信息.

遥感技术在我们的生产与生活中被广泛应用. ① 为天气预报提供了大量有价值的资料. 利用可见光的

电视式照相机,借助云层对太阳光的强反射,可以摄取地球上空的云层分布.对于地球的背阴面,则采用红外技术才能获取云层的分布图.利用卫星云图,可较早地侦察到热带风暴、飓风、台风的中心位置.② 利用卫星遥感绘制的地图与航空制图相比,拍摄照片的数量可减少到千分之一,成本可下降到十分之一.利用红外遥感可以获得更多人眼看不到的地面特征,同时也提高了图像的清晰度.这些图像为地质构造分析提供了非常直观的工具.③ 在农业、林业、牧业方面,通过红外遥感仪测量土壤和植物的温度,就能获得如植物长势、土地类型、水分状况等有关信息,及早发现森林火情、判断农作物遭受病虫害的程度等;还可用于环境污染情况的测量.遥感技术在军事方面也有许多重要应用.

(扫二维码阅读详细内容)

阅读材料　　应用拓展　　名家简介

第6篇 近代物理学基础

相对论和量子力学是20世纪物理学发展中的伟大成就,组成了近代物理学的两大理论支柱,逐渐成为现代工程技术、高新技术的重要理论基础.

相对论是关于时间、空间和物质运动关系的理论.1905年,爱因斯坦创立了狭义相对论.1915年,爱因斯坦又创立了广义相对论.相对论自建立以来,已有百年,经受了大量实验的检验,至今还没发现有什么实验结果与其相违背.

1900年普朗克用能量量子化的假说成功地解释了黑体辐射规律,标志着量子论的诞生.1905年爱因斯坦提出了光量子的概念,成功地解释了光电效应.1913年玻尔在卢瑟福的原子核式模型的基础上,应用量子化概念,解释了氢原子光谱的规律.1922年康普顿进一步证实了光的量子性.这一时期的量子论,对微观粒子的本性还缺乏全面认识,称为早期量子论或旧量子论.

1924年德布罗意提出微观粒子具有波动性的假说,指出微观粒子也具有波粒二象性.德布罗意的物质波假说很快被电子衍射实验所证实.1926年薛定谔提出微观实物粒子所遵守的波动方程,即薛定谔方程.同年玻恩对物质波做出统计解释.1928年狄拉克把量子力学和狭义相对论相结合,创立了相对论量子力学.至此,量子力学的体系基本完成.

1927年以后,量子力学广泛用于研究原子、原子核、固体、半导体等微观领域,取得了巨大成就.这些研究成果,推进了新技术的发明,促进了生产力的发展.从粒子物理到天体物理、从化学到生物和医学、从晶体管到大规模集成电路、从激光到超导材料,几乎一切高新技术都离不开量子论.

本篇主要介绍狭义相对论和早期量子论.量子力学介绍薛定谔方程及其在几个一维问题中的应用.量子力学对氢原子和多电子原子的应用,只介绍几个主要结论.

第 14 章　狭义相对论基础

相对论是关于时间、空间和物质运动关系的理论,通常包括两部分:狭义相对论和广义相对论.狭义相对论不考虑物质质量对时空的影响,是相对论的特殊情况.1905 年,爱因斯坦发表了《论动体的电动力学》和《物体的惯性同它所含的能量有关吗?》两篇论文,创立了狭义相对论.1915 年,爱因斯坦又创立了广义相对论.广义相对论考虑质量对时空的影响,是关于引力的理论.相对论自建立以来,已有百年,经受了大量实验的检验,至今还没发现与其相违背的实验结果.

本章介绍狭义相对论基础,有关广义相对论的内容作为阅读材料简略介绍.

14.1　经典力学时空观和伽利略变换

14.1.1　经典力学时空观

牛顿论述道:"绝对的、真实的、数学上的时间,就其本质而言,是永远均匀地流逝着,与任何外界事物无关.""绝对空间就其本质而言,是与任何外界事物无关的,它从不运动,并且永远不变." 这就是经典力学时空观,也称绝对时空观.按照这种观点,时间和空间是彼此独立的,互不相关,并且不受物质及其运动的影响.这种绝对时间可以形象地比拟为独立的不断流逝着的流水;绝对空间可比拟为能容纳宇宙万物的一个无形的、永不运动的容器.

按照经典力学时空观及牛顿力学,时间、长度、质量三个基本物理量均与参考系、观测者的相对运动无关.

14.1.2　伽利略变换

伽利略变换以绝对时空观为前提,可以说伽利略变换是绝对时空观的数学表述.在同一时刻,同一物体的坐标从一个坐标系变换到另一个坐标系,叫作坐标变换.联系这两组坐标的方程叫作坐标变换方程.设两个相对做匀速直线运动的参考系 S 和 S'.参考系 S'(比如一节火车车厢)相对参考系 S(比如地面)沿共同的 x 或 x' 轴正方向做速度为 $\vec{u}$ 的匀速直线运动,如图 14.1 所示.设时间 $t = t' = 0$ 时,两坐标系的原点 O 与 O' 重合,某时刻观测空间某点 P

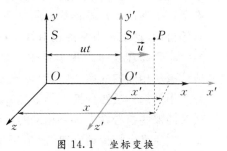

图 14.1　坐标变换

的坐标变换方程为

$$\begin{cases} x' = x - ut, \\ y' = y, \\ z' = z, \\ t' = t. \end{cases} \quad \text{或} \quad \begin{cases} x = x' + ut', \\ y = y', \\ z = z', \\ t = t'. \end{cases} \tag{14.1}$$

式(14.1)叫作**伽利略坐标变换方程式**.这个变换方程已经对时间、空间性质做了某些假定.第一,假定了时间对于一切参考系、坐标系都是相同的,也就是假定存在着与任何具体的参考系的运动状态无关的同一的时间,即 $t = t'$.既然时间是不变的,那么,时间间隔 $\Delta t = t_2 - t_1 = t'_2 - t'_1 = \Delta t'$ 在一切参考系中也都是相同的,时间间隔与空间坐标变换无关.时间是用时钟测量的数值,这相当于假定存在不受运动状态影响的时钟.第二,假定了在任一确定时刻,空间两点间的长度

$$\Delta L = \sqrt{(x_2 - x_1)^2 + (y_2 - y_1)^2 + (z_2 - z_1)^2}$$

对于一切参考系、坐标系都是相同的,即假定空间长度与任何具体参考系的运动状态无关.空间长度是可用直尺测量的数值,这相当于假定存在不受运动状态影响的直尺.用数学式表示就是

$$\Delta L = \Delta L'$$

或

$$\sqrt{(x_2 - x_1)^2 + (y_2 - y_1)^2 + (z_2 - z_1)^2} = \sqrt{(x'_2 - x'_1)^2 + (y'_2 - y'_1)^2 + (z'_2 - z'_1)^2}.$$

这些假定与经典力学时空观是一致的.

14.1.3 力学相对性原理

早在 1632 年,伽利略曾在封闭的船舱里观察了力学现象,他的观察记录如下:"在这里(只要船的运动是等速的),你在一切现象中观察不出丝毫的改变,你也不能够根据任何现象来判断船究竟是在运动还是停止.当你在地板上跳跃的时候,你所通过的距离和你在一条静止的船上跳跃时所通过的距离完全相同,也就是说,你向船尾跳时并不比你向船头跳时——由于船的迅速运动——跳得更远些,虽然当你跳在空中时,在你下面的地板是在向着和你跳跃相反的方向奔驰着.当你抛一件东西给你的朋友时,如果你的朋友在船头而你在船尾,你费的力并不比你们站在相反的位置时所费的力更大.从挂在天花板下的装着水的酒杯里滴下的水滴,将竖直地落在地板上,没有任何一滴水偏向船尾方向滴落,虽然当水滴尚在空中时,船在向前走 ……"在这里,伽利略描述的种种现象表明:**一切彼此做匀速直线运动的惯性系,对描述运动的力学规律来说是完全相同的**.在一个惯性系内所做的任何力学实验都不能确定这个惯性系是静止状态还是在做匀速直线运动状态,或者说**力学规律对一切惯性系是等价的**.这就是**力学的相对性原理**,也称伽利略相对性原理或经典力学相对性原理.

一个物理规律的基本定律用数学表述总可以写成一个数学方程式.如果方程式的每一项都服从相同的变换法则,则称该方程在这个变换下是协变的(不变式是协变式的特例:方程式中的每一项在变换下都不变).在某个变换下协变的物理规律,它的基本定律在该变换联系的那些参考系中具有相同的数学表达式,通常称这个规律在该变换下不变.经典力学的基本定律是牛顿运动定律,而牛顿运动定律对于由伽利略变换联系的所有惯性系都有相同

的数学表达式,因此说经典力学服从伽利略变换,满足力学相对性原理.

将式(14.1)对时间 t 求导,得

$$\begin{cases} v'_x = v_x - u, \\ v'_y = v_y, \\ v'_z = v_z. \end{cases} \tag{14.2}$$

这就是 S 和 S' 系之间的速度变换法则,称为**伽利略速度变换式**.

将式(14.2)对时间求导,得到 S 和 S' 系加速度变换关系为

$$\begin{cases} a'_x = a_x, \\ a'_y = a_y, \\ a'_z = a_z. \end{cases} \tag{14.3}$$

式(14.3)说明,在所有惯性系中加速度是不变量.经典力学中质量也是与参考系、观测者选择无关的物理量,即 $m = m'$,于是牛顿第二定律在所有惯性系中都具有相同的数学表述,即在惯性系 S 中有 $\vec{F} = m\vec{a}$,则在 S' 系一定有 $\vec{F}' = m'\vec{a}'$.

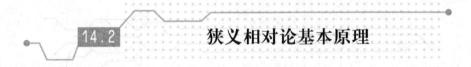

14.2　狭义相对论基本原理

14.2.1　狭义相对论产生的历史背景

　　研究表明,波动是机械振动在弹性介质中的传播过程.没有弹性介质,就不会形成机械波.当时的物理学家认为可以用这样的框架来解释一切波动现象.19 世纪,特别在法拉第发现电磁感应定律(1831 年)之后,电磁技术被广泛地应用到工业和人类的日常生活之中,促进了对电磁运动规律的深入探索.1865 年麦克斯韦建立了描述电磁运动普遍规律的麦克斯韦方程组,并预言了电磁波的存在.1888 年,赫兹实验证实了电磁波的存在,这是物理学发展史上的重大事件.电磁波就是以波动形式传播的电磁场.如果将真空中电磁波的波动方程与机械波的波动方程相比较,就会发现电磁波的波速等于光速,于是断定光是特定波长范围的电磁波,由此麦克斯韦提出了光的电磁学说.人们在考察这一理论的基础时碰到了一些困难.当时,这些困难集中在经典电磁学的以太假说.以太假说的主要内容是:以太是传播包括光波在内的电磁波的介质,它充满整个宇宙空间.以太中的带电粒子振动会引起以太变形,这种变形以弹性波的形式传播,这就是电磁波.当时普遍认为,在相对以太静止的惯性系中,麦克斯韦方程组是成立的,因此导出的电磁波的波动方程成立,电磁波沿各方向传播的速度都等于恒量 c.那么,在相对以太运动的惯性系中,按伽利略变换,电磁波沿各方向传播的速度并不等于恒量 c.这一结果很重要,引起了当时物理学家的重视.下面按伽利略速度变换式计算一下在相对以太做匀速直线运动的参考系中光在真空中传播的速度.

　　设 S 系相对以太静止,S' 系相对 S 系(即相对以太)的速度为 $\vec{u}$,如图 14.2 所示.光在 S 系中沿任意方向的速度[设为 $v = v(v_x, v_y, v_z)$]的大小都相等,即

$$v = \sqrt{v_x^2 + v_y^2 + v_z^2} = c.$$

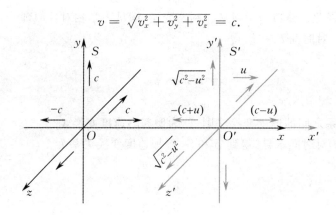

图 14.2   按伽利略速度变换计算 S' 系中光的速度

按伽利略速度变换式(14.2),计算在 S' 系中光沿 x' 轴、y' 轴正反方向传播的速度 v_x',v_y'. 当光沿 x' 轴正向传播时,要求真空中光速为 $v_x' > 0$,$v_y' = v_z' = 0$,式 (14.2) 中 $v_y = v_z = 0$, $v_x = c$,所以,由此变换得到 $v_x' = c - u$. 当光在 S' 系中沿 x' 轴负向传播时,要求 $v_x' < 0$,$v_y' = v_z' = 0$,式 (14.2) 中 $v_y = v_z = 0$,$v_x = -c$,便得到 $v_x' = -(c+u)$. 当光沿垂直于 x' 轴的方向传播时,比如沿 y' 轴的正方向传播,相当于要求 $v_x' = v_z' = 0$,$v_y' > 0$,则式 (14.2) 中 $v_x = u$, $v_z = 0$,再代入前面速度大小 v 的公式得 $u^2 + v_y'^2 + 0 = c^2$,再得 $v_y' = v_y = \sqrt{c^2 - u^2}$,其他垂直于 x' 方向传播光速,依此计算为 $\pm \sqrt{c^2 - u^2}$.

当时(19 世纪),人们认为伽利略变换对一切物理规律都是适用的,因此上述的计算结果应该是正确的. 而这里麦克斯韦方程组在伽利略变换下方程的形式发生了变化,只能说明不是伽利略变换不正确,而是麦克斯韦方程组不服从伽利略变换,它只在相对以太静止的惯性系里才成立. 这样,以太就成了一个优越的参考系. 既然根据力学相对性原理,人们不可能用力学实验找到力学中优越的惯性系(绝对空间),那么便可以用测量运动物体中光速的方法去寻找这一优越的参考系 —— 以太.

若找到以太,则把以太定义为绝对空间,相当于找到了牛顿的绝对空间. 于是,人们纷纷设计一些实验来寻找以太. 在这些实验中,以迈克耳孙-莫雷的实验精度最高 $\left[\left(\dfrac{u}{c}\right)^2 \text{数量级}\right]$、最具代表性.

迈克耳孙-莫雷实验的目的是观测地球相对以太的绝对运动. 实验装置是迈克耳孙干涉仪. 该仪器的光路原理图如图 14.3 所示. 设以太相对太阳系静止(S 系),地球(S' 系)相对太阳系速度为 $\vec{u}$. 实验时,先将干涉仪的一臂(如 RM_1)与地球运动方向平行,另一臂(如 RM_2)与地球运动方向垂直. 根据伽利略速度变换式,在与地球固连的实验室系中,光沿各方向传播的速度大小并不相等,如图 14.2 所示. 当两臂长相等时,光程差不为零,可以看到干涉条纹. 如果将整个装置缓慢转过 90°,应该发现干涉条纹移动. 由条纹移动的数目,可以推算出地球相对以太参考系的绝对速度 $\vec{u}$. 现在来计算光线通过两臂往返的时间. 对于 RM_1 臂,臂长为 l_1,利用前面已经计算的光沿 x' 轴往返的速度(见图 14.2),则得

$$t_1 = \frac{l_1}{c-u} + \frac{l_1}{c+u} = \frac{2l_1 c}{c^2 - u^2}.$$

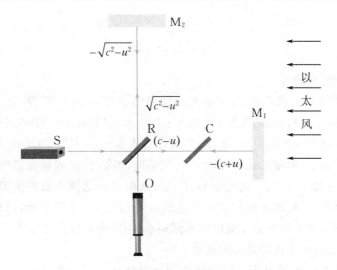

图 14.3　迈克耳孙－莫雷实验的光路原理图

对于 $\mathrm{RM_2}$ 臂, 臂长为 l_2, 利用前面计算过的光沿 y' 轴正反方向传播的速度, 求得光通过 $\mathrm{RM_2}$ 臂往返的时间是

$$t_2 = \frac{2l_2}{\sqrt{c^2 - u^2}}.$$

时间差为

$$\Delta t = t_1 - t_2 = \frac{2}{c}\left[\frac{l_1}{1 - \left(\frac{u}{c}\right)^2} - \frac{l_2}{\sqrt{1 - \left(\frac{u}{c}\right)^2}}\right], \tag{14.4}$$

转过 $90°$ 后, 时间差为

$$\Delta t' = t_1' - t_2' = \frac{2}{c}\left[\frac{l_1}{\sqrt{1 - \left(\frac{u}{c}\right)^2}} - \frac{l_2}{1 - \left(\frac{u}{c}\right)^2}\right]. \tag{14.5}$$

于是得到干涉仪转动前后, 光通过两臂时间差的改变量为

$$\delta t = \Delta t - \Delta t' = \frac{2(l_1 + l_2)}{c}\left[\frac{1}{1 - \left(\frac{u}{c}\right)^2} - \frac{1}{\sqrt{1 - \left(\frac{u}{c}\right)^2}}\right].$$

考虑 $\dfrac{u}{c}$ 是小量, 利用近似公式

$$\frac{1}{1-\alpha} \approx 1 + \alpha, \quad \alpha = \frac{u}{c}, \quad \frac{1}{\sqrt{1-\alpha}} \approx 1 + \frac{1}{2}\alpha,$$

则

$$\delta t \approx \frac{(l_1 + l_2)}{c}\left(\frac{u}{c}\right)^2.$$

应有干涉条纹移动的数目

$$\Delta N = \frac{c\delta t}{\lambda} \approx \frac{(l_1 + l_2)}{\lambda}\left(\frac{u}{c}\right)^2.$$

实验时取 $l_1 = l_2 = l$,则

$$\Delta N \approx \frac{2l}{\lambda}\left(\frac{u}{c}\right)^2, \tag{14.6}$$

式中 λ 是真空中光波的波长.

　　1881 年迈克耳孙首次实验,没有观察到预期的条纹移动.1887 年,迈克耳孙和莫雷提高实验精度,使臂长 $l = 11\,m$,光波长 $\lambda = 5.9 \times 10^{-7}\,m$,如果取 $u = 3.0 \times 10^4\,m/s$(为地球绕太阳公转的速度),预期 $\Delta N \approx 0.37$ 条.但实验观测值小于 0.01 条.当然地球有公转和自转,不是一个真正的惯性系,但在实验持续的那么短的时间内,将地球作为惯性系是没问题的. 当然,太阳系也是运动着的,为了避免公转速度与太阳系运动速度正好抵消这种偶然性,迈克耳孙和莫雷半年后(此时地球相对太阳系运动方向相反)又重复实验,结果仍然没观察到干涉条纹移动.之后,许多科学家在地球的不同地点、不同季节里重复迈克耳孙-莫雷实验,结果是相同的,无法测出地球相对以太的运动.

　　当时人们认为在地球上用实验应该能测出地球相对以太的运动,可是一系列实验都否定了这个观点,这是出乎意料的. 于是不少科学家提出许多种理论来解释迈克耳孙-莫雷实验,例如洛伦兹的运动长度收缩的假说,以太完全被实物牵引的假说等,都保留了以太,是可以解释迈克耳孙-莫雷实验的;也有人(如里兹)认为应该抛弃以太,同样可以解释迈克耳孙-莫雷实验的结果.在多种理论中,只有爱因斯坦的狭义相对论是唯一能圆满地解释迈克耳孙-莫雷实验和其他有关实验、观察事实的理论.

14.2.2　狭义相对论基本原理

　　实验表明,电磁现象(包括光)与力学现象一样,并不存在特殊的最优越的参考系(力学中最优越的参考系指牛顿的绝对空间,电磁学中最优越的参考系指以太).在所有惯性系中,电磁理论的基本定律(麦克斯韦方程组)具有相同的数学形式,这表明电磁现象也满足物理的相对性原理.那么,经典电磁理论与伽利略变换矛盾又怎么办?这就要求通过建立惯性系之间新的变换关系式和新的相对性原理来解决这个基本矛盾.经典电磁理论应该满足这个新的变换关系式和新的相对性原理,而经典力学则应该受到修正,使之适用这个新的变换关系. 当然,在回到宏观世界低速运动时,应该要求新的力学过渡到经典力学,新的坐标变换过渡到伽利略变换,因为在宏观低速的条件下牛顿力学和伽利略变换都被实验验证是正确的.

　　实验表明,对任何惯性系,电磁波(光波)在真空中沿任意方向传播的速度量值都为 c,测量值为 $c = 2.9979 \times 10^8\,m/s$,与光源的运动状态无关.

　　任何实验都没有观察到地球相对以太参考系的运动,爱因斯坦认为应该抛弃以太,根本就不存在这个假想的以太参考系,电磁场不是介质的状态,而是独立的实体,是物质存在的一种基本形态.

　　爱因斯坦把上述观点概括表述为狭义相对论的两条基本原理.

　　(1) **相对性原理**:所有物理定律在一切惯性系中都具有相同的形式. 或者说,所有惯性系都是平权的,在它们之中所有物理规律都一样.

　　(2) **光速不变原理**:所有惯性系中测量到的真空中光速沿各方向都等于 c,与光源的运动

状态无关.

这两条基本原理是狭义相对论的基础. 爱因斯坦 1905 年建立狭义相对论时,上述两条基本原理称为"两条基本假设",因为当时只有为数不多的几个实验事实. 至今,大量实验事实直接、间接验证了这两条基本假设和相对论的结论,因此改称为基本原理.

14.3 洛伦兹变换

14.3.1 洛伦兹变换

如图 14.4 所示,设 S 系和 S' 系是两个相对做匀速直线运动的惯性系. 可以适当地选取坐标轴、坐标原点和计时零点,使 S 系与 S' 系的关系满足以下规定:设 S' 系沿 S 系的 x 轴正向以速度 $\vec{u}$ 相对 S 系做匀速直线运动;使 x',y',z' 轴分别与 x,y,z 轴平行;S 系的原点 O 与 S' 系原点 O' 重合时,两惯性系在原点处的时钟都指示零点. 洛伦兹求出了同一事件 P(即某时刻在空间某点的物理事件,仅用一个时空点来表示)的两组坐标 (x,y,z,t) 和 (x',y',z',t') 之间的关系:

$S \to S'$ 的变换(正变换)方程

$$\begin{cases} x' = \gamma(x - ut), \\ y' = y, \\ z' = z, \\ t' = \gamma\left(t - \dfrac{u}{c^2}x\right); \end{cases}$$ (14.7a)

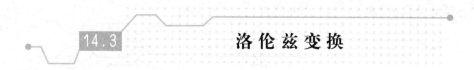

图 14.4 两个相对做匀速直线运动的坐标系

$S' \to S$ 系变换(逆变换)方程

$$\begin{cases} x = \gamma(x' + ut'), \\ y = y', \\ z = z', \\ t = \gamma\left(t' + \dfrac{u}{c^2}x'\right), \end{cases}$$ (14.7b)

式中 $\gamma = \dfrac{1}{\sqrt{1-\beta^2}} = \dfrac{1}{\sqrt{1-\left(\dfrac{u}{c}\right)^2}}$,$\beta = \dfrac{u}{c}$.

早在爱因斯坦建立狭义相对论之前,洛伦兹在研究电磁场理论、解释迈克耳孙-莫雷实验时就提出了上述变换方程式,因此将式(14.7)称为洛伦兹变换式. 爱因斯坦从两个基本原理出发,也导出了洛伦兹变换式. 由洛伦兹变换式(14.7),可做下面几点讨论.

(1) 不仅 x' 是 x,t 的函数,t' 也是 x,t 的函数,而且都与两惯性系的相对速度 u 有关. 这就是说,相对论将时间和空间,以及它们与物质的运动不可分割地联系起来了.

（2）时间和空间的坐标都是实数,变换式中$\sqrt{1-\left(\dfrac{u}{c}\right)^2}$不应该为虚数,这就要求$u\leqslant c$,而$u$表示选为参考系的任意两个物体系统的相对速度.这就得到一个结论:物体的速度有个上限,就是光速c.换句话说,任何物体都不能超光速运动.这是狭义相对论理论本身的要求,它已被现代科学技术实践所证实.

（3）洛伦兹变换与伽利略变换本质不同,但在宏观低速($u\ll c$)情况下,洛伦兹变换可以过渡为伽利略变换.因为$u\ll c$,所以$\beta=\dfrac{u}{c}\to 0$,于是

$$\gamma=\frac{1}{\sqrt{1-\left(\dfrac{u}{c}\right)^2}}\to 1,\quad \frac{u}{c^2}x\to 0.$$

代入式(14.7),便过渡为伽利略变换式(14.1).这就说明,伽利略变换是洛伦兹变换的一种特殊情况,而洛伦兹变换更具普遍性.通常把$u\ll c$称为经典极限条件或非相对论条件.

14.3.2　洛伦兹变换式的推导

仍采用图14.4中的两个坐标系S和S',显然有$y'=y,z'=z$,现在推导x和t的变换式.对于O点,由坐标系S来观测,不论什么时间,总是$x=0$,但是由坐标系S'来观测,其在t'时刻的坐标是$x'=-ut'$,即$x'+ut'=0$.可见,对同一空间点O,数值x和$x'+ut'$同时为零.由于空间和时间都是均匀的,变换必须是线性的.因此假设在任何时刻、任何点(包括O点),x与$x'+ut'$之间都有一个比例关系:

$$x=k(x'+ut'),\tag{14.8}$$

式中k为不为零的常数.同样的方法对O'点进行讨论,可以得到

$$x'=k'(x-ut).\tag{14.9}$$

根据狭义相对性原理,两个惯性系是等价的,除把u改为$-u$外,上面两式应有相同的数学形式,这就要求$k=k'$,于是

$$x'=k(x-ut).\tag{14.10}$$

式(14.8)和式(14.10)是满足狭义相对论第一条基本原理的变换式.为了求出常数k,需要由第二条基本原理求出.设$t=t'=0$,两坐标系原点重合时,在重合点发出一光信号沿x轴传播,则在任一瞬时(在S系测量为t,在S'系测量为t'),光信号到达的坐标对两坐标系来说,分别为

$$x=ct,\quad x'=ct'.\tag{14.11}$$

把式(14.8)和式(14.10)相乘,再把式(14.11)代入,得

$$xx'=k^2(x-ut)(x'+ut'),\quad c^2tt'=k^2tt'(c-u)(c+u),$$

由此求得

$$k=\frac{c}{\sqrt{c^2-u^2}}=\frac{1}{\sqrt{1-\left(\dfrac{u}{c}\right)^2}},$$

则式(14.8)和式(14.10)可写成

$$x=\frac{x'+ut'}{\sqrt{1-\left(\dfrac{u}{c}\right)^2}},\quad x'=\frac{x-ut}{\sqrt{1-\left(\dfrac{u}{c}\right)^2}}.$$

从这两个式子消去x'或x,便得到关于时间的变换式.消去x',得

$$x\sqrt{1-\left(\dfrac{u}{c}\right)^2}=\frac{x-ut}{\sqrt{1-\left(\dfrac{u}{c}\right)^2}}+ut',$$

由此求得

$$t' = \frac{t - \dfrac{ux}{c^2}}{\sqrt{1 - \left(\dfrac{u}{c}\right)^2}}.$$

同样,消去 x 得

$$t = \frac{t' + \dfrac{ux'}{c^2}}{\sqrt{1 - \left(\dfrac{u}{c}\right)^2}}.$$

把 k 换成文献中常用的符号 γ,便得到洛伦兹变换式(14.7).

对于洛伦兹变换需要注意以下几点.

① 在狭义相对论中,洛伦兹变换占据中心地位.它以确切的数学语言反映了相对论理论与伽利略变换及经典相对性原理的本质差别.新的相对论时空观的内容都集中表现在洛伦兹变换上.相对论的物理定律的数学表达式(如力学规律)在洛伦兹变换下保持不变.

② 洛伦兹变换是同一事件在不同惯性系中两组时空坐标之间的变换方程.在应用时,必须首先核实 (x, y, z, t) 和 (x', y', z', t') 确实是代表了同一个事件.

③ 各个惯性系中的时间、空间量度的基准必须一致.时间的基准必须选择相同的物理过程,如某种晶体振动的周期.空间长度的基准必须选择相同的物体或对象,如某种原子的半径或某一定频率的电磁波波长.将作为基准用的过程和物体分别称为标准时钟和标准直尺,统一规定,各个惯性系中的钟和尺必须相对于该参考系处在静止状态.这样,各个惯性系时空度量结果的差异,反映出与惯性系固连的标准时钟和标准直尺的运动状态的差异.

例 14.1　在惯性系 S 中,相距 5×10^6 m 的两个地方发生两个事件,时间间隔 $\Delta t = 10^{-2}$ s;而在相对于 S 系沿 x 轴正向匀速运动的 S' 系中观测到两事件却是同时发生的,试求:S' 系中发生两事件的地点间的距离 $\Delta x'$.

解　依题意,已知 S 系中两事件的时间间隔 $\Delta t = 10^{-2}$ s,距离 $\Delta x = 5 \times 10^6$ m,S' 系中两事件的时间间隔 $\Delta t' = 0$,由洛伦兹变换式(14.7a),可得

$$\Delta t' = \frac{1}{\sqrt{1 - \dfrac{u^2}{c^2}}}\left(\Delta t - u\,\frac{\Delta x}{c^2}\right), \qquad ①$$

$$\Delta x' = \frac{1}{\sqrt{1 - \dfrac{u^2}{c^2}}}(\Delta x - u\Delta t). \qquad ②$$

由式 ①,可得 $u = c^2 \dfrac{\Delta t}{\Delta x} = 0.6c$,代入式 ②,可得 S' 系中发生两事件的距离为

$$\Delta x' = \frac{1}{\sqrt{1 - 0.6^2}}(5 \times 10^6 - 0.6 \times 3 \times 10^8 \times 10^{-2})\ \text{m} = 4 \times 10^6\ \text{m}.$$

14. 3. 3 洛伦兹速度变换

设一质点在空间运动,在某一瞬时,它在 S 系的速度为 $\vec{v}(v_x,v_y,v_z)$,在 S' 系的速度为 $\vec{v}'(v_x',v_y',v_z')$. 根据速度的定义,有

$$v_x = \frac{\mathrm{d}x}{\mathrm{d}t}, \quad v_y = \frac{\mathrm{d}y}{\mathrm{d}t}, \quad v_z = \frac{\mathrm{d}z}{\mathrm{d}t},$$

$$v_x' = \frac{\mathrm{d}x'}{\mathrm{d}t'}, \quad v_y' = \frac{\mathrm{d}y'}{\mathrm{d}t'}, \quad v_z' = \frac{\mathrm{d}z'}{\mathrm{d}t'}.$$

对洛伦兹变换式(14.7a)取微分:

$$\mathrm{d}x' = \gamma(\mathrm{d}x - u\mathrm{d}t) = \gamma\left(\frac{\mathrm{d}x}{\mathrm{d}t} - u\right)\mathrm{d}t, \quad \mathrm{d}y' = \mathrm{d}y, \quad \mathrm{d}z' = \mathrm{d}z,$$

$$\mathrm{d}t' = \gamma\left(\mathrm{d}t - \frac{u}{c^2}\mathrm{d}x\right) = \gamma\left(1 - \frac{u}{c^2}\frac{\mathrm{d}x}{\mathrm{d}t}\right)\mathrm{d}t = \gamma\left(1 - \frac{uv_x}{c^2}\right)\mathrm{d}t.$$

用 $\mathrm{d}t'$ 去除 $\mathrm{d}x', \mathrm{d}y', \mathrm{d}z'$,即得

$$\begin{cases} v_x' = \dfrac{\mathrm{d}x'}{\mathrm{d}t'} = \dfrac{v_x - u}{1 - \dfrac{uv_x}{c^2}}, \\[4mm] v_y' = \dfrac{\mathrm{d}y'}{\mathrm{d}t'} = \dfrac{v_y}{\gamma\left(1 - \dfrac{uv_x}{c^2}\right)}, \\[4mm] v_z' = \dfrac{\mathrm{d}z'}{\mathrm{d}t'} = \dfrac{v_z}{\gamma\left(1 - \dfrac{uv_x}{c^2}\right)}. \end{cases} \tag{14.12}$$

根据相对性原理,将上式中的 u 换为 $-u$,带撇的量和不带撇的量对调,便得到从 S' 系到 S 系的速度变换式:

$$\begin{cases} v_x = \dfrac{v_x' + u}{1 + \dfrac{uv_x'}{c^2}}, \\[4mm] v_y = \dfrac{v_y'}{\gamma\left(1 + \dfrac{uv_x'}{c^2}\right)}, \\[4mm] v_z = \dfrac{v_z'}{\gamma\left(1 + \dfrac{uv_x'}{c^2}\right)}. \end{cases} \tag{14.13}$$

式(14.12)和式(14.13)称为洛伦兹速度变换式.

当 $u \ll c$ 和 $v_x \ll c$ 时,$\gamma \to 1$,$\dfrac{uv_x}{c^2} \to 0$,则式(14.12)为

$$v_x' = v_x - u, \quad v_y' = v_y, \quad v_z' = v_z.$$

这就是伽利略速度变换式.

若质点做一维运动,在速度平行 x 轴的情况下,$v_x = v, v_y = 0, v_z = 0$,代入式(14.12),得

$$v' = v_x' = \frac{v - u}{1 - \dfrac{uv}{c^2}}, \quad v_y' = 0, \quad v_z' = 0. \tag{14.14}$$

在速度平行 x' 轴的情况下，$v'_x = v'$，$v'_y = 0$，$v'_z = 0$，代入式(14.13)，得到其逆变换

$$v = v_x = \frac{v' + u}{1 + \dfrac{uv}{c^2}}, \quad v_y = 0, \quad v_z = 0. \tag{14.15}$$

例 14.2　一辆火车以速率 u 相对地面做匀速直线运动. 在火车上向前和向后射出两道光，求光相对地面的速度.

解　以地面为 S 系，火车为 S' 系，则光相对车向前的速度为 $v' = +c$，向后的速度 $v' = -c$ 代入式(14.15)，可得光向前的速度为

$$v = \frac{c + u}{1 + \dfrac{uc}{c^2}} = c,$$

光向后的速度

$$v = \frac{-c + u}{1 - \dfrac{uc}{c^2}} = -c.$$

这正是光速不变原理所要求的.

例 14.3　设火箭 A，B 相向运动，在地面测得 A，B 的速度沿 x 轴方向分别为 $v_A = 0.9c$，$v_B = -0.9c$. 试求它们相对运动的速度.

解　设地球为参考系 S，火箭 A 为参考系 S'，A 沿 x 轴正方向运动，x 与 x' 轴同向，则 $u = v_A$. B 相对 A 的运动速度就是以 A 为参考系 S' 中测得 B 的速度 v'_x. 现已知 B 在 S 系中的速度 $v_x = v_B = -0.9c$，代入式(14.14) 得

$$v'_x = \frac{v_x - u}{1 - \dfrac{uv_x}{c^2}} = \frac{-0.9c - 0.9c}{1 - \left[\dfrac{(0.9c)(-0.9c)}{c^2}\right]} = -\frac{1.8c}{1.81} \approx -0.994c.$$

这就是 B 相对 A 的速度. 若设火箭 B 为参考系 S'，同理可得 A 相对 B 的速度为

$$v'_x = 0.994c.$$

洛伦兹速度变换表明：两个小于光速的速度合成小于光速；两个速度中有一个等于光速，或两个速度都等于光速，合成速度等于光速. 这就是说，在任何惯性系中物体的运动速度不可能超过光速，亦即光速是物体运动的极限速度.

狭义相对论时空观

14.4.1　同时的相对性

按照经典力学时空观,如果有两个事件在某惯性系中观测是同时的,那么在所有其他惯性系中观测都是同时的,这就是说同时是绝对的.狭义相对论则指出,不能给同时性以任何绝对的意义,同时的相对性在相对论时空观中占有重要地位.

首先定性分析一个理想实验.如图 14.5 所示,一个相对地面惯性系 S 系以速度 $\vec{u}$ 匀速行驶的列车(通常称为爱因斯坦火车),取车厢为另一惯性系 S' 系.设在车厢的正中央 M' 处有一光源,当 M' 与 S 系中的 M 点重合时(M 是 S 系的发光点),光源闪光,如图 14.5(a) 所示.设同一光信号到达车厢前门为事件 1,到达后门为事件 2,根据光速不变原理,在车厢(S' 系)中,光信号沿 x' 轴的正、反方向传播速度都是 c,光源在车厢正中央,所以同一闪光信号同时到达前、后门,即事件 1,2 为同时事件,如图 14.5(b) 所示.在地面参考系(S 系),光信号沿 x 轴的正、反方向传播的速度也是 c,但车厢前、后门随车厢一起沿 x 轴正向以速度 u 相对地面运动,后门向 M 点接近,前门远离 M 点.因此,地面观测者测到光信号先到达后门、后到达前门,即事件 1,2 不是同时事件,如图 14.5(c) 所示.

这个例子说明,在一个惯性系中的两个同时事件,在另一个惯性系中观测不是同时的,这是时空均匀性和光速不变原理的一个直接结果.

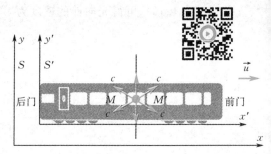

(a) 车厢正中央 M' 处的灯与地面(S 系)中的 M 点重合时,开始闪光

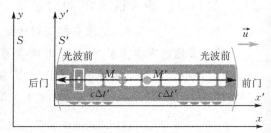

(b) 车厢(S' 系)中光向各方向传播的速度都为 c,所以同一光信号同时到达前、后门

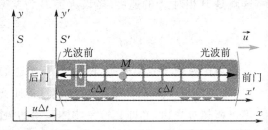

(c) 在地面(S 系)中,光速不变,因后门以速度 u 接近 M 点,所以同一光信号先到达后门,后到达前门

图 14.5　同时的相对性

如图 14.6 所示,一列爱因斯坦火车以速度 $\vec{u}$ 通过车站.车站观测者测到两个闪电同时分别击中车头和车尾,此时车尾和车头在车站(S 系)中的坐标分别为 x_1 和 x_2.设击中车尾为事件 1,在 S 系时空坐标为 (x_1,t_1),在火车(S' 系)中时空坐标为 (x_1',t_1');设击中车头为事件 2,

在 S 系时空坐标为 (x_2, t_2)，在 S' 系时空坐标为 (x_2', t_2').

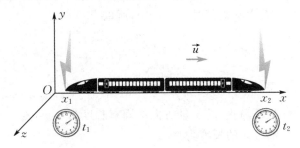

图 14.6　两个闪电同时击中车头和车尾

根据洛伦兹变换：

$$t_1' = \gamma\left(t_1 - \frac{u}{c^2}x_1\right), \quad t_2' = \gamma\left(t_2 - \frac{u}{c^2}x_2\right),$$

于是

$$t_2' - t_1' = \gamma\left[(t_2 - t_1) - \frac{u}{c^2}(x_2 - x_1)\right].$$

对车站 $(S$ 系$)$ 观测者，两闪电同时击中：$t_2 = t_1$，代入上式得

$$t_2' - t_1' = -\gamma \frac{u}{c^2}(x_2 - x_1).$$

因为 $u \neq 0, x_2 - x_1 \neq 0$，则在火车 $(S'$ 系$)$ 上的观测者测得两个闪电不是同时击中的. 按本题条件 $u > 0, x_2 - x_1 > 0$，则有 $t_2' - t_1' < 0$，即在火车上观测时，先击中车头，后击中车尾. 如果将火车改为后退，$u < 0, x_2 - x_1 > 0$，则有 $t_2' - t_1' > 0$，火车上观测者测得的结果是先击中车尾，后击中车头. 火车速度方向改变即参考系改变，因为参考系不同，两事件先后时序一般不同.

14.4.2　长度的相对性

设一物体（例如一把直尺）相对坐标系是静止的，如图 14.7 所示. 物体在 x 轴方向的长度等于两端坐标值之差，即 $l = |x_2 - x_1|$，这里测量 x_1 和 x_2 的时间不要求是同时的. 若物体是运动的，如图 14.8 所示，物体相对于 S' 系是静止的，相对 S 系则以速度 $\vec{u}$ 运动. 在 S 系中必须同时 $(t_1 = t_2 = t)$ 记录下物体两端的坐标 x_1 和 x_2. 在 S 系中测得的长度 $l(= x_2 - x_1)$ 称为物体的运动长度，而在 S' 系中测得该物体的长度 $l_0(= x_2' - x_1')$ 称为静止长度或固有长度.

根据洛伦兹变换，有

$$x_2' = \gamma(x_2 - ut_2), \quad x_1' = \gamma(x_1 - ut_1),$$

两式相减，得到

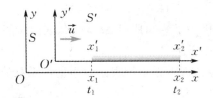

图 14.7　静止长度的测量　　　　　　　　　　图 14.8　运动长度的测量

$$x_2' - x_1' = \gamma[(x_2 - x_1) - u(t_2 - t_1)].$$

因为测量要求在 S 系中必须同时($t_2 = t_1$),所以

$$x_2' - x_1' = \gamma(x_2 - x_1),$$

即

$$l = \frac{1}{\gamma}l_0 = \sqrt{1 - \beta^2}\, l_0. \tag{14.16}$$

反之,设物体相对 S 系静止,沿 x 轴方向的固有长度为 $l_0 = x_2 - x_1$,则相对 S 系运动的 S' 系测量该物体沿 x' 轴方向的长度为

$$l' = x_2' - x_1' = \frac{l_0}{\gamma}. \tag{14.17}$$

从以上分析可以看出,相对论中物体长度是相对的. 在相对物体静止的惯性系中,测得物体的长度最长. 在运动方向上,相对观察者运动的物体的长度比相对观察者静止时的长度短. $\sqrt{1 - \beta^2}$ 称为**洛伦兹收缩因子**. 长度的收缩只发生在运动方向上,与运动垂直的方向并不发生长度收缩.

特别要注意的是,长度收缩是测量的结果,不要错误地说成是某人眼睛看见的结果,因为看见的图像是被观察的物体上各点发出的光同时到达观察者眼睛而感知的总图像. 光速是有限的,同时到达眼睛的光是与眼睛距离不同的各点在不同时刻发出的光,这与前面讲的同时($t_1 = t_2$)记录坐标 x_1 和 x_2 是不一致的.

14.4.3 时间间隔的相对性

设 S' 系中同一地点发生了两个事件,例如某振荡晶体到达相邻的两个正向峰值,这两个事件的时空坐标是(x_1', t_1'),(x_2', t_2'). 因为是同地事件,$x_1' = x_2'$,时间间隔 $\Delta t' = t_2' - t_1'$,也就是晶体静止时振动的周期. 在 S 系中测这两事件的时空坐标分别是(x_1, t_1),(x_2, t_2),如图 14.9 所示,显然 $x_1 \neq x_2$,t_1 和 t_2 是 S 系中两个同步时钟上的读数. 根据洛伦兹变换

$$t_1 = \gamma\left(t_1' + \frac{u}{c^2}x_1'\right), \quad t_2 = \gamma\left(t_2' + \frac{u}{c^2}x_2'\right),$$

两式相减,得

$$t_2 - t_1 = \gamma\left[(t_2' - t_1') + \frac{u}{c^2}(x_2' - x_1')\right].$$

因为 $x_2' = x_1'$,则

$$t_2 - t_1 = \gamma(t_2' - t_1'),$$

即

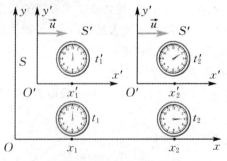

图 14.9　运动时钟变慢

$$\Delta t = \gamma \Delta t'. \tag{14.18}$$

因为 $\gamma > 1$,所以 $\Delta t > \Delta t'$,表示时间膨胀了,或者说 S 系的观察者认为运动的 S' 系上的时钟变慢了.

反之,S' 系中的观察者测量 S 系某处发生两事件的时间间隔为

$$\Delta t' = \gamma \Delta t > \Delta t. \tag{14.19}$$

某惯性系中在同一地点发生一个过程,相对该过程静止的惯性系测量到的时间间隔最

短,称之为该过程的**固有时间**,记作 τ_0;其他惯性系测量该过程的时间间隔时都只能用不同地点的两只同步钟测量,测得的数值都大于固有时间,记作 τ,则式(14.18)和式(14.19)可改写为

$$\tau = \gamma\tau_0, \tag{14.20}$$

$\gamma > 1$,有时称之为**时间膨胀(延缓)因子**.

相对论的运动时钟变慢和长度收缩效应,已经为大量的近代物理实验证实.

例 14.4 在实验室测量以 $0.910\,0c$ 飞行的 $\pi^{\pm}$ 介子经过的直线路径是 17.135 m,$\pi^{\pm}$ 介子的固有寿命是 $(2.603 \pm 0.002) \times 10^{-8}$ s.试从时间膨胀效应和长度收缩效应说明实验结果与相对论理论的符合程度.

解 从时间膨胀效应说明.相对实验室飞行的 $\pi^{\pm}$ 介子,可根据飞行路径长度算出它的寿命(运动时)为

$$\tau = \frac{17.135}{0.910\,0 \times 2.997\,9 \times 10^8}\ \text{s} = 6.281 \times 10^{-8}\ \text{s},$$

时间延缓因子

$$\gamma = \frac{1}{\sqrt{1-(0.910\,0)^2}} = 2.412.$$

由式(14.20)求出 $\pi^{\pm}$ 介子固有寿命的相对论理论预言值为

$$\tau_0 = \frac{\tau}{\gamma} = \frac{6.281 \times 10^{-8}}{2.412}\ \text{s} = 2.604 \times 10^{-8}\ \text{s},$$

可见理论值与实验值相差 0.001×10^{-8} s,且在实验误差范围内.

从长度收缩效应说明.在 $\pi^{\pm}$ 介子自身的惯性系中,$\pi^{\pm}$ 介子是静止的,它的寿命是固有寿命 τ_0,而整个实验室以速度 $u = 0.910\,0c$ 相对 $\pi^{\pm}$ 介子自身惯性系运动.在 τ_0 时间间隔内实验室飞过的距离是

$$l = 0.910\,0c \times \tau_0 = 7.101\ \text{m}.$$

在实验室测的飞行距离是相对实验室静止的长度,为固有长度.按长度收缩公式,理论值为

$$l_0 = \gamma l = 2.412 \times 7.101\ \text{m} = 17.128\ \text{m},$$

与实验值比较相差 0.007 m,在实验误差内,理论与实验符合.

例 14.5 一艘飞船以 3×10^3 m/s 的速率相对地面匀速飞行,飞船上的钟走了 10 s,地面上的钟经过了多少时间?

解 设飞船为 S' 系,即 $\Delta t' = 10$ s,地面为 S 系,由式(14.18)可得

$$\Delta t = \gamma \Delta t' = 10.000\,000\,000\,5\ \text{s} \approx 10\ \text{s},$$

表明飞船速度远远小于光速时,时间膨胀效应实际很难测出.

例 14.6 一静止长度为 l_0 的火箭以恒定速度 u 相对惯性系 S 运动,如图 14.10 所示.从火箭头部 A 发出一光信号,问光信号从 A 到火箭尾部 B 需经多长时间?(1)对火箭上的观测者;(2)对 S 系中的观测者.

解　(1) 以火箭为参考系 S'，A 到 B 的距离等于火箭的静止长度，所需时间为

$$t' = \frac{l_0}{c}.$$

(2) 对 S 系中的观测者，测得火箭的长度为 $l = \sqrt{1 - \beta^2}\, l_0$，光信号也是以 c 传播. 设从 A 到 B 的时间为 t，在此时间内火箭的尾部 B 向前推进了 ut 的距离，所以有

$$t = \frac{l - ut}{c} = \frac{\sqrt{1 - \beta^2}\, l_0 - ut}{c},$$

解得

$$t = \frac{\sqrt{1 - \beta^2}\, l_0}{c + u} = \sqrt{\frac{c - u}{c + u}}\, \frac{l_0}{c}.$$

图 14.10　相对 S 系飞行的火箭

14.4.4　因果关系

在某惯性系中观测两个存在因果关系的事件，必定原因(设时刻 t_1)在先，结果(设时刻 t_2)在后，即 $\Delta t = t_2 - t_1 > 0$. 那么，是否对所有的惯性系都如此呢？设在其他惯性系中观测，这两个事件的时间间隔为 $\Delta t' = t_2' - t_1'$，根据洛伦兹变换式，有

$$\Delta t' = \gamma\left(\Delta t - \frac{u}{c^2}\Delta x\right) = \gamma\Delta t\left(1 - \frac{u}{c^2}\frac{\Delta x}{\Delta t}\right).$$

不论是同地或异地的两事件，有因果关系的两个事件必须通过某种物质或信息相联系. 相对论的结论之一是任何物质运动的速度 $v \leqslant c$，所以联系因果关系两事件的物质或信息的平均速率 $\bar{v} = \frac{\Delta x}{\Delta t} \leqslant c$，即有 $\left(1 - \frac{u}{c^2}\frac{\Delta x}{\Delta t}\right) > 0$，则 $\Delta t'$ 与 Δt 同号，说明时序不会颠倒，即因果关系不会颠倒.

如果是两个没有因果关系的事件，则可以有 $\frac{\Delta x}{\Delta t} > c$. 因为 $\frac{\Delta x}{\Delta t}$ 并不是某种物质或信息传递的速度，在另一个惯性系中观测，时序可以颠倒. 例如相速可以超光速，并不违背相对论. 本来就是无因果关系的事件，不存在因果关系颠倒的问题.

14.5　狭义相对论动力学

相对性原理要求物理定律在所有惯性系中具有相同的形式，描述物理定律的方程式应满足洛伦兹变换的不变式. 这样，描述动力学的物理量，如动量、能量、质量等，都必须重新定义，并且要求它们在低速近似下过渡到经典力学中相对应的物理量.

14.5.1　动量、质量与速度的关系

在相对论中，定义一个质点的动量为

$$\vec{p} = m\vec{u}, \tag{14.21}$$

其中 $\vec{u}$ 是质点运动速度，m 是质点的质量。不过动量在数量上不一定与 $\vec{u}$ 成正比，因为 m 不再是恒量，可以假定 m 是速度 $\vec{u}$ 的函数。由于空间各向同性，m 只与速度 $\vec{u}$ 的大小有关，而与方向无关，即

$$m = m(u),$$

而且在低速近似下过渡为经典力学中的质量。

下面考察两个全同粒子的完全非弹性碰撞过程。如图 14.11 所示，两个全同粒子 A，B 正碰后结合成为一个复合粒子。从两个惯性系 S 和 S' 来讨论。在 S 系中粒子 B 静止，粒子 A 的速度为 u，它们的质量分别为 $m_B = m_0$（这里 m_0 是静止质量），$m_A = m(u)$，$m(u)$ 称为运动质量。在 S' 系中 A 静止，B 的速度为 $-u$，它们的质量分别为 $m_A = m_0$，$m_B = m(u)$。显然，S' 系相对于 S 系的速度为 u。设碰撞后复合粒子在 S 系中的速度为 v，质量为 $M(v)$；在 S' 系中速度为 v'，由对称性可知 $v' = -v$，故复合粒子的质量仍为 $M(v)$。根据守恒定律，有

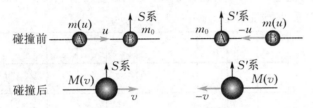

图 14.11　两个全同粒子的完全非弹性碰撞

质量守恒　　　　　　　$m(u) + m_0 = M(v),$

动量守恒　　　　　　　$m(u)u = M(v)v.$

由上两式消去 $M(v)$，解得

$$1 + \frac{m_0}{m(u)} = \frac{u}{v}. \tag{14.22}$$

另一方面，由速度变换式（14.14）

$$v' = -v = \frac{v - u}{1 - \dfrac{uv}{c^2}},$$

即

$$\frac{u}{v} - 1 = 1 - \frac{uv}{c^2},$$

等式两边乘以 $\dfrac{u}{v}$ 并整理得

$$\left(\frac{u}{v}\right)^2 - 2\left(\frac{u}{v}\right) + \left(\frac{u}{c}\right)^2 = 0,$$

解得

$$\frac{u}{v} = 1 \pm \sqrt{1 - \frac{u^2}{c^2}}.$$

因为 $v < u$，舍去负号，则

$$\frac{u}{v} = 1 + \sqrt{1 - \frac{u^2}{c^2}},$$

代入式(14.22),得到

$$m(u) = \frac{m_0}{\sqrt{1 - \dfrac{u^2}{c^2}}} = \gamma m_0.$$ (14.23)

式(14.23)就是相对论中的质速关系.相对论动量的表达式为

$$\vec{p} = m\vec{u} = \gamma m_0 \vec{u}.$$ (14.24)

图14.12是几位工作者早年测量电子质量随速度变化的实验曲线,说明质速关系式(14.23)与实验相符.理论和实验都表明:当物体速率远小于光速时,运动质量和静止质量基本相等,可以看作与速度大小无关的恒量;但当速率接近光速时,运动质量迅速增大,相对论效应显著;当 $\beta = \dfrac{u}{c} \to 1$ 时,$m(u) \to \infty$,动量也趋向无穷大.在回旋加速器里,当粒子速率接近光速时就很难再加速.对于 $m_0 \neq 0$ 的粒子,速率不能等于光速.光速 c 是一切物体速率的上限.如果速率超过光速,$u > c$,则式(14.23)给出的是没有意义的虚质量.对于光、电磁辐射等速率 $u = c$,则其静止质量为零.

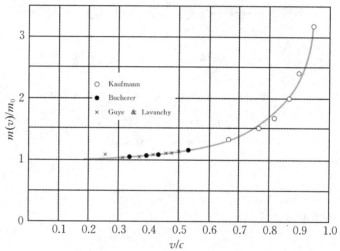

图14.12   电子质量随速度变化的实验曲线

在相对论中,力定义为动量对时间的变化率,即

$$\vec{F} = \frac{\mathrm{d}\vec{p}}{\mathrm{d}t}.$$ (14.25)

式(14.25)所表示的力学规律,对不同的惯性系,在洛伦兹变换下是不变的.要说明的是,质量和速度 $\vec{u}$ 在不同惯性系中是不同的,所以相对论中力 $\vec{F}$ 在不同惯性系中也是不同的,它们都不是恒量,不同惯性系之间有其相应的变换关系,与经典力学不同.

将式(14.24)代入式(14.25),可得

$$\vec{F} = \frac{\mathrm{d}(m\vec{u})}{\mathrm{d}t} = m\frac{\mathrm{d}\vec{u}}{\mathrm{d}t} + \vec{u}\frac{\mathrm{d}m}{\mathrm{d}t} = m\vec{a} + \vec{u}\frac{\mathrm{d}m}{\mathrm{d}t}.$$ (14.26)

式(14.26)称为**相对论力学基本方程**.当运动速度远远小于光速时,即 $u \ll c$ 时,$\gamma \to 1$,$m \approx m_0$,则 $\vec{F} = m_0\vec{a}$,过渡到牛顿第二定律.

14.5.2　质量与能量的关系

在相对论中,功能关系仍具有牛顿力学中的形式.设静止质量为 m_0 的质点,在外力作用下由静止开始运动,获得速度 $\vec{u}$,由动能定理,即质点动能的增量等于外力所做的功,则

$$\mathrm{d}E_k = \vec{F} \cdot \mathrm{d}\vec{r} = \vec{F} \cdot \vec{u}\mathrm{d}t,$$

将式(14.26)代入上式,得

$$\mathrm{d}E_k = \mathrm{d}(m\vec{u}) \cdot \vec{u} = (\mathrm{d}m)\vec{u} \cdot \vec{u} + m(\mathrm{d}\vec{u}) \cdot \vec{u} = u^2\mathrm{d}m + mu\,\mathrm{d}u.$$

又 $m = \dfrac{m_0}{\sqrt{1 - \dfrac{u^2}{c^2}}}$,两边微分得

$$\mathrm{d}m = \frac{m_0 u\,\mathrm{d}u}{c^2 \left(1 - \dfrac{u^2}{c^2}\right)^{3/2}},$$

解出

$$\mathrm{d}u = \frac{c^2 \left(1 - \dfrac{u^2}{c^2}\right)^{3/2} \mathrm{d}m}{m_0 u},$$

将 m,$\mathrm{d}u$ 的关系式代入 $\mathrm{d}E_k$ 的表达式,并化简,得到

$$\mathrm{d}E_k = c^2 \mathrm{d}m.$$

当质点静止时,$m = m_0$,动能 $E_k = 0$,上式积分得

$$\int_0^{E_k} \mathrm{d}E_k = \int_{m_0}^{m} c^2 \mathrm{d}m,$$

即

$$E_k = mc^2 - m_0 c^2. \tag{14.27}$$

上式是相对论动能的表达式,显然与经典力学的动能公式不同.但是当 $u \ll c$ 时,

$$E_k = m_0 c^2 \left(1 - \frac{u^2}{c^2}\right)^{-\frac{1}{2}} - m_0 c^2 = m_0 c^2 \left(1 + \frac{1}{2}\frac{u^2}{c^2} + \cdots\right) - m_0 c^2 \approx \frac{1}{2}m_0 u^2.$$

这里忽略高阶小量,回到了经典力学中的质点动能公式.

由式(14.27),可得

$$mc^2 = E_k + m_0 c^2.$$

爱因斯坦称 $m_0 c^2$ 为静能 E_0,mc^2 等于物体的动能和静能之和,称为总能量 E,即

$$E = mc^2. \tag{14.28}$$

式(14.28)就是质能关系,它把能量和质量联系在一起.

质能关系表明,一定的质量就代表一定的能量,质量和能量是相当的,两者之间的关系只是相差一个常数 c^2 因子.物质具有质量必然同时具有相应的能量.如果质量发生变化,那么能量也伴随发生相应的变化,反之,如果物体的能量发生变化,那么它的质量一定发生相应的变化,即

$$\Delta E = \Delta mc^2. \tag{14.29}$$

在能量较高情况下,微观粒子(如原子核、基本粒子等)相互作用,导致分裂、聚合等反应过程.反应前粒子的静止质量和反应后生成物的总静止质量之差,称为质量亏损.质量亏损

对应的能量称为结合能,通常称为原子能. 原子能的利用使人类进入原子时代,爱因斯坦建立的质能关系式被认为是一个具有划时代意义的理论公式.

例 14.7 已知质子和中子的静止质量分别为

$$M_p = 1.007\ 28\ u, \quad M_n = 1.008\ 66\ u.$$

u 为原子质量单位,$1\ u = 1.66 \times 10^{-27}\ kg$. 两个质子和两个中子结合成一个氦核$^4_2He$,实验测得它的静止质量 $M_A = 4.001\ 50\ u$. 计算形成一个氦核放出的能量.

解 两个质子和两个中子的质量为

$$M = 2M_p + 2M_n = 4.031\ 88\ u,$$

形成一个氦核对应质量亏损

$$\Delta M = M - M_A = 0.030\ 38\ u,$$

则相应的能量改变量为

$$\Delta E = \Delta Mc^2 = 0.030\ 38 \times 1.66 \times 10^{-27} \times (3 \times 10^8)^2\ J = 4.539 \times 10^{-12}\ J,$$

这就是形成一个氦核放出的能量.

若形成 $1\ mol$ 氦核$(4.002\ g)$,则放出的能量为

$$\Delta E = 4.539 \times 10^{-12} \times 6.022 \times 10^{23}\ J = 2.733 \times 10^{12}\ J,$$

这相当于燃烧 $100\ t$ 煤所放出的热量.

14.5.3　动量和能量的关系

根据相对论动量、能量的定义,有

$$p = mu, \quad E = mc^2.$$

将上两式平方并运算,

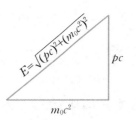

图 14.13　总能量与动量的关系

$$E^2 = m^2 c^4 = m^2 c^4 - m^2 u^2 c^2 + m^2 u^2 c^2$$

$$= m^2 c^4 \left(1 - \frac{u^2}{c^2}\right) + p^2 c^2 = m_0^2 c^4 + p^2 c^2,$$

即

$$E^2 = (pc)^2 + (m_0 c^2)^2. \tag{14.30}$$

这就是相对论中**总能量和动量的关系式**. 如图 14.13 所示,可以用一个直角三角形的勾股弦形象地表示这一关系.

有些粒子,如光子,$m_0 = 0$,则 $E = pc$,得到

$$p = \frac{E}{c} = \frac{mc^2}{c} = mc.$$

说明静止质量为零的粒子一定以光速运动.

本 章 提 要

一、狭义相对论的两条基本原理

1. 相对性原理

所有物理规律在一切惯性系中都具有相同的形式,即所有惯性系对一切物理定律等价.

2. 光速不变原理

在所有惯性系中,光在真空中传播的速率都为 c,即光在真空中传播的速率与参考系无关.

二、洛伦兹变换

$S \to S'$ 系的坐标变换式

$$\begin{cases} x' = \gamma(x - ut), \\ y' = y, \\ z' = z, \\ t' = \gamma\left(t - \dfrac{u}{c^2}x\right), \end{cases}$$

式中 $\gamma = \dfrac{1}{\sqrt{1 - \beta^2}}$, $\beta = \dfrac{u}{c}$.

根据速度的定义和洛伦兹坐标变换得速度变换式

$$\begin{cases} v'_x = \dfrac{v_x - u}{1 - \dfrac{uv_x}{c^2}}, \\[4mm] v'_y = \dfrac{v_y}{\gamma\left(1 - \dfrac{uv_x}{c^2}\right)}, \\[4mm] v'_z = \dfrac{v_z}{\gamma\left(1 - \dfrac{uv_x}{c^2}\right)}. \end{cases}$$

根据相对性原理,把 u 换为 $-u$,带撇和不带撇量对调,便得 $S' \to S$ 系的变换式.

所有物理定律的数学表达式都是洛伦兹变换的不变式.洛伦兹变换是狭义相对论时空观的数学表述.

三、狭义相对论时空观

1. 同时是相对的

$$\Delta t' = \gamma\left(\Delta t - \dfrac{u}{c^2}\Delta x\right).$$

在 S 系中同时($\Delta t = 0$)但不同地($\Delta x \neq 0$),则在 S' 系中一定不同时($\Delta t' \neq 0$).

2. 长度收缩

$$l = \sqrt{1 - \beta^2}\, l_0,$$

式中 l_0 为固有长度.

3. 时间膨胀

$$\tau = \gamma\tau_0,$$

式中 τ_0 为固有时间.

4. 质速关系

$$m = \frac{m_0}{\sqrt{1 - \left(\dfrac{u}{c}\right)^2}} = \gamma m_0.$$

光速 c 是极限速度,光子的 $m_0 = 0$.

5. 质能关系

总能量　　　$E = mc^2$;

静能　　　$E_0 = m_0 c^2$;

动能　　　$E_k = mc^2 - m_0 c^2$.

在相对论中质量概念不独立存在,质量守恒定律和能量守恒定律统一为质能守恒定律.在一个独立系统内

$$\sum m_i c^2 = \sum (E_{ki} + m_{0i} c^2) = 恒量(能量守恒)$$

或

$$\sum m_i = 恒量(质量守恒).$$

质量亏损公式

$$\Delta E_k = |\Delta m_0|\, c^2.$$

6. 动量和能量关系

动量

$$\vec{p} = m\vec{u} = \gamma m_0 \vec{u}.$$

动量和能量的关系为

$$E^2 = (pc)^2 + (m_0 c^2)^2.$$

对于光子,$p = \dfrac{E}{c}$.

习 题 14

14.1 惯性系 S' 相对惯性系 S 以速度 u 运动. 当它们的坐标原点 O 与 O' 重合时, $t = t' = 0$, 发出一光波, 此后两惯性系的观测者观测该光波的波阵面形状如何?用直角坐标系写出各自观测的波阵面的方程.

14.2 惯性系 S' 相对另一惯性系 S 沿 x 轴做匀速直线运动, 取两坐标原点重合时刻作为计时起点. 在 S 系中测得两事件的时空坐标分别为 $x_1 = 6 \times 10^4$ m, $t_1 = 2 \times 10^{-4}$ s, 以及 $x_2 = 12 \times 10^4$ m, $t_2 = 1 \times 10^{-4}$ s. 已知在 S' 系中测得该两事件同时发生. 试问:

(1) S' 系相对 S 系的速度是多少?

(2) S' 系中测得的两事件的空间间隔是多少?

14.3 长度 $l_0 = 1$ m 的米尺静止于 S' 系中, 与 x' 轴的夹角 $\theta' = 30°$, S' 系相对 S 系沿 x 轴运动, 在 S 系中观测者测得米尺与 x 轴夹角为 $\theta = 45°$. 试求:

(1) S' 系和 S 系的相对运动速度.

(2) S 系中测得的米尺长度.

14.4 一扇门宽为 a, 今有一固有长度为 l_0 ($l_0 > a$) 的水平细杆, 在门外贴近门的平面内沿其长度方向匀速运动. 若站在门外的观察者认为此杆的两端可同时被拉进此门, 则该杆相对于门的运动速率 u 至少为多少?

14.5 两个惯性系中的观察者 O 和 O' 以 $0.6c$ 的相对速度相互接近, 如果 O 测得两者的初始距离是 20 m, 则 O' 测得两者经过多少时间相遇?

14.6 观测者甲、乙分别静止于两个惯性系 S 和 S' 中, 甲测得在同一地点发生的两事件的时间间隔为 4 s, 而乙测得这两个事件的时间间隔为 5 s. 求:

(1) S' 系相对于 S 系的运动速度;

(2) 乙测得这两个事件发生的地点间的距离.

14.7 一名宇航员要到离地球为 5 ly 的星球去旅行. 如果宇航员希望把这路程缩短为 3 ly, 则他所乘的火箭相对于地球的速度是多少?

14.8 论证以下结论:在某个惯性系中有两事件同时发生在不同地点, 在有相对运动的其他惯性系中, 这两个事件一定不同时.

14.9 试证明:

(1) 如果两个事件在某惯性系中是同一地点发生的, 则对一切惯性系来说这两个事件的时间间隔只有在此惯性系中最短;

(2) 如果两个事件在某惯性系中是同时发生的, 则对一切惯性系来说两个事件的空间间隔只有在此惯性系中最短.

14.10 6 000 m 的高空大气层中产生了一个 π 介子, 以速度 $v = 0.998c$ 飞向地球. 假定该 π 介子在其自身的静止系中的寿命等于其平均寿命 2×10^{-6} s. 试分别从地球上的观测者和 π 介子静止系中的观测者的角度来判断该 π 介子能否到达地球.

14.11 设物体相对 S' 系沿 x' 轴正向以 $0.8c$ 运动, 如果 S' 系相对 S 系沿 x 轴正向的速度也是 $0.8c$, 问物体相对 S 系的速度是多少?

14.12 飞船 A 以 $0.8c$ 的速度相对地球向正东方向飞行, 飞船 B 以 $0.6c$ 的速度相对地球向正西方向飞行. 当两飞船即将相遇时飞船 A 上的观测者在自己的天窗处相隔 2s 发射两颗信号弹. 在飞船 B 上的观测者测得两颗信号弹相隔的时间间隔为多少?

14.13 (1) 火箭 A 和 B 分别以 $0.8c$ 和 $0.6c$ 的速度相对地球向 x 轴正向和 x 轴负向飞行. 试求火箭 B 测得的火箭 A 的速度.

(2) 若火箭 A 相对地球以 $0.8c$ 的速度向 y 轴正向运动, 火箭 B 的速度不变, 求 A 相对 B 的速度.

14.14 静止在 S 系中的观测者测得一光子沿与 x 轴成 $60°$ 角的方向飞行. 另一观测者静止于 S' 系, S' 系的 x' 轴与 x 轴一致, 并以 $0.6c$ 的速度沿 x 轴方向运动. 试问 S' 系中的观测者观测到的光子运动方向如何?

14.15 (1) 如果将电子由静止加速到速率 $0.1c$, 须对它做多少功?

(2) 如果将电子由速率为 $0.8c$ 加速到 $0.9c$, 又须对它做多少功?

14.16 μ 子的静止质量是电子静止质量的 207 倍, 静止时的平均寿命 $\tau_0 = 2 \times 10^{-6}$ s, 若它在实验室参考系中的平均寿命 $\tau = 7 \times 10^{-6}$ s, 试问其质量是电子静止质量的多少倍?

14.17　一个物体的速度使其质量增加了 10%,试问此物体在运动方向上缩短了百分之几?

14.18　一个电子在电场中从静止开始加速, 试问它应通过多大的电势差才能使其质量增加 0.4%?此时电子速度是多少?已知电子的静止质量为 9.1×10^{-31} kg.

14.19　一台正负电子对撞机可以把电子加速到动能 $E_k = 2.8 \times 10^9$ eV.这种电子速率比光速差多少?这样的一个电子动量是多大?(与电子静止质量相应的能量为 $E_0 = 0.511 \times 10^6$ eV)

14.20　氢原子的同位素氘($^2_1$H)和氚($^3_1$H)在高温条件下发生聚变反应,产生氦原子核($^4_2$He)和一个中子($^1_0$n),并释放出大量能量,其反应方程为

$$^2_1H + {}^3_1H \rightarrow {}^4_2He + {}^1_0n.$$

已知氘核的静止质量为 2.013 5 u(1 u $= 1.66 \times 10^{-27}$ kg),氚核和氦核及中子的质量分别为 3.015 5 u,4.001 5 u,1.008 65 u.求上述聚变反应释放出来的能量.

14.21　一静止质量为 m_0 的粒子,裂变成两个粒子,速度分别为 $0.6c$ 和 $0.8c$.求裂变过程的静质量亏损和释放出的动能.

14.22　有 A,B 两个静止质量都是 m_0 的粒子,分别以 $v_1 = v, v_2 = -v$ 的速度相向运动,在发生完全非弹性碰撞后合并为一个粒子.求碰撞后粒子的速度和静止质量.

阅读材料　广义相对论简介

爱因斯坦建立的狭义相对论必须限制在惯性参考系中才能成立,而从实验上考察,人们总是选某个物体(星体)作为惯性系,它们都不是惯性定律所定义的惯性系.因此,爱因斯坦考虑应该把相对性原理推广到任意参考系,而不必定义一个惯性系.爱因斯坦依据惯性质量和引力质量相等的实验结果,提出了等效原理,建立了广义相对论.广义相对论是引力场的理论,它明确地表明,时间和空间不能脱离物质而独立存在,时空的性质取决于物质.广义相对论是现代宇宙论的理论基础.

(扫二维码阅读详细内容)

阅读材料　　应用拓展　　名家简介

第 15 章　量子物理基础

量子力学是研究微观粒子(分子、原子、原子核、基本粒子等)运动规律及物质微观结构的理论,是近代物理学的两大理论支柱之一.

在 19 世纪末,经典物理学(牛顿力学、热力学与统计物理学、电动力学)的理论体系已经达到了相当完美的程度,人们普遍认为对复杂纷纭的物理现象的本质的认识至此已经完成. 然而,几乎与此同时,经典物理学却在诸如黑体辐射、光电效应和原子光谱等一系列新的实验现象面前遇到了严重的困难. 一些敏锐的物理学家逐渐意识到经典物理学中潜伏着的深刻危机,开始以全新的视角重新探索微观粒子的本性及其运动规律,从而创立了量子力学.

量子力学的建立,开辟了人们认识微观世界的道路,引发了一系列新的技术革命. 量子力学成功地说明了原子与分子的结构、辐射的吸收与发射、固体的性质、超导等物理现象,揭示了物质的微观结构与宏观性质之间的关系.量子力学同时也是诸如现代材料科学与技术、电子科学与技术、能源科学与技术、生物科学与技术、信息科学与技术等新兴学科和高新技术的物理基础和理论工具.今天,人们的日常生活已经和量子力学密切相关,可以毫不夸张地说,没有量子力学就没有人类的现代物质文明.

本章首先介绍早期量子论的主要内容,然后介绍量子力学的基本概念,最后讨论量子力学在原子结构理论方面的应用.

15.1　光 的 量 子 性

15.1.1　黑体辐射　普朗克量子假设

1. 热辐射　黑体辐射定律

任何物体在任何温度下都向外辐射波长不同的电磁波.温度不同,物体发出的电磁波的能量按波长的分布也不同.这种能量按波长的分布与温度有关的电磁辐射叫作**热辐射**.例如,加热一铁块,当温度在 300 ℃ 以下时,只感觉到它发热,看不见发光.随着温度的升高,不仅物体辐射的能量愈来愈大,而且颜色开始呈暗红色,继而变为赤红、橙红、黄白色,达1 500 ℃ 时出现白光.其他物体加热时发光的颜色也有类似随温度而改变的现象.这说明在不同温度下物体所辐射的电磁波的能量按波长的分布是不同的.

为了定量描述物体在一定温度下发出的能量随波长的分布,引入单色辐射本领(亦称单色辐出度)的概念.**单色辐射本领**是指单位时间内从物体表面单位面积上发出的波长在 λ 附近单位波长间隔内的电磁辐射的能量,通常用 $M_\lambda(T)$ 表示.

任何物体在任何温度下,不但能辐射电磁波,还能吸收电磁波.理论和实验表明辐射本领大的表面,吸收本领也大,反之亦然.物体表面越黑吸收本领越大,辐射本领也越大.能全部吸收照射在它上面的各种波长的电磁波的物体叫作绝对黑体,简称**黑体**.绝对黑体的吸收本领最大,辐射本领也最大.在自然界,绝对黑体是不存在的,即使最黑的煤烟也只能吸收99% 的入射光能.若用某种材料制成一个空腔,在腔壁上开一小孔,如图 15.1 所示,就是一个绝对黑体模型.因为入射到小孔的电磁波,进入小孔后在腔内经过多次反射后被腔壁吸收,几乎没有电磁波再从小孔出来,它与构成空腔的材料无关.从辐射的角度看,如果将空腔加热到一定温度,内壁发出的辐射也会经过多次反射后射出小孔.小孔的辐射实际上就是绝对黑体的辐射.

绝对黑体辐射只与温度有关.保持一定温度,可用实验方法测出单色辐射本领随波长的变化曲线.取不同的温度得到不同的实验曲线,如图 15.2 所示.由图可以看出,在任何确定的温度下,黑体对不同波长的辐射本领是不同的,在某一波长值处有极大值,当温度升高时,极大值向短波方向移动,同时曲线向上抬高并变得更为尖锐.根据实验结果,可得两条黑体辐射定律.

图 15.1　绝对黑体的模型

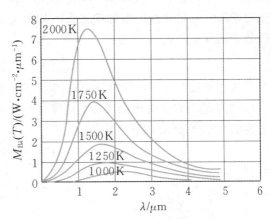

图 15.2　黑体的辐射本领按波长分布曲线

(1) 斯特藩-玻尔兹曼定律

由实验曲线可得黑体辐射的总辐射本领(也叫作辐射出射度,可用曲线下的面积表示)

$$M_B(T) = \int_0^\infty M_{B\lambda}(T)\,d\lambda$$

与温度的四次方成正比,即

$$M_B(T) = \sigma T^4. \tag{15.1}$$

实验测得 $\sigma = 5.670 \times 10^{-8}$ W/(m² · K⁴),称为斯特藩常量.这个规律称为**斯特藩-玻尔兹曼定律**.可见,黑体的总辐射本领随温度的升高而急剧增加.

(2) 维恩位移定律

在任意温度下,黑体的辐射本领有一个极大值,这个极大值对应的波长用 λ_m 表示,称为**峰值波长**.λ_m 与温度 T 有如下确定的关系:

$$T\lambda_m = b. \tag{15.2}$$

实验测得 $b = 2.898 \times 10^{-3}$ m·K,称为维恩常量.式(15.2)称为维恩位移定律.

根据维恩位移定律,温度升高,峰值波长向短波方向移动.可以算出温度较低时(常温),辐射波长在红外区,随着温度的升高,λ_m 向短波方向移动,辐射则由红变黄、变白.

例 15.1 在地球大气层外的飞船上,测得太阳辐射本领的峰值在 465 nm 处.假定太阳是一个黑体,试计算太阳表面的温度和单位面积辐射的功率.

解 根据维恩位移定律可得太阳表面的温度为

$$T = \frac{b}{\lambda_m} = \frac{2.898 \times 10^{-3}}{465 \times 10^{-9}} \text{ K} = 6232 \text{ K}.$$

根据斯特藩-玻尔兹曼定律,太阳单位面积所辐射的功率为

$$M(T) = \sigma T^4 = 5.670 \times 10^{-8} \times 6232^4 \text{ W/m}^2 = 8.552 \times 10^7 \text{ W/m}^2.$$

2. 普朗克的量子假设和黑体辐射公式

为了从理论上解释黑体辐射的规律,19 世纪末,许多物理学家尝试在经典物理学的基础上找出黑体的单色辐射本领 $M_{B\lambda}(T)$ 与 λ,T 的具体函数形式,结果都失败了.1896 年,维恩根据热力学第二定律并假设辐射按波长的分布类似于麦克斯韦分子速度分布,得出了称之为**维恩公式**的理论公式:

$$M_{B\lambda}(T) = C_1 \lambda^{-5} e^{\frac{C_2}{\lambda T}}.$$

这个公式在短波部分与实验结果一致,但在长波部分则与实验结果偏差较大.

1900 年瑞利和金斯根据经典电磁理论和线性谐振子能量按自由度均分的思想,得出了称之为**瑞利-金斯公式**的理论公式:

$$M_{B\lambda}(T) = C_3 \lambda^{-4} T.$$

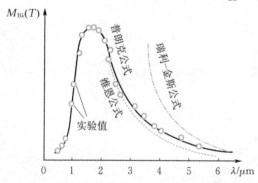

图 15.3 热辐射的理论公式与实验结果的比较(○表示实验结果)

这个公式在波长很长的情况下与实验结果一致,但在短波区域则与实验完全不符,以致当波长趋于零时,单色辐射本领趋于无穷大,物理学史上称之为"紫外灾难".以上两公式中的 C_1,C_2,C_3 都是常量.图 15.3 中给出了这两个公式的结果与实验结果的比较.

1900 年,普朗克在仔细分析黑体辐射的实验结果的基础上,提出了一个与实验符合得非常好的经验公式:

$$M_{B\lambda}(T) = 2\pi hc^2 \lambda^{-5} \frac{1}{e^{\frac{hc}{\lambda kT}} - 1}, \qquad (15.3)$$

称为**普朗克公式**.式中 c 为真空中光速,k 为玻尔兹曼常量,h 称为普朗克常量,它是近代物理学最重要的常量之一,由实验测定为

$$h = (6.6260755 \pm 0.0000040) \times 10^{-34} \text{ J·s}.$$

为了从理论上推导出这个公式,普朗克提出了如下假设.

① 黑体由带电谐振子组成(即把组成空腔壁的分子、原子看作线性谐振子).这些谐振子

辐射电磁波,并和周围的电磁场交换能量.

② 每个谐振子的能量不能连续变化,只能取一些分立值,这些分立值是最小能量 ε 的整数倍,即

$$\varepsilon, 2\varepsilon, 3\varepsilon, \cdots, n\varepsilon, \cdots \quad (n \text{ 为正整数}).$$

这个最小能量 ε 称为能量子.

③ 能量子 ε 的大小与谐振子频率 ν 成正比,即

$$\varepsilon = h\nu,$$

其比例系数 h 就是普朗克常量.

容易证明,维恩公式和瑞利-金斯公式分别是普朗克公式在短波段和长波段的极限情况,根据普朗克公式还可以推导出斯特藩-玻尔兹曼定律和维恩位移定律,这说明理论与实验符合得很好.

普朗克的能量子假设打破了经典物理学能量连续变化的概念,这一个新的重大发现,它开创了物理学的新时代.人们通常把 1900 年普朗克提出的量子假设作为量子论的起点.

例 15.2　某物体辐射频率为 6.0×10^{14} Hz 的黄光,这种辐射的能量子的能量多大?

解　根据普朗克能量子公式,得

$$\varepsilon = h\nu = 6.63 \times 10^{-34} \times 6.0 \times 10^{14} \text{ J} = 3.78 \times 10^{-19} \text{ J}.$$

此能量就是辐射体在辐射或吸收黄光过程中最小的能量单元.

例 15.3　质量 $m = 1.0$ kg 的物体和劲度系数 $k = 20$ N/m 的弹簧组成谐振子系统,系统以振幅 $A = 0.01$ m 振动.(1)如果该系统的能量是按照普朗克假设量子化的,则量子数 n 有多大?(2)如果 n 改变一个单位,则系统能量变化的百分比是多大?

解　(1)该谐振子的振动频率

$$\nu = \frac{1}{2\pi}\sqrt{\frac{k}{m}} = \frac{1}{2\pi}\sqrt{\frac{20}{1.0}} \text{ s}^{-1} = 0.71 \text{ s}^{-1},$$

系统的机械能为

$$E = \frac{1}{2}kA^2 = \frac{1}{2} \times 20 \times 0.01^2 \text{ J} = 1.0 \times 10^{-3} \text{ J},$$

量子数为

$$n = \frac{E}{\varepsilon} = \frac{E}{h\nu} = \frac{1.0 \times 10^{-3}}{6.63 \times 10^{-34} \times 0.71} = 2.1 \times 10^{30}.$$

(2)如果改变一个单位,系统能量变化的百分比为

$$\frac{\Delta E}{E} = \frac{h\nu}{nh\nu} = \frac{1}{n} \approx 10^{-30}.$$

可见,对宏观谐振子,量子数 n 非常大,n 每改变一个单位,能量的变化百分比非常之小,实际上是无法观察的,所以可认为能量是连续变化的.对于宏观物体(系统),因为普朗克常量 h 非常小,可认为趋近于零,量子化的特性显示不出来;对于微观谐振子(分子、原子等),$\Delta E = h\nu$ 和 E 的数量级可以比拟,普朗克常量 h 不可忽略,量子化的特性便显现出来了.因此,普朗克常量可作为经典物理学是否适用的一个判据.

15. 1. 2　光电效应　爱因斯坦光子假设

1. 光电效应的实验规律

在麦克斯韦预言了电磁波的存在以后,为了证实电磁波的存在,赫兹研究了电火花实验.1887年赫兹发现,当用紫外光照射到电火花间隙的负电极上时,将有助于放电.当光照射到金属表面时,金属表面有电子逸出的现象称为**光电效应**.所逸出的电子叫作**光电子**.

研究光电效应的实验装置如图 15.4 所示.图中 S 是一个真空的玻璃管,K 为发出电子的阴极,A 为阳极.石英玻璃窗对紫外线吸收很小.当用单色光照射 K 时,金属释放出光电子.K 和 A 之间加上一定的电势差U(由电压表 V 读出),光电子由 K 飞向 A,回路中形成电流I(由电流计 G 读出),称为光电流.从实验结果得到如下规律.

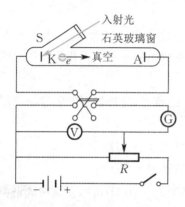

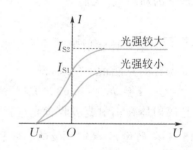

图 15.4　光电效应实验示意图　　　　图 15.5　光电效应的伏安特性曲线

(1) 光电流与入射光强度之间的关系

保持入射光的频率不变且光强一定时,光电流I随电势差U增加而增加,如图 15.5 所示.但当U增大到一定值时,光电流I不再增加而达到一饱和值I_s.改变光强,饱和电流I_s随之改变.实验表明,饱和电流I_s与入射光强度成正比,即**单位时间内从阴极逸出的光电子数与入射光强度成正比**.

(2) 光电子的初动能与入射光频率之间的关系

从图15.5所示的实验曲线可以看出,当电势差U减小到零时,光电流I并不等于零,仅当电势差$U = U_A - U_K$变为负值时(实验时利用换向开关换向),光电流I才迅速减小为零.这表明此时逸出金属后具有最大初动能的光电子也不能到达阳极 A.该电势差U_a称为**截止电压**.故光电子的最大初动能为

$$\frac{1}{2}mv_m^2 = eU_a, \tag{15.4}$$

其中 m 为电子质量,v_m 为光电子的最大初速度,e 为电子的电荷量.

实验发现截止电压U_a与光的强度无关,而与入射光的频率ν呈线性关系,如图 15.6 所示,即**光电子的最大初动能随入射光的频率呈线性关系而与入射光的强度无关**,用数学式表示为

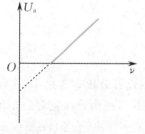

图 15.6　截止电压与入射光频率的关系

$$U_a = k\nu - U_0. \tag{15.5}$$

直线斜率 k 是与金属材料无关的普适常量. 将式(15.5)代入式(15.4),可得

$$\frac{1}{2}mv_{\mathrm{m}}^2 = ek\nu - eU_0. \tag{15.6}$$

由于 $\frac{1}{2}mv_{\mathrm{m}}^2 \geqslant 0$,上式表明,只有当入射光频率 $\nu > \nu_0 \left(\nu_0 = \dfrac{U_0}{k}\right)$时,才有光电子产生,$\nu_0$ 称为光电效应的红限频率,相应的波长称为红限波长. 也就是说当光照射某一给定的金属时,如果入射光的频率小于该金属的红限频率 ν_0,则无论光的强度如何,都不会产生光电效应.

表 15.1　几种金属的红限频率和逸出功

金属	钨	钙	钠	钾	铷	铯
红限频率 $\nu_0/10^{14}$ Hz	10.95	7.73	5.53	5.44	5.15	4.69
逸出功 $A(eU_0)/\mathrm{eV}$	4.54	3.20	2.29	2.25	2.13	1.94

(3) 光电效应与时间之间的关系

实验发现,只要入射光的频率大于金属的红限频率,从光开始照射到光电子逸出,时间间隔不超过 10^{-9} s,即光电效应几乎是瞬时的,且与光的强度无关.

光电效应的这些实验规律无法用光的波动理论解释. 光的波动理论认为,当光照射金属表面时,金属中的电子是在光波作用下做受迫振动,无论入射光的频率多么低,只要光强足够大(振幅足够大),光照时间足够长,电子就能从入射光中获得足够的能量脱离晶格的束缚而逸出金属表面. 因此,根据光的波动理论,光电效应只与入射光的强度、光照时间有关,而与入射光的频率无关.

2. 爱因斯坦的光子假说和光电效应方程

为了解释光电效应,1905 年爱因斯坦在普朗克的能量子概念的基础上提出了光量子假说:光不仅在发射和吸收时具有粒子性,光在空间传播时,也具有粒子性,一束光就是一束以光速运动的粒子流.这些粒子称为光量子,简称光子. 频率为 ν 的光的一个光子具有的能量为

$$\varepsilon = h\nu, \tag{15.7}$$

其中 h 为普朗克常量.

应用光子理论,可以对光电效应做出合理的解释. 用频率为 ν 的单色光照射金属时,一个光子被一个电子吸收而使电子能量增加 $h\nu$. 能量增大的电子,将其能量的一部分用于脱离金属表面时所需的逸出功 A,另一部分则成为电子逸出金属表面后的最大初动能. 根据能量守恒定律,有

$$\frac{1}{2}mv_{\mathrm{m}}^2 = h\nu - A, \tag{15.8}$$

这就是爱因斯坦光电效应方程.

将式(15.8)与式(15.6)比较,可得

$$h = ek, \quad A = eU_0, \quad \nu_0 = \frac{U_0}{k} = \frac{A}{h}.$$

上式给出了金属红限频率与逸出功的关系.

饱和电流和光的强度成正比的解释如下:入射光的强度取决于单位时间内通过垂直于光传播方向单位面积的能量(即能流密度),与单位时间内通过单位面积的光子数成正比. 当

ν 一定时,入射光越强,照射到阴极 K 的光子数越多,逸出的光电子数也就越多,因此饱和电流越大.

同样,由光量子理论,光电效应的延迟时间非常短是因为光子被电子一次性吸收而增大能量的过程很短,几乎是瞬时的.

例 15.4 已知一个单色点光源的功率 $P = 1\,\mathrm{W}$,光波波长为 $589\,\mathrm{nm}$. 在离光源距离为 $R = 3\,\mathrm{m}$ 处放一块金属板,求单位时间内打到金属板单位面积上的光子数.

解 单位时间内照射到金属板单位面积上的光能量为

$$E = \frac{P}{4\pi R^2} = \frac{1}{4\pi \times 3^2}\,\mathrm{W/m^2} = 8.8 \times 10^{-3}\,\mathrm{W/m^2},$$

每个光子的能量为

$$\varepsilon = h\nu = \frac{hc}{\lambda} = \frac{6.63 \times 10^{-34} \times 3.0 \times 10^8}{5.89 \times 10^{-7}}\,\mathrm{J} = 3.4 \times 10^{-19}\,\mathrm{J}.$$

单位时间内打到金属板单位面积上的光子数为

$$N = \frac{E}{\varepsilon} = \frac{8.8 \times 10^{-3}}{3.4 \times 10^{-19}} = 2.6 \times 10^{16}.$$

例 15.5 钾的光电效应红限波长是 $550\,\mathrm{nm}$,求:(1)钾电子的逸出功;(2)当用波长 $\lambda = 300\,\mathrm{nm}$ 的紫外光照射时,钾的截止电压 U_a.

解 由爱因斯坦光电效应方程 $h\nu = \frac{1}{2}mv_m^2 + A$,可得

(1) 当 $\frac{1}{2}mv_m^2 = 0$ 时,

$$A = h\nu_0 = h\frac{c}{\lambda_0} = \frac{6.63 \times 10^{-34} \times 3 \times 10^8}{550 \times 10^{-9}}\,\mathrm{J} = 3.616 \times 10^{-19}\,\mathrm{J} = 2.26\,\mathrm{eV}.$$

(2) $|eU_a| = \frac{1}{2}mv_m^2 = \frac{hc}{\lambda} - A = \frac{6.63 \times 10^{-34} \times 3 \times 10^8}{300 \times 10^{-9}}\,\mathrm{J} - 3.616 \times 10^{-19}\,\mathrm{J}$

$$= 3.014 \times 10^{-19}\,\mathrm{J} = 1.88\,\mathrm{eV}.$$

所以截止电压 $U_a = 1.88\,\mathrm{V}$.

3. 光的波粒二象性

在波动光学中讲过,光的干涉、衍射等实验证明光是一种波动 —— 光波(电磁波). 而黑体辐射、光电效应等实验又表明光是粒子 —— 光子. 综合起来,光既有波动性,又有粒子性.

光的波动性用波长 λ 和频率 ν 描述,光的粒子性用光子的质量、能量、动量描述. 按照光子理论,光子的能量为

$$\varepsilon = h\nu. \tag{15.9}$$

根据相对论的质能关系 $\varepsilon = mc^2$,光子的质量为

$$m = \frac{h\nu}{c^2}. \tag{15.10}$$

因为光子的动量 $p = mc$,将式(15.10)代入可得

$$p = \frac{h\nu}{c} = \frac{h}{\lambda}. \tag{15.11}$$

式(15.9)和式(15.11)是描述光的性质的基本关系式,通常称为爱因斯坦关系式.动量和能量是描述粒子性的,而频率和波长则是描述波动性的.光的这种波动性与粒子性并存的性质称为光的波粒二象性.爱因斯坦的光子假说不仅成功解释了光电效应,而且还揭示了光的波粒二象性.爱因斯坦和德拜等还利用能量量子化概念成功地解决了固体的比热容等其他问题.

*15.1.3　康普顿效应

1923 年康普顿研究了 X 射线被较轻物质(石墨、石蜡等)散射后光的成分,发现散射谱线中除了有与原波长相同的成分外,还有波长较长的成分.这种波长改变的散射现象称为康普顿散射或康普顿效应.康普顿效应进一步证实了光的量子性.图 15.7 是康普顿效应的实验装置图.

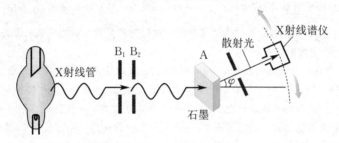

图 15.7　康普顿实验简图

从 X 射线管发出的波长为 λ_0 的 X 射线,经光阑 B_1 和 B_2 后被散射物质 A 散射.散射光的波长和强度利用晶体衍射 X 射线谱仪测量(照相法或游离室法).散射方向和入射方向之间的夹角 φ 称为散射角.实验结果表明:

① 散射光中除了和原波长 λ_0 相同的谱线外还有 $\lambda > \lambda_0$ 的谱线;

② 波长的改变量 $\Delta\lambda = \lambda - \lambda_0$ 随散射角 φ 的增大而增加;

③ 对于不同元素的散射物质,在同一散射角下,波长的改变量 $\Delta\lambda$ 相同.波长为 λ 的散射光强度随散射物原子序数的增加而减小.

康普顿效应无法用光的波动理论解释.按照波动理论,散射光的波长只应与入射光的波长 λ_0 相同(散射物的受迫振动频率等于入射光波的频率),不应出现波长变长的现象.

康普顿利用光子理论成功地解释了这些实验结果.按照光子理论,X 射线的散射是单个电子和单个光子发生弹性碰撞的结果.在固体中有许多和原子核联系较弱的电子可以看作自由电子.由于这些电子热运动平均动能(约百分之几电子伏)和入射的 X 射线光子的能量($10^4 \sim 10^5\,\mathrm{eV}$)比起来可以略去不计,因而这些电子在碰撞前可以看作是静止的.一个电子的静止能量为 m_0c^2,动量为零.设入射光的频率为 ν_0,则一个光子的能量为 $h\nu_0$,动量为 $\frac{h\nu_0}{c}\vec{e}_{n_0}$.再设弹性碰撞后,电子的能量变为 mc^2,动量变为 $m\vec{v}$;散射光子的能量为 $h\nu$,动量为 $\frac{h\nu}{c}\vec{e}_n$,散射角为 φ.这里 $\vec{e}_{n_0}$ 和 $\vec{e}_n$ 分别为碰撞前和碰撞后的光子运动方向上的单位矢量,如图 15.8 所示.

按照能量和动量守恒定律,有

$$h\nu_0 + m_0c^2 = h\nu + mc^2, \tag{15.12}$$

$$\frac{h\nu_0}{c}\vec{e}_{n_0} = \frac{h\nu}{c}\vec{e}_n + m\vec{v}. \tag{15.13}$$

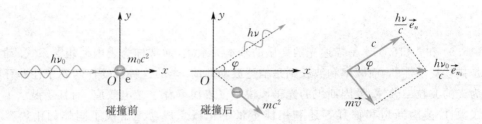

图 15.8　　光子与静止的自由电子碰撞

考虑到反冲电子的速度可能很大,式中 $m = \dfrac{m_0}{\sqrt{1 - \dfrac{v^2}{c^2}}}$.注意到 $\vec{e}_{n_0} \cdot \vec{e}_n = \cos \varphi$,由式(15.12)和式(15.13)可得

$$\Delta\lambda = \lambda - \lambda_0 = \frac{2h}{m_0 c} \sin^2 \frac{\varphi}{2}. \tag{15.14}$$

式(15.14)称为**康普顿散射公式**.式中 $\dfrac{h}{m_0 c} = 0.002\ 426\ 3$ nm,具有波长量纲,称为**电子的康普顿波长**.它与短波 X 射线波长相当.上式表明波长的改变量与散射物质的种类及入射光的波长无关,只与散射角 φ 有关,随 φ 的增大,$\Delta\lambda$ 增大,与实验数据相符.

　　为什么散射光中还有与入射光波长 λ_0 相同的谱线?这是因为上面的计算中假定了电子是自由的,这仅对轻原子中的电子和重原子中外层结合不太紧的电子近似成立.而内层电子,特别是重原子中数目较多束缚又较紧的内层电子,就不能当成自由电子.光子与这种电子碰撞,相当于和整个原子相碰,碰撞中光子传给原子的能量很小,几乎保持自己的能量不变.这样散射光中就保留了原波长 λ_0 的谱线.由于内层电子的数目随散射物原子序数的增加而增加,波长为 λ_0 的强度随之增强,而波长为 λ 的强度随之减弱.

　　康普顿散射只有在入射光的波长与电子的康普顿波长可以相比拟时才显著,这就是选用 X 射线观察康普顿效应的原因.而在光电效应中,入射光是可见光或紫外光,所以康普顿效应不明显.

　　康普顿效应不仅证实了光的粒子性,而且证实了在微观粒子相互作用的过程中,能量守恒和动量守恒定律同样适用.

15.2　玻尔的氢原子理论

15.2.1　氢原子光谱的实验规律

　　光谱是电磁辐射的波长成分和强度分布的记录,有时只是波长成分的记录.原子的光谱提供了原子内部结构的重要信息.氢原子是结构最简单的原子,历史上就是从研究氢原子光谱规律开始研究原子的.在可见光区和近紫外区,氢原子的谱线如图 15.9 所示,其中 H_α,H_β,H_γ,H_δ 均在可见光区.由图可见,氢原子的谱线是线状分立的,光谱线从长波方向的 H_α 线起向短波方向展开,谱线的间距越来越小,最后趋近一个极限位置,称为线系限,用 H_∞ 表示.

　　1885 年巴耳末发现这些谱线的波长可用简单的整数关系公式计算出来,

$$\lambda = B \frac{n^2}{n^2 - 4}, \tag{15.15}$$

式中 n 取正整数, $B = 364.57$ nm. 当 $n = 3, 4, 5, 6, \cdots$ 时, 就可以算出 $H_\alpha, H_\beta, H_\gamma, H_\delta, \cdots$ 的波长. 这个公式称为**巴耳末公式**.

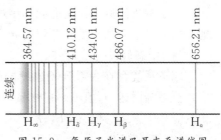

图 15.9　氢原子光谱巴耳末系谱线图

光谱学上常用波长的倒数(称为**波数**) $\tilde{\nu} = \dfrac{1}{\lambda}$ 来表征谱线. 它的物理意义是单位长度内所包含完整波长的数目. 巴耳末公式可写成

$$\tilde{\nu} = \frac{1}{\lambda} = R\left(\frac{1}{2^2} - \frac{1}{n^2}\right), \quad n = 3, 4, \cdots, \tag{15.16}$$

式中 $R = \dfrac{4}{B} = 1.097\,373\,8 \times 10^7$ m^{-1}, 称为氢原子的**里德伯常量**.

后来又在光谱的紫外区、红外区及远红外区发现了其他线系, 它们的波数公式也有类似的形式. 这些线系有

莱曼系：$\tilde{\nu} = \dfrac{1}{\lambda} = R\left(\dfrac{1}{1^2} - \dfrac{1}{n^2}\right), n = 2, 3, \cdots,$　在紫外区.

帕邢系：$\tilde{\nu} = \dfrac{1}{\lambda} = R\left(\dfrac{1}{3^2} - \dfrac{1}{n^2}\right), n = 4, 5, \cdots,$　在近红外区.

布拉开系：$\tilde{\nu} = \dfrac{1}{\lambda} = R\left(\dfrac{1}{4^2} - \dfrac{1}{n^2}\right), n = 5, 6, \cdots,$　在红外区.

普丰德系：$\tilde{\nu} = \dfrac{1}{\lambda} = R\left(\dfrac{1}{5^2} - \dfrac{1}{n^2}\right), n = 6, 7, \cdots,$　在红外区.

这些线系可统一用一个公式表示为

$$\tilde{\nu} = \frac{1}{\lambda} = R\left(\frac{1}{k^2} - \frac{1}{n^2}\right), \quad k = 1, 2, \cdots, \quad n = k+1, k+2, \cdots. \tag{15.17}$$

此式称为**广义巴耳末公式**. 再将它改写成

$$\tilde{\nu} = T(k) - T(n),$$

其中 $T(k) = \dfrac{R}{k^2}$, $T(n) = \dfrac{R}{n^2}$, 称为**光谱项**. 可见, 氢原子光谱的任何一条谱线的波数都可由两个光谱项之差表示. 改变前项 $T(k)$ 中的整数 k 可给出不同谱线系; 前项中整数保持定值, 后项 $T(n)$ 中整数 n 取不同数值, 可给出同一谱线系中各谱线的波数. 不同的线系中可以有共同的光谱项.

15.2.2　玻尔的氢原子理论

1911 年卢瑟福根据 α 粒子散射实验结果提出了原子的核式模型: 原子的中心有一带正电荷 Ze(Z 为原子序数, e 为电子电量) 的原子核, 其线度不超过 10^{-15} m, 却集中了原子质量的绝大部分, 原子核外有 Z 个带负电的电子, 它们围绕着原子核运动. 然而, 经典物理学理论无法解释原子的线状光谱和原子的稳定性. 按照经典电磁学理论, 电子绕核的加速运动应该产生电磁辐射, 所辐射的电磁波的频率等于电子绕核转动的频率. 由于电子辐射电磁波, 电子能量逐渐减少, 运动轨道半径越来越小, 相应的转动频率会越来越高, 因而原子光谱应该是连续谱; 而且电子最终会落到原子核上, 所以原子系统是不稳定的. 显然, 这与实验事实相矛盾.

为了解决经典理论所遇到的困难,玻尔于1913年在卢瑟福的原子核式模型基础上,把普朗克的能量子概念和爱因斯坦的光子概念运用到原子系统,提出了三条基本假设.

(1) 定态假设

原子系统存在一系列不连续的能量状态,处于这些状态的原子中的电子在一定的轨道上绕核做圆周运动,但不辐射能量.这些状态称为原子系统的稳定状态,简称定态,相应的能量只能是不连续的值 $E_1, E_2, E_3, \cdots$.

(2) 频率假设

当原子从一个较高能量 E_n 的定态跃迁到另一个较低能量 E_k 的定态时,原子辐射出一个光子,其频率由下式决定:

$$h\nu = E_n - E_k, \tag{15.18}$$

式中 h 为普朗克常量.

反之,当原子处于较低能量 E_k 的定态时,吸收一个能量为 $h\nu$ 的光子,则可跃迁到较高能量 E_n 的定态.频率假设也称频率定则.

(3) 轨道角动量量子化假设

原子中电子绕核做圆周运动的轨道角动量 L 必须等于 $\dfrac{h}{2\pi}$ 的整数倍,即

$$L = n\frac{h}{2\pi}, \quad n = 1, 2, \cdots, \tag{15.19}$$

式中 n 称为量子数.此式称为轨道角动量量子化条件.

玻尔根据上述假设计算了氢原子定态的轨道半径和能量.他认为原子核不动,电子以核为中心做半径为 r 的圆周运动.电子质量为 m,速率为 v,向心加速度为 $\dfrac{v^2}{r}$,向心力为库仑引力,根据牛顿第二定律有

$$m\frac{v^2}{r} = \frac{e^2}{4\pi\varepsilon_0 r^2},$$

又根据轨道角动量量子化条件

$$L = mvr = n\frac{h}{2\pi}, \quad n = 1, 2, \cdots,$$

两式联立,消去 v,并用 r_n 代替 r,r_n 表示具有一定 n(第 n 个稳定轨道)的轨道半径,得

$$r_n = n^2 \frac{\varepsilon_0 h^2}{\pi m e^2} = n^2 a_0, \tag{15.20}$$

式中 $a_0 = \dfrac{\varepsilon_0 h^2}{\pi m e^2} = 5.29 \times 10^{-11}$ m,称为第一玻尔轨道半径,是氢原子核外电子最小的轨道半径.

玻尔还认为原子系统的能量等于电子的动能和电子与核的势能之和,即

$$E_n = \frac{1}{2}mv^2 - \frac{e^2}{4\pi\varepsilon_0 r_n},$$

将式(15.20)中 r_n 的值代入,得

$$E_n = -\frac{e^2}{8\pi\varepsilon_0 r_n} = -\frac{me^4}{8\varepsilon_0^2 h^2}\frac{1}{n^2}. \quad n = 1, 2, \cdots. \tag{15.21}$$

可见,氢原子的**能量是量子化的**.这些分立的能量值 $E_1, E_2, \cdots$ 称为能级.当 $n=1$ 时,得

$$E_1 = -\frac{me^4}{8\varepsilon_0^2 h^2} = -13.58 \text{ eV},\tag{15.22}$$

E_1 为能量最小值,能量最低的状态称基态. $n=2,3,\cdots$ 对应的能量分别为 $E_2, E_3, \cdots$ 对应的状态分别称为第一激发态、第二激发态 …… 当 $n \to \infty$ 时, $E_\infty = 0$,这时电子已脱离原子核成为自由电子.图 15.10 为能级图.基态和各激发态中电子都没有脱离原子,统称束缚态.能量在 $E_\infty = 0$ 以上时,电子脱离了原子,这种状态对应的原子称**电离态**,此时电子的能量是连续的,不受量子化条件限制.电子从基态到脱离原子核的束缚所需要的最小能量称**电离能**.氢原子的电离能为 13.58 eV.

根据式(15.18)和式(15.21),有

$$\nu = \frac{E_n - E_k}{h} = \frac{me^4}{8\varepsilon_0^2 h^3}\left(\frac{1}{k^2} - \frac{1}{n^2}\right).$$

用波数表示,则

$$\tilde{\nu} = \frac{\nu}{c} = \frac{me^4}{8\varepsilon_0^2 h^3 c}\left(\frac{1}{k^2} - \frac{1}{n^2}\right).$$

与式(15.17)比较,得到里德伯常量

$$R = \frac{me^4}{8\varepsilon_0^2 h^3 c},$$

式中 m 为电子质量.将各量值代入,得理论值

$$R_{理论} = 1.097\,373 \times 10^7 \text{ m}^{-1}.$$

与实验值

$$R_{实验} = 1.096\,776 \times 10^7 \text{ m}^{-1}$$

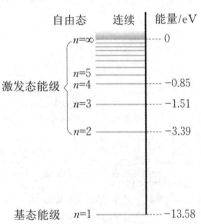

图 15.10　氢原子的能级

比较,可见理论值与实验值符合得非常好.这是玻尔理论成功的一个方面.氢原子能级公式(15.21)可改写为

$$E_n = -\frac{Rhc}{n^2}, \quad n=1,2,\cdots.$$

要产生氢原子的发射光谱,必须先使氢原子处于激发态.通常是在放电管中加速电子或用其他粒子与氢原子碰撞,使氢原子激发到各激发态.然后再从高能态自发跃迁到低能态.从 $n>1$ 的能级向 $n=1$ 的能级跃迁,产生莱曼系各谱线;从 $n>2$ 的能级向 $n=2$ 的能级跃迁,产生巴耳末系各谱线;从 $n>3$ 的能级向 $n=3$ 的能级跃迁,产生帕邢系各谱线;其余线系依此类推.图 15.11 为氢原子光谱各线系的能级跃迁图.

应当注意,某时刻一个氢原子一次跃迁,只发出一条谱线,而实验中是处于不同激发态的大量原子向低能级跃迁,所以能同时观察到全部发射谱线.

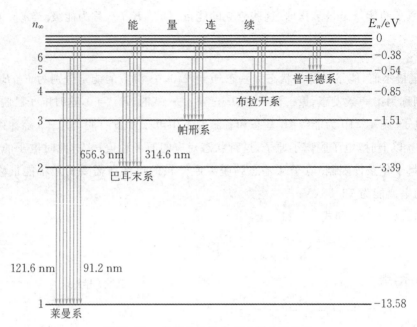

图 15.11　氢原子光谱中不同线系的跃迁

例 15.6　计算氢原子的电离电势和第一激发电势.

解　由氢原子能级公式

$$E_n = -\frac{13.58}{n^2}\,\text{eV},$$

电离能

$$E_{\text{电离}} = E_\infty - E_1 = 0 - \left(-\frac{13.58}{1^2}\right)\,\text{eV} = 13.58\,\text{eV},$$

电离电势

$$U_{\text{电离}} = \frac{E_{\text{电离}}}{e} = 13.58\,\text{V}.$$

从基态到第一激发态所需能量

$$E_2 - E_1 = \left(-\frac{13.58}{2^2}\right)\,\text{eV} - \left(-\frac{13.58}{1^2}\right)\,\text{eV} = 10.2\,\text{eV},$$

所以第一激发电势为 10.2 V.

例 15.7　以动能为 12.5 eV 的电子通过碰撞使基态氢原子激发时,最高激发到哪一能级?当回到基态时能产生哪些谱线?分别属于什么线系?

解　设氢原子全部吸收 12.5 eV 的能量后最高能激发到第 n 个能级,由 $E_n = -\dfrac{Rhc}{n^2}$,则

$$E_n - E_1 = Rhc\left(1 - \frac{1}{n^2}\right) = 12.5\,\text{eV}.$$

Rhc 等于电离能 13.58 eV,解得 $n = 3.5$. n 只能取整数,所以氢原子最高能激发到 $n = 3$ 的能级.于是将产生三条谱线.

当 n 从 $3 \to 1$：$\tilde{\nu}_{31} = R\left(\dfrac{1}{1^2} - \dfrac{1}{3^2}\right) = \dfrac{8}{9}R, \lambda_{31} = \dfrac{9}{8R} = 102.6 \, \text{nm}$；

当 n 从 $2 \to 1$：$\tilde{\nu}_{21} = R\left(\dfrac{1}{1^2} - \dfrac{1}{2^2}\right) = \dfrac{3}{4}R, \lambda_{21} = \dfrac{4}{3R} = 121.6 \, \text{nm}$；

当 n 从 $3 \to 2$：$\tilde{\nu}_{32} = R\left(\dfrac{1}{2^2} - \dfrac{1}{3^2}\right) = \dfrac{5}{36}R, \lambda_{32} = \dfrac{36}{5R} = 656.3 \, \text{nm}$.

λ_{31}，λ_{21} 属于莱曼系，λ_{32} 属于巴耳末系. 对于单个氢原子来说一次跃迁只能发出一种波长，实际观测是大量氢原子发光，所以三种波长同时存在.

15.2.3　玻尔理论的局限性

玻尔理论在处理氢原子(及类氢离子)的光谱问题上取得了成功，从理论上定量地解释了氢原子光谱的实验规律. 然而玻尔理论也有很大的局限性. 只能计算氢原子谱线的频率，无法计算光谱的强度、宽度、偏振等物理量. 玻尔理论无法解释多电子原子(例如氦原子)的光谱.

玻尔理论的局限性来源于这个理论内在的缺陷. 它实际上是经典理论与量子化假设的混合物，缺乏内部自洽完整一致的理论体系. 它一方面指出经典理论不适用于原子内部，另一方面又采用经典理论的方法来计算电子的轨道和原子的能量. 另外，玻尔提出的量子化条件缺乏理论依据，玻尔理论的物理图像(如轨道)也是不正确的.

尽管如此，玻尔的氢原子理论仍是原子结构理论发展中的一个重要阶段. 玻尔首先指出经典物理学不适用于原子内部，提出了原子系统能量量子化的概念和角动量量子化的概念. 玻尔创造性地提出的定态假设和能级跃迁的频率定则，在现代量子力学理论中仍然是两个最重要的基本概念.

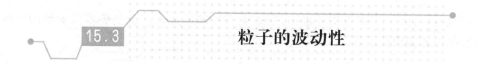

15.3　粒子的波动性

15.3.1　德布罗意波

面对探索微观实物粒子运动规律所遇到的困难，法国青年物理学家德布罗意考虑到：自然界在许多方面都是明显地对称的，既然光具有波粒二象性，则实物粒子(如电子、质子、中子等)也应该具有波粒二象性. 1924 年德布罗意提出一个大胆的假设：**实物粒子也具有波动性**. 实物粒子的能量 E、动量 $\vec{p}$ 与它们联系的波的频率 ν 和波长 λ 的关系为

$$E = h\nu, \tag{15.23}$$

$$\vec{p} = \frac{h}{\lambda}\vec{e}_n. \tag{15.24}$$

式(15.23)和式(15.24)称为**德布罗意关系式**. 和实物粒子相联系的波，称为**德布罗意波**或**物质波**.

例 15.8　由德布罗意公式计算电子的德布罗意波长. 设电子在电压 U 下被加速，求加速后电子的德布罗意波长.

解 电子加速后获得的动能 $E_k = eU$,按照相对论公式 $E = E_k + m_0 c^2$,E 为电子的总能量,则

$$E - m_0 c^2 = eU,$$

另外,根据狭义相对论,有

$$E^2 = c^2 p^2 + m_0^2 c^4.$$

从以上两式解得电子加速后的动量为

$$p = \frac{1}{c} \sqrt{2E_0 E_k + E_k^2} = \frac{1}{c} \sqrt{2m_0 c^2 eU + (eU)^2},$$

由式(15.24)得

$$\lambda = \frac{h}{p} = \frac{hc}{\sqrt{2m_0 c^2 eU + (eU)^2}}.$$

若忽略相对论效应,则有

$$E_k = \frac{1}{2}mv^2 = eU, \quad \lambda = \frac{h}{p} = \frac{h}{m_0 v}.$$

由上两式消去 v,得

$$\lambda = \frac{h}{\sqrt{2m_0 eU}} = \frac{1.23}{\sqrt{U}} \text{ nm}.$$

若 $U = 150\,\text{V}$,则 $\lambda = 0.1\,\text{nm}$,与软 X 射线波长同数量级.可见电子的德布罗意波长一般非常短.

例 15.9 计算质量 $m = 0.01\,\text{kg}$、速率 $v = 300\,\text{m/s}$ 子弹的德布罗意波长.

解 根据德布罗意公式,可得

$$\lambda = \frac{h}{mv} = \frac{6.63 \times 10^{-34}}{0.01 \times 300} \text{ m} = 2.21 \times 10^{-34} \text{ m}.$$

可以看出,因为普朗克常量很小,所以宏观物体的波长小到实验难以测量的程度,因而宏观物体仅表现出粒子性.

15.3.2 戴维孙-革末实验

德布罗意假设为许多实验所证实.1927 年戴维孙和革末做了电子束在晶体表面的衍射实验,证实了电子的波动性.实验装置如图 15.12 所示,把电子束完全看成像 X 射线一样,整个实验和 X 射线在晶体点阵结构上的衍射完全类同,只有满足布拉格方程

$$2d\sin\varphi = k\lambda = k\frac{1.23}{\sqrt{U}}, \quad k = 0,1,2,\cdots$$

时,电子束才有最强的衍射,进入集电器电子电流最大.实验结果如图 15.13 所示.取 $\varphi = 80°$,$d = 0.203\,\text{nm}$(镍单晶)代入上式,当 $\sqrt{U} = k \times 3.06$ 时,电流出现峰值.实验与理论结果一致,证实了电子的波动性.

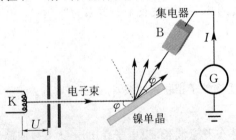

图 15.12   戴维孙-革末电子衍射实验装置图

同年汤姆孙做了如图 15.14 所示的电子

衍射实验. 将电子束穿过金属片(多晶膜),在感光片上产生圆环衍射图样,和 X 射线通过多晶膜产生的衍射图样极其相似. 这也证实了电子的波动性. 后来,人们又做了中子、质子、原子、分子的衍射实验,都说明这些粒子具有波动性.

波粒二象性是光子和一切微观粒子共同具有的特性,德布罗意公式是描述微观粒子波粒二象性的基本关系式.

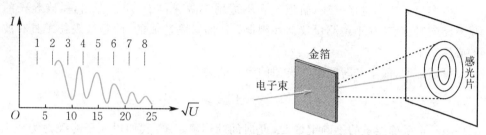

图 15.13　在镍单晶上衍射电子束强度与加速电压的关系　　图 15.14　电子穿过金属片产生的衍射

15.3.3　测不准关系

在经典力学中,粒子(质点)总是沿一定的轨道运动. 在任一时刻,粒子的位置(坐标)和速度(动量)都有确定值. 然而,微观粒子由于具有波动性,它在任一时刻的位置是不确定的. 与此相联系,微观粒子在各个时刻的动量也是不确定的. 下面以电子的单缝衍射为例做进一步的分析.

如图 15.15 所示,动量为 $\vec{p}$(相应的波长为 λ)的一束电子沿 y 方向入射到缝宽为 Δx 的单缝上,通过单缝后(发生衍射)在屏幕上形成衍射条纹. 对于一个电子来说,不能确定地说它从缝中哪一点通过,而只能说它是从宽为 Δx 的缝中通过的,因此它在 x 方向的位置不确定量为 Δx. 如果只考虑中央明条纹的宽度,由图 15.15 可知,电子动量的 x 分量 p_x 的不确定量 $\Delta p_x = p \sin \theta$,其中 θ 为中央明条纹的半角宽度(即第 1 级暗纹的衍射角). 根据单缝衍射公式,有

$$\Delta x \sin \theta = \lambda,$$

将 $\sin \theta = \dfrac{\Delta p_x}{p}$ 及 $\lambda = \dfrac{h}{p}$ 代入上式,得

$$\Delta x \Delta p_x \approx h.$$

若考虑一级以上的衍射条纹,则应为

$$\Delta x \Delta p_x \geqslant h.$$

根据量子力学理论,更严格的讨论给出的结果为

$$\Delta x \Delta p_x \geqslant \frac{\hbar}{2}. \tag{15.25}$$

类似地,有

$$\Delta y \Delta p_y \geqslant \frac{\hbar}{2}, \tag{15.26}$$

$$\Delta z \Delta p_z \geqslant \frac{\hbar}{2}. \tag{15.27}$$

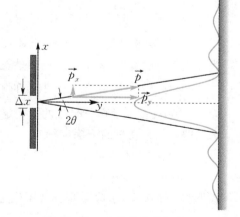

图 15.15　电子的单缝衍射

以上三式称为**海森伯测不准关系**(或**不确定[度]关系**).其中

$$\hbar = \frac{h}{2\pi} = 1.054 \times 10^{-34} \text{ J} \cdot \text{s},$$

称为约化普朗克常量(亦可简称普朗克常量).

从海森伯测不准关系可以看出,粒子坐标(位置)越确定,动量就越不确定;反之,粒子动量越确定,坐标就越不确定.由于微观粒子的位置和动量不能同时确定,微观粒子的运动状态不能用坐标和动量来描述,轨道概念不适用于微观粒子.应该指出,微观粒子的位置和动量不能同时确定,并不是测量仪器和测量方法的缺陷造成的,而是微观粒子具有波粒二象性的必然结果.

可以证明,能量和时间也有类似的测不准关系:

$$\Delta E \Delta t \geqslant \frac{\hbar}{2}, \tag{15.28}$$

其中 ΔE 是系统能量的不确定量,Δt 是时间的不确定量.我们以原子能级为例来说明上式的意义.原子处于某定态能级的平均时间称为平均寿命,常用 τ 表示.定态能量的不确定量 ΔE 称为能级宽度.能量和时间的测不准关系式表明,原子能级的宽度与它的平均寿命 τ 成反比,能级宽度越大,则该能级的平均寿命越短,反之亦然.

例 15.10 原子的线度为 10^{-10} m,求原子中电子速度的不确定量.

解 "电子在原子中"表示电子的位置不确定量为 $\Delta x = 10^{-10}$ m.根据测不准关系,

$$\Delta v_x = \frac{\hbar}{2m\Delta x} = \frac{1.05 \times 10^{-34}}{2 \times 9.11 \times 10^{-31} \times 10^{-10}} \text{ m/s} = 0.6 \times 10^{6} \text{ m/s}.$$

按玻尔理论计算,氢原子中电子的轨道运动速度的数量级也是 10^6 m/s,与上面计算的速度不确定量同数量级.因此对于原子中的电子,轨道概念是没有实际意义的.

例 15.11 假定原子中的电子在某激发态的平均寿命 $\tau = 10^{-8}$ s,该激发态的能级宽度是多少?

解 $\Delta E \geqslant \frac{\hbar}{2\tau} = \frac{1.05 \times 10^{-34}}{2 \times 10^{-8}} \text{J} = 5.25 \times 10^{-27} \text{ J} = 3.3 \times 10^{-8} \text{ eV}.$

当原子从激发态向基态跃迁时,由于能级有一定的宽度,则光谱线也有一定的宽度,称为谱线的自然宽度.根据谱线的自然宽度可以确定原子在激发态的平均寿命.

例 15.12 质量为 $m = 10$ g 的子弹沿 x 方向以速度 $v_x = 200$ m/s 运动,速度的不确定度为 0.001%,求子弹 x 坐标的不确定量.

解 子弹动量的不确定量为

$$\Delta p_x = p_x \times 0.001\% = mv_x \times 0.001\% = 0.010 \times 200 \times 0.00001 \text{ kg} \cdot \text{m/s}$$
$$= 2.0 \times 10^{-5} \text{ kg} \cdot \text{m/s}.$$

根据测不准关系,子弹 x 坐标的不确定量为

$$\Delta x \sim \frac{\hbar}{2\Delta p_x} = \frac{1.05 \times 10^{-34}}{2 \times 2.0 \times 10^{-5}} \text{ m} = 2.6 \times 10^{-30} \text{ m}.$$

可见,对于子弹这样的宏观物体,其位置和动量的不确定量完全可以忽略不计,用经典的轨道概念来描述它的运动是足够准确的.

15.4　波函数　薛定谔方程

15.4.1　波函数及其统计诠释

1. 波函数

我们已经知道,由于微观粒子具有波粒二象性,其运动状态不能用经典力学中的坐标和动量来描述.在量子力学中,微观粒子的运动状态用波函数来描写,这是量子力学的一条基本原理.

我们先来看一个自由粒子的波函数.自由粒子不受力的作用,动量和能量为常量.根据德布罗意假设,能量为 E、动量为 $\vec{p}$ 的实物粒子与频率为 ν、波长为 λ 的波相联系.由波动理论可知,沿 x 轴正向传播的频率为 ν、波长为 λ 的平面简谐波的波动方程为

$$y(x,t) = A\cos 2\pi\left(\nu t - \frac{x}{\lambda}\right),$$

用复数形式表示为

$$y(x,t) = A e^{-i2\pi\left(\nu t - \frac{x}{\lambda}\right)},$$

将德布罗意关系式 $\lambda = \dfrac{h}{p}, \nu = \dfrac{E}{h}$ 代入上式,并用 Ψ 表示波函数,则得

$$\Psi(x,t) = A e^{-i\frac{2\pi}{h}(Et - px)} = A e^{-\frac{i}{\hbar}(Et - px)}. \tag{15.29}$$

这就是描述在一维空间运动的能量为 E、动量为 $\vec{p}$ 的自由粒子的波函数.该波函数可写成

$$\Psi(x,t) = \psi(x) e^{-\frac{i}{\hbar}Et}, \tag{15.30}$$

其中 $\psi(x) = A e^{\frac{i}{\hbar}px}$.

$\psi(x)$ 只与坐标有关而与时间无关,称为振幅函数,通常也称为波函数.式(15.29)或式(15.30)引入了反映微观粒子波粒二象性的德布罗意关系和虚数 $i = \sqrt{-1}$,这使得 Ψ 从形式到本质都与经典波有着根本性的区别.

在一般情况下,$\Psi = \Psi(x, y, z, t)$,其具体形式取决于粒子本身的性质及其所处的环境.量子力学的波函数都是复数函数.

2. 波函数的统计诠释

说明波函数物理意义的是玻恩于 1926 年提出的统计解释.他认为量子力学中的波函数所描述的并不像经典波所描述的代表实在的物理量的波动,而是刻画微观粒子在空间的概率分布的概率波.

例如,在电子衍射实验中,可以把入射电子束的强度减弱到每次只有一个电子入射,以保证相继两个电子之间没有任何关联.用照片(或荧光屏等)记录衍射电子,发现就单个电子而言,落在照片上的位置是随机的.经长时间照射后,照片上显示的是有规律的衍射图样.

如果用波函数 $\Psi(x, y, z, t)$ 来描述衍射电子的状态,显然有

波函数 $\Psi(x,y,z,t)$ 模的平方 $|\Psi(x,y,z,t)|^2$

$\propto t$ 时刻照片上 (x,y,z) 附近衍射图样的强度

$\propto t$ 时刻 (x,y,z) 附近出现的电子的数目

$\propto t$ 时刻电子出现在 (x,y,z) 附近的概率.

可见,在物理上有测量意义的是波函数模的平方. t 时刻在空间 (x,y,z) 附近的体积元 $dV = dxdydz$ 内测到粒子的概率正比于 $|\Psi(x,y,z,t)|^2 dV$. 因为 Ψ 是复数,所以有 $|\Psi|^2 = \Psi^* \Psi$,这里 Ψ^* 是 Ψ 的共轭复数. $|\Psi|^2$ 表示 t 时刻在 (x,y,z) 附近单位体积内测到粒子的概率,称为概率密度. 可见,波函数描写的波是概率波,不代表任何实在物理量的波动. 玻恩的概率波概念把微观粒子的波动性和粒子性统一于波函数之中.

综上所述,$|\Psi(x,y,z)|^2$ 表示粒子在空间出现的概率密度,而粒子在整个空间出现的概率应该等于1,所以通常取满足下列条件的波函数 Ψ 描述其状态,即

$$\int |\Psi(x,y,z)|^2 dxdydz = 1,$$

积分遍及粒子所在的整个空间. 上式称为波函数的归一化条件,满足归一化条件的波函数称为归一化的波函数.

在一定时刻在空间给定点粒子出现的概率应该是唯一的,并且是有限的,概率的空间分布不能发生突变,所以波函数必须满足单值、有限、连续三个条件,称为波函数的标准条件.

15.4.2　薛定谔方程

1. 薛定谔方程的建立

在经典力学中,质点运动遵从的动力学方程是牛顿运动方程. 对于给定的物体,如果知道了它的初始状态(初位置和初速度)和它所处的环境(受力情况),就可以通过解牛顿运动方程求得其轨迹方程,从而可以知道它在任何时刻的运动状态.

在量子力学中,微观粒子的状态用波函数来描述. 对于给定的粒子,如果知道了它的初始状态(初始时刻的波函数)和它所处的环境(势能函数),要求得其在任意时刻的状态波函数,也必须求解它的动力学方程,这个方程就是薛定谔方程.

薛定谔方程是薛定谔在 1926 年建立的. 波函数满足薛定谔方程,这是量子力学的一个基本假设. 因为薛定谔方程既不可能从已有的经典规律推导出来,也不可能直接从实验事实总结出来(因为波函数本身是不可观测量). 方程的正确性只能靠实践检验.

下面介绍薛定谔方程的建立. 我们先来分析自由粒子的波函数所满足的方程,然后引入一些假设将其推广到一般情况.

在非相对论($v \ll c$)情况下,自由粒子的能量 E 与动量 $\vec{p}$ 的关系为 $E = \dfrac{p^2}{2m}$,假设这一关系式对于微观粒子仍然成立. 利用自由粒子的波函数 $\Psi(x,y,z,t) = Ae^{-\frac{i}{\hbar}(Et - \vec{p} \cdot \vec{r})}$ 做如下运算:

$$\frac{\partial \Psi}{\partial t} = -\frac{i}{\hbar} E\Psi,$$

$$i\hbar \frac{\partial \Psi}{\partial t} = E\Psi, \tag{15.31}$$

$$\frac{\partial^2 \Psi}{\partial x^2} = -\frac{p_x^2}{\hbar^2}\Psi, \quad \frac{\partial^2 \Psi}{\partial y^2} = -\frac{p_y^2}{\hbar^2}\Psi, \quad \frac{\partial^2 \Psi}{\partial z^2} = -\frac{p_z^2}{\hbar^2}\Psi,$$

$$-\frac{\hbar^2}{2m}\nabla^2\Psi = \frac{p^2}{2m}\Psi, \tag{15.32}$$

其中 $\nabla^2 = \dfrac{\partial^2}{\partial x^2} + \dfrac{\partial^2}{\partial y^2} + \dfrac{\partial^2}{\partial z^2}$，称为拉普拉斯算符. 将 $E = \dfrac{p^2}{2m}$ 代入式(15.32)，得

$$-\frac{\hbar^2}{2m}\nabla^2\Psi = E\Psi. \tag{15.33}$$

比较式(15.31)和式(15.33)，即得到

$$i\hbar\frac{\partial \Psi}{\partial t} = -\frac{\hbar^2}{2m}\nabla^2\Psi. \tag{15.34}$$

这就是自由粒子波函数所遵从的微分方程.

　　推广到一般情况，即考虑粒子在保守外力场[势能函数为 $V(\vec{r},t)$]中运动，则粒子的总能量为

$$E = \frac{p^2}{2m} + V, \tag{15.35}$$

并将式(15.31)和式(15.32)推广到一般情形，可得

$$i\hbar\frac{\partial \Psi}{\partial t} = -\frac{\hbar^2}{2m}\nabla^2\Psi + V\Psi, \tag{15.36}$$

上式可简写为

$$i\hbar\frac{\partial \Psi}{\partial t} = \hat{H}\Psi, \tag{15.37}$$

式中 $\hat{H} = -\dfrac{\hbar^2}{2m}\nabla^2 + V$，称为粒子的哈密顿算符. 式(15.36)或式(15.37)称为薛定谔方程.

　　薛定谔方程是量子力学的基本方程，它的地位如同经典力学中的牛顿运动方程. 如果已知粒子的质量 m 和粒子在外力场中的势能函数 $V(\vec{r},t)$，就可以写出具体的薛定谔方程. 根据初始波函数和波函数的标准条件通过解薛定谔方程即可求得波函数. 方程中含有虚数 i，表明波函数必须是复数.

2. 定态薛定谔方程

　　如果势能 V 只是空间坐标的函数，与时间无关，即 $V = V(x,y,z)$，则可令

$$\Psi(x,y,z,t) = \psi(x,y,z)f(t), \tag{15.38}$$

代入式(15.36)，并适当整理，把坐标函数和时间函数放在等号的两侧，则有

$$\frac{1}{\psi}\left(-\frac{\hbar^2}{2m}\nabla^2\psi + V\psi\right) = \frac{i\hbar}{f}\frac{\mathrm{d}f}{\mathrm{d}t}. \tag{15.39}$$

上式等号左边是空间坐标的函数，等号右边是时间的函数，因此，要使等式成立，必须两边都等于与坐标和时间无关的常数. 令这个常数为 E，则有

$$i\hbar\frac{\mathrm{d}f}{\mathrm{d}t} = Ef,$$

这个方程的解是

$$f(t) = k\mathrm{e}^{-\frac{i}{\hbar}Et},$$

式中 k 是一个积分常数. 将上式代回式(15.38)，得

$$\Psi(x,y,z,t) = \psi(x,y,z)\mathrm{e}^{-\frac{\mathrm{i}}{\hbar}Et}, \tag{15.40}$$

积分常数 k 已并入 ψ 中.形如式(15.40)的波函数称为定态波函数.同自由粒子波函数比较,可知 E 就是粒子的能量.对于定态波函数,$|\Psi(x,y,z,t)|^2 = |\psi(x,y,z)|^2$,说明在空间各点测到粒子的概率密度与时间无关,这种波函数所描述的状态称为定态.

式(15.39)的等号左边也等于同一常数 E,于是就有

$$-\frac{\hbar^2}{2m}\nabla^2\psi + V\psi = E\psi. \tag{15.41}$$

ψ 只是空间坐标的函数,方程式(15.41)中不含时间 t,称为定态薛定谔方程.它的解 ψ 通常称为定态波函数的振幅函数,习惯上也称为定态波函数.对于一维问题,方程式(15.41)简化为

$$-\frac{\hbar^2}{2m}\frac{\mathrm{d}^2\psi}{\mathrm{d}x^2} + V\psi = E\psi. \tag{15.42}$$

15.5　一维定态问题

15.5.1　一维无限深势阱中的粒子

考虑一质量为 m 的粒子在一维势场中的运动.例如,金属中的自由电子,在金属内部可以假定它不受力,势能为零.但电子要逸出金属表面,必须克服正电荷的引力做功,就相当于在金属表面处势能突然增大而不能逸出.粗略分析自由电子的这种运动时,可提出一个理想化的模型:假设电子在一维无限深势阱中运动,它的势能函数为

$$V(x) = \begin{cases} \infty, & x < 0, \\ 0, & 0 \leqslant x \leqslant a, \\ \infty, & x > a. \end{cases} \tag{15.43}$$

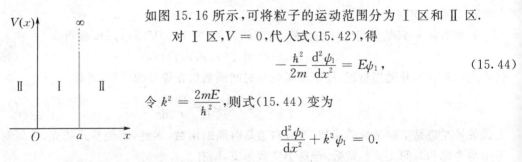

图 15.16　一维无限深势阱

如图 15.16 所示,可将粒子的运动范围分为 Ⅰ 区和 Ⅱ 区.

对 Ⅰ 区,$V = 0$,代入式(15.42),得

$$-\frac{\hbar^2}{2m}\frac{\mathrm{d}^2\psi_1}{\mathrm{d}x^2} = E\psi_1, \tag{15.44}$$

令 $k^2 = \dfrac{2mE}{\hbar^2}$,则式(15.44)变为

$$\frac{\mathrm{d}^2\psi_1}{\mathrm{d}x^2} + k^2\psi_1 = 0.$$

此式的通解是

$$\psi_1(x) = A\cos kx + B\sin kx,$$

A,B 是待定常数,其取值要运用波函数的标准条件和归一化条件来确定.

对 Ⅱ 区,$V \to \infty$.为了后面讨论方便,暂设 V 是一个很大的常量($V > E$),然后再使 $V \to \infty$,则式(15.42)变为

$$-\frac{\hbar^2}{2m}\frac{\mathrm{d}^2\psi_2}{\mathrm{d}x^2}+V\psi_2=E\psi_2 \quad (V\to\infty). \tag{15.45}$$

显然,由于 $V\to\infty$,要等式成立,必须

$$\psi_2(x)=0,$$

即粒子不能运动到势阱以外的地方去.

根据波函数必须连续的条件,在两区域的边界 $x=0,x=a$ 处波函数的值应该相等. 在 $x=0$ 处,有 $\psi_1(0)=\psi_2(0)=0$,即

$$\psi_1(0)=A\cos(k\cdot0)+B\sin(k\cdot0)=0,$$

所以必须取常数 $A=0$,于是有

$$\psi_1(x)=B\sin kx.$$

在边界 $x=a$ 处,波函数也必须连续,即有

$$\psi_1(a)=B\sin ka=0.$$

因为 $B\neq0$(否则,波函数恒为零),故必有

$$\sin ka=0, \quad ka=n\pi, \quad n=1,2,\cdots,$$

所以粒子在 I 区的波函数为

$$\psi_1(x)=B\sin\frac{n\pi}{a}x \quad (0\leqslant x\leqslant a).$$

最后,粒子的波函数可统一表示为

$$\psi_n(x)=\begin{cases}B\sin\dfrac{n\pi}{a}x, & 0\leqslant x\leqslant a,\\[2mm]0, & x<0,x>a,\end{cases} \quad n=1,2,\cdots,$$

其中常数 B 可由归一化条件确定. 由 $\displaystyle\int_{-\infty}^{+\infty}|\psi(x)|^2\mathrm{d}x=1$,得

$$B^2\int_0^a\sin^2\frac{n\pi}{a}x\,\mathrm{d}x=1.$$

完成积分运算,整理后得

$$B=\sqrt{\frac{2}{a}}.$$

故归一化后的波函数为

$$\psi_n(x)=\begin{cases}\sqrt{\dfrac{2}{a}}\sin\dfrac{n\pi}{a}x, & 0\leqslant x\leqslant a,\\[2mm]0, & x<0,x>a,\end{cases} \quad n=1,2,\cdots. \tag{15.46}$$

粒子的能量 E 与 k 有关,根据

$$k=\frac{\sqrt{2mE}}{\hbar}=\frac{n\pi}{a},$$

得到粒子能量的表达式为

$$E=E_n=\frac{\pi^2\hbar^2}{2ma^2}n^2, \quad n=1,2,\cdots. \tag{15.47}$$

式(15.47)说明,粒子的能量是量子化的,正整数 n 称为粒子能量的量子数. 可见,在量子力学中,能量量子化是自然得到的结果. 但应注意,这里 n 不能为零. 如果 $n=0$,则粒子的波函数

处处为零,导致粒子在整个空间出现的概率为零,这与事实不符.故能量的最小值 $E_1 = \dfrac{\pi^2 \hbar^2}{2ma^2}$,称为零点能.在量子力学中这是可以理解的.因为处于势阱中的粒子的能量若为零,则粒子的动量也为零,于是动量的不确定量 $\Delta p = 0$,而按测不准关系式 $\Delta p \Delta x \geqslant \hbar/2$,只有当 $\Delta x \to \infty$ 才可能.实际上粒子处于势阱中,粒子的运动为势阱宽度所限制,$\Delta x = a$,所以 E 不能为零,从而导致零点能的出现.从式(15.47)还可以看到,只有当 a 和 m 与 $\hbar$ 同数量级时,能量量子化才明显.如果 m 是宏观物体的质量,a 是宏观距离,则能级间隔非常小,可以认为能量是连续的.

　　粒子在势阱中的概率密度 $|\psi_n(x)|^2$ 随 x 和 n 而改变,这与经典力学不同.按照经典力学,粒子在阱内是自由的,各点出现的概率应该相等.图 15.17 画出了波函数 $\psi_n(x)$、概率密度 $|\psi_n(x)|^2$ 和能级 E_n 的关系曲线.

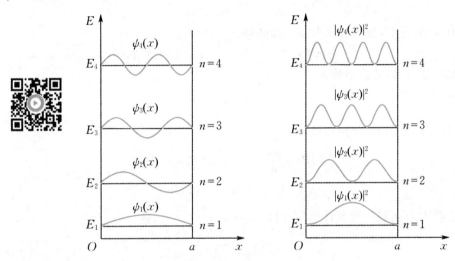

图 15.17　一维无限深势阱中粒子的波函数、概率密度和能级的关系曲线

　　粒子被限制在势阱中,它的状态称为**束缚态**.束缚态的定态薛定谔方程必然对应驻波解,这具有普遍意义.在势阱中运动的粒子,在边界($x = 0, a$)上发生反射,从波动的图像看,应该是沿两个相反方向传播的德布罗意平面波叠加成驻波,在边界处应是波节.显然,要在阱内形成稳定的驻波,阱宽必须满足 $a = n \cdot \dfrac{\lambda}{2}, n = 1, 2, \cdots$,可见,半波数越多,波长越短,能级越高.因为 $\lambda = \dfrac{2a}{n}$,代入德布罗意关系 $p = \dfrac{h}{\lambda}$,就得到粒子的能量

$$E = \frac{p^2}{2m} = \frac{h^2}{2m\lambda^2} = \frac{4\pi^2 \hbar^2}{2m} \frac{n^2}{4a^2} = \frac{\pi^2 \hbar^2}{2ma^2} n^2.$$

这与式(15.47)所得结果完全一样.当 $n = 1$ 时,最低能量的基态波函数为半个正弦波,中间没有波函数为零的节点(边界节点不计入);当 $n = 2$ 时,波函数是一个正弦波,波节在 $x = \dfrac{a}{2}$ 处;对第 n 个能级,波函数有 $n - 1$ 个节点.一般束缚态的波函数也是具有相同的性质.

15.5.2　一维谐振子

在研究电磁振荡、固体中原子在平衡位置附近振动、分子中的原子振动等问题时,都要使用谐振子模型.设质量为 m 的粒子的势能函数为

$$V(x) = \frac{1}{2}kx^2 = \frac{1}{2}m\omega^2 x^2, \tag{15.48}$$

式中 ω 是谐振子的角频率,$\omega^2 = \dfrac{k}{m}$;x 是谐振子离开平衡位置的位移.薛定谔方程为

$$-\frac{\hbar^2}{2m}\frac{\mathrm{d}^2\psi}{\mathrm{d}x^2} + \frac{1}{2}m\omega^2 x^2 \psi = E\psi. \tag{15.49}$$

因为势能 V 是 x 的函数,求解方程的过程比较复杂,这里不做详细讨论.图 15.18 给出了一维谐振子的能级和概率密度图.在求解方程的过程中发现,只有当能量 E 为

$$E = \left(n + \frac{1}{2}\right)\hbar\omega = \left(n + \frac{1}{2}\right)h\nu, \quad n = 1, 2, \cdots \tag{15.50}$$

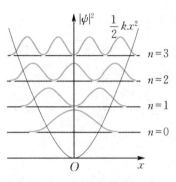

图 15.18　线性谐振子的能级和概率密度图

时,相应的波函数才能满足标准条件.可见,谐振子的能量是量子化的,这是量子力学自然得出的结果.而普朗克在推导黑体辐射公式时提出谐振子的能量是量子化的,并假设谐振子相邻两能级之差为 $h\nu$,这和量子力学的结果是一致的.但是量子力学的结果还表明,谐振子的最小能量是 $E_0 = \dfrac{1}{2}h\nu$,称为零点能,即不存在静止的谐振子,这是微观粒子波动性的表现.

15.5.3　隧道效应

我们知道,光波从玻璃入射到空气的界面上,当入射角大于临界角时,会发生全反射,如图 15.19(a) 所示.然而事实上光波也不是完全没有一点透过,而是能透过界面进入空气达数个波长的深度(称为渗透深度).如果夹在两块玻璃棱镜中的气隙足够薄时(小于渗透深度),一部分光被气隙反射,另一部分光透过气隙进入第二块玻璃.气隙越薄,反射越少,透射越多.如图 15.19(b) 所示,光子可以透过气隙进入第二块玻璃,就像小球撞在壁上,壁上有隧道,因此有一定的概率穿过去,这就是光子的隧道效应.隧道效应不能用经典粒子图像来解释,只能用量子力学解释.光发生全反射时,光在空气中按指数规律减弱.如果气隙很薄,光还没有衰减到零时便会进入第二块玻璃.气隙越薄,衰减越少,进入玻璃的光子也就越多.

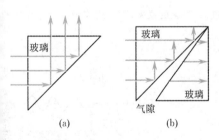

图 15.19　光子的隧道效应

在两层金属导体之间夹一薄绝缘层,就构成一个电子的隧道结.例如,在玻璃基片上淀积一层铝(Al)箔,在高温中使它的表面氧化,然后再淀积一层锡(Sn)箔,就做成一个 $Al/Al_2O_3/Sn$ 隧道结.Al箔和Sn箔的厚度为 $100 \sim 300\,\mathrm{nm}$,绝缘层 Al_2O_3 厚为 $1 \sim 2\,\mathrm{nm}$,像是在 Al 和 Sn 之间隔绝电子的一堵墙.实验发现电子可以通过隧道结,即电子可以穿过绝缘层,这就是电子的隧道效应.

使电子从金属中逸出需要逸出功,这说明金属中电子势能比空气或绝缘层中低,于是电子隧道结对电子的作用可用一个势垒来表示.为了简化运算,我们把势垒简化成一个一维方势垒,如图 15.20 所示.在金属中电子的能量低于势垒高度 V,即 $E < V$,按经典理论,电子不能越过势垒.而量子力学的结论是电子有一定

的概率穿过势垒.下面我们来计算电子穿过势垒的概率.

把势场划分成 Ⅰ,Ⅱ,Ⅲ 区.在 Ⅰ 区,$0 < x < x_1$,$V = 0$,粒子具有能量 $E > 0$;Ⅱ 区,$x_1 \leqslant x \leqslant x_2$,$V = V_0$,$V_0 > E$;Ⅲ 区,$x > x_2$,$V = 0$.要求计算粒子在三个区出现的概率.为此,需要求解电子的定态薛定谔方程.

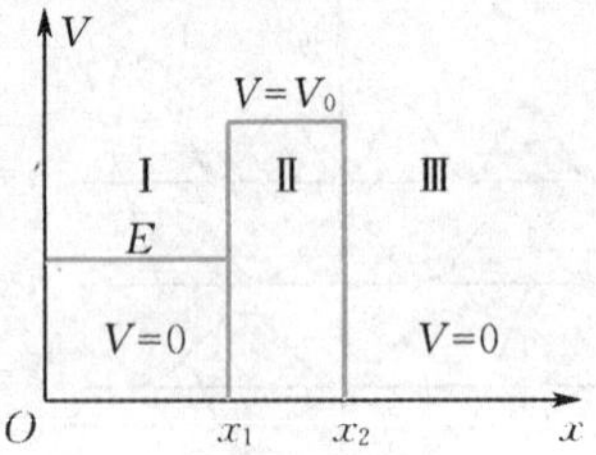

对 Ⅰ 区,$V = 0$,薛定谔方程为

$$\frac{\mathrm{d}^2 \psi_1}{\mathrm{d}x^2} = -\frac{2mE}{\hbar^2}\psi_1 = -k_1^2 \psi_1,$$

式中 $k_1^2 = \dfrac{2mE}{\hbar^2}$.方程的解为

$$\psi_1 = A_1 \sin(k_1 x + \varphi_1).$$

对 Ⅱ 区,$V = V_0 > E$,薛定谔方程为

$$\frac{\mathrm{d}^2 \psi_2}{\mathrm{d}x^2} = \frac{2m}{\hbar^2}(V_0 - E)\psi_2 = k_2^2 \psi_2,$$

图 15.20　势垒

式中 $k_2^2 = \dfrac{2m}{\hbar^2}(V_0 - E)$,这里 k_2 为实数.方程的解为

$$\psi_2 = A_2 \mathrm{e}^{k_2 x} + B_2 \mathrm{e}^{-k_2 x}.$$

这个函数的第一项随 x 的增大而增大,第二项随 x 的增大而减小.在 Ⅱ 区,$\psi_2 \neq 0$,表示 Ⅰ 区的粒子有进入 Ⅱ 区的概率.Ⅲ 区原来没有粒子,如果粒子从 Ⅰ 区进入 Ⅱ 区再到 Ⅲ 区,那么 Ⅲ 区粒子出现的概率一定比 Ⅰ 区小.应用边界连续的条件,ψ_2 的模靠近 Ⅰ 区一定大,靠近 Ⅲ 区一定小.因此第一项随 x 增大而增大与实际不符,应令 $A_2 = 0$,即只保留第二项,则

$$\psi_2 = B_2 \mathrm{e}^{-k_2 x}.$$

对 Ⅲ 区,$V = 0$,其薛定谔方程与 Ⅰ 区相同,它的解为

$$\psi_3 = A_3 \sin(k_1 x + \varphi_3).$$

如图 15.21 所示为各区的波函数.在各自的区域内波函数均满足单值、有限、连续的条件.还可以根据波函数及其一阶导数在边界上(x_1 和 x_2 处)连续以及波函数的归一化条件来确定相关的常数.下面计算 Ⅰ 区粒子通过 Ⅱ 区进入 Ⅲ 区的概率.用 $\dfrac{\left| \psi_3(x_2) \right|^2}{\left| \psi_1(x_1) \right|^2}$ 表示 Ⅰ 区粒子进入 Ⅲ 区的概率,并应用波函数在边界处的连续性条件,则有

$$P = \frac{\left| \psi_3(x_2) \right|^2}{\left| \psi_1(x_1) \right|^2} = \frac{\left| \psi_2(x_2) \right|^2}{\left| \psi_2(x_1) \right|^2} = \frac{B_2^2 \mathrm{e}^{-2k_2 x_2}}{B_2^2 \mathrm{e}^{-2k_2 x_1}}$$

$$= \mathrm{e}^{-2k_2(x_2 - x_1)} = \mathrm{e}^{-\frac{2a}{\hbar}\sqrt{2m(V_0 - E)}},$$

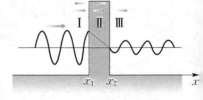

图 15.21　隧道效应

式中 $a = x_2 - x_1$,为势垒的宽度.可见,势垒越宽透过的概率越小,$(V_0 - E)$ 越大透过的概率也越小.虽然 $(V_0 - E) > 0$,但 a 较小时,透过的概率不能忽略,且对 V_0 和 a 的变化十分敏感.扫描隧道电子显微镜,就是根据这一原理制成的.

1982 年宾宁和罗雷尔发明了扫描隧道显微镜(简称 STM),这对表面科学、材料科学乃至生命科学等领域都具有重大的意义.利用这种显微镜,人类第一次观察到了物质表面上排列着的一个个单个原子.扫描隧道显微镜的工作原理是将极细小的针尖(针尖上只有单个原子)和被研究的材料表面作为两个电极,当样品表面与针尖接近至约 1 nm 时,在所加电压电场作用下,由于隧道效应,电子会穿越两电极间的空气或液体间隙(即势垒)而产生隧道电流,

如图 15.22(a) 所示.实验发现,此隧道电流的大小对针尖与样品表面原子间的间隙距离的变化十分敏

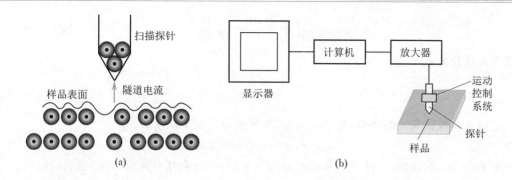

图 15.22　扫描隧道显微镜示意图

感.实验时使针尖在样品上进行水平横向电控扫描,同时又保持针尖与样品表面原子间距离不变(即维持隧道电流恒定),这样就使针尖随着样品表面原子排列的高低起伏做上下移动,通过计算机处理和图像显示系统,便能得到 0.1 nm 数量级超高分辨率的表面原子排布图像.

利用扫描隧道探针还可以搬动单个原子,按人们的需要进行排列,实现了对单个原子的人为操纵.

15.6　氢原子的量子力学处理

15.6.1　氢原子的薛定谔方程

前面介绍了玻尔的氢原子理论,由于该理论的局限性,它并不能圆满地解决氢原子的结构和其中电子运动的规律.本节介绍如何利用量子力学处理氢原子的问题.由于求解氢原子定态薛定谔方程的过程在数学上比较复杂,这里不做严格的计算,只给出一些重要结果.

氢原子原子核的质量比电子的质量大得多(约为 1837 倍),因此可以近似认为原子核不动,电子在核的库仑电场中运动.电子的势能函数为

$$V(r) = -\frac{e^2}{4\pi\varepsilon_0 r},\tag{15.51}$$

式中 r 是电子离核的距离. $V(r)$ 只是空间坐标的函数,因此是一个定态问题.由式(15.33),氢原子中电子的定态薛定谔方程为

$$-\frac{\hbar^2}{2m}\nabla^2\psi - \frac{e^2}{4\pi\varepsilon_0 r}\psi = E\psi.$$

因为势能仅为 r 的函数,采用球坐标系计算较方便. 如图 15.23 所示,利用 $x = r\sin\theta\cos\varphi, y = r\sin\theta\sin\varphi, z = r\cos\theta$,可得用球坐标表示的拉普拉斯算符

$$\nabla^2 = \frac{1}{r^2}\frac{\partial}{\partial r}\left(r^2\frac{\partial}{\partial r}\right) + \frac{1}{r^2\sin\theta}\frac{\partial}{\partial\theta}\left(\sin\theta\frac{\partial}{\partial\theta}\right) + \frac{1}{r^2\sin^2\theta}\frac{\partial^2}{\partial\varphi^2}.$$

在球坐标系下,氢原子的定态薛定谔方程为

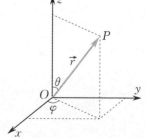

图 15.23　球坐标系

$$-\frac{\hbar^2}{2m}\left[\frac{1}{r^2}\frac{\partial}{\partial r}\left(r^2\frac{\partial}{\partial r}\right)+\frac{1}{r^2\sin\theta}\frac{\partial}{\partial\theta}\left(\sin\theta\frac{\partial}{\partial\theta}\right)+\frac{1}{r^2\sin^2\theta}\frac{\partial^2}{\partial\varphi^2}\right]\psi-\frac{e^2}{4\pi\varepsilon_0 r}\psi=E\psi. \tag{15.52}$$

这里波函数为 $\psi=\psi(r,\theta,\varphi)$.

15.6.2　氢原子的波函数

由于势能仅是 r 的函数,与 θ,φ 无关,通常用分离变量法求解.令

$$\psi(r,\theta,\varphi)=R(r)\Theta(\theta)\Phi(\varphi), \tag{15.53}$$

式中 R 仅为 r 的函数,Θ 仅为 θ 的函数,Φ 仅为 φ 的函数.利用分离变量法,由式(15.52),可得到 R,Θ 和 Φ 所满足的常微分方程分别为

$$\frac{\mathrm{d}}{\mathrm{d}r}\left(r^2\frac{\mathrm{d}R}{\mathrm{d}r}\right)+\frac{2m}{\hbar^2}\left(E+\frac{e^2}{4\pi\varepsilon_0 r}\right)r^2R=\lambda R, \tag{15.54}$$

$$\frac{1}{\sin\theta}\frac{\mathrm{d}}{\mathrm{d}\theta}\left(\sin\theta\frac{\mathrm{d}\Theta}{\mathrm{d}\theta}\right)+\left(\lambda-\frac{m_l^2}{\sin^2\theta}\right)\Theta=0, \tag{15.55}$$

$$\frac{\mathrm{d}^2\Phi}{\mathrm{d}\varphi^2}+m_l^2\Phi=0, \tag{15.56}$$

其中 λ 和 m_l 为分离变量时引入的待定常数.

将式(15.54)、式(15.55) 和式(15.56) 的解代入式(15.53),得到氢原子中电子的波函数为

$$\psi_{nlm_l}(r,\theta,\varphi)=R_{nl}(r)\Theta_{lm_l}(\theta)\Phi_{m_l}(\varphi). \tag{15.57}$$

式(15.57) 表明,氢原子中电子的波函数由三个量子数 n,l,m_l 来表征,分别为主量子数 $n=1,2,\cdots$、角量子数(或角动量量子数)$l=0,1,2,\cdots,n-1$,磁量子数 $m_l=0,\pm1,\pm2,\cdots,\pm l$. 其中 $\Phi_{m_l}(\varphi),\Theta_{lm_l}(\theta),R_{nl}(r)$ 分别满足归一化条件:

$$\int_0^\infty|R_{nl}(r)|^2r^2\mathrm{d}r=1,\quad\int_0^\pi|\Theta_{lm_l}(\theta)|^2\sin\theta\mathrm{d}\theta=1,\quad\int_0^{2\pi}|\Phi_{m_l}(\varphi)|^2\mathrm{d}\varphi=1.$$

故式(15.57) 所表示的波函数是归一化的,即

$$\int_0^\infty\int_0^\pi\int_0^{2\pi}|\psi_{nlm_l}(r,\theta,\varphi)|^2r^2\mathrm{d}r\sin\theta\mathrm{d}\theta\mathrm{d}\varphi=1.$$

$\psi_{nlm_l}(r,\theta,\varphi)$ 的一般形式很复杂,下面仅给出几个量子数较小的波函数.

$$\psi_{100}=\frac{1}{\sqrt{\pi a_0^3}}\mathrm{e}^{-\frac{r}{a_0}},$$

$$\psi_{200}=\frac{1}{4\sqrt{2\pi a_0^3}}\left(2-\frac{r}{a_0}\right)\mathrm{e}^{-\frac{r}{2a_0}},$$

$$\psi_{210}=\frac{1}{4\sqrt{2\pi a_0^3}}\frac{r}{a_0}\mathrm{e}^{-\frac{r}{2a_0}}\cos\theta,$$

$$\psi_{21\pm1}=\mp\frac{1}{8\sqrt{\pi a_0^3}}\frac{r}{a_0}\mathrm{e}^{-\frac{r}{2a_0}}\sin\theta\mathrm{e}^{\pm i\varphi},$$

$$\cdots$$

15.6.3　氢原子能级和角动量的量子化

从量子力学进一步的讨论可知,当氢原子能量 $E < 0$,电子处于束缚状态时,根据波函数的有限性条件,氢原子的能量是量子化的,由主量子数 n 决定,能量的表达式为

$$E_n = -\frac{me^4}{8\varepsilon_0^2 h^2}\frac{1}{n^2}, \quad n = 1,2,\cdots. \tag{15.58}$$

这一结果与玻尔理论得到的能级公式是相同的,但这里是通过解方程自然得出的结果.氢原子能量的量子化已为氢原子的光谱结构所证实.

我们已经知道,氢原子中电子的波函数由三个量子数 n,l,m_l 来表征.给定一个 n 值,能量就确定了,但波函数并没有完全确定.因为给定一个 n 值,l 可以有 n 个不同的值,而对于每一个 l 的值,m_l 又可以有 $2l+1$ 个不同的值,l,m_l 不同,波函数则不同,即电子的运动状态不相同,通常说是量子态不同.因此,对应一个能级 E_n,有

$$\sum_{l=0}^{n-1}(2l+1) = n^2$$

个量子态.如果一个能级对应多个不同的量子态,则称该能级是简并的,对应该能级的量子态数目称为该能级的简并度.因此,氢原子能级 E_n 的简并度为 n^2.例如 $n = 1$ 时,简并度为 1(非简并);$n = 2$ 时,简并度为 4.

氢原子的角动量也是量子化的,其大小由角量子数 l 决定,其表达式为

$$L = \sqrt{l(l+1)}\,\hbar, \quad l = 0,1,2,\cdots,n-1, \tag{15.59}$$

$l = 0,1,2,3,\cdots$ 的电子分别称为 s,p,d,f,$\cdots$ 电子.

同时,角动量在转轴(z 轴)方向的投影也是量子化的,只能取 $\hbar$ 的整数倍,即

$$L_z = m_l\hbar, \quad m_l = 0,\pm 1,\pm 2,\cdots,\pm l, \tag{15.60}$$

式(15.60)说明角动量在空间的取向只能取有限个特定方位,被称为角动量的空间量子化.当角量子数 l 确定以后,角动量大小也就确定了.此时,磁量子数 m_l 有 $2l+1$ 个可能的取值,对应角动量在空间有 $2l+1$ 个可能取向.图 15.24 给出了 $l = 1,2,3$ 三种情况下角动量"空间量子化"的示意图.

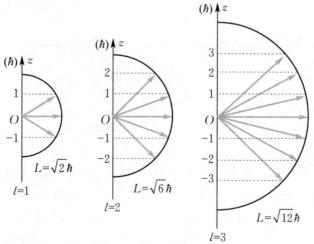

图 15.24　角动量空间取向量子化

* 15.6.4　氢原子中电子的概率分布

根据波函数的统计诠释,氢原子中电子处在波函数 $\psi_{nlm_l}(r,\theta,\varphi)$ 所描写的状态时,在体积元 $dV = r^2 dr d\Omega = r^2 dr\sin\theta d\theta d\varphi$ 内电子出现的概率为

$$|\psi_{nlm_l}(r,\theta,\varphi)|^2 dV = |R_{nl}(r)|^2 |\Theta_{lm_l}(\theta)|^2 |\Phi_{m_l}(\varphi)|^2 r^2 dr\sin\theta d\theta d\varphi. \tag{15.61}$$

将式(15.61)对 θ 和 φ 变化的全部区域积分,就得到电子在距离核 r 处厚度为 dr 的球壳内出现的概率为

$$P_{nl}(r)dr = |R_{nl}(r)|^2 r^2 dr \int_0^\pi |\Theta_{lm_l}(\theta)|^2 \sin\theta d\theta \int_0^{2\pi} |\Phi_{m_l}(\varphi)|^2 d\varphi = |R_{nl}(r)|^2 r^2 dr. \tag{15.62}$$

这个概率分布称为电子的**径向分布**.

图 15.25 给出了氢原子中电子几个量子态的径向概率分布图. 容易看出,电子 1s 态($n=1,l=0$)((a)图),2p 态($n=2,l=1$)((c)图)和 3d 态($n=3,l=2$)((f)图)的电子径向分布的最大值处,分别对应于玻尔理论中基态($n=1$)、第一激发态($n=2$)和第二激发态($n=3$)的轨道半径($a_0,4a_0$ 和 $9a_0$).

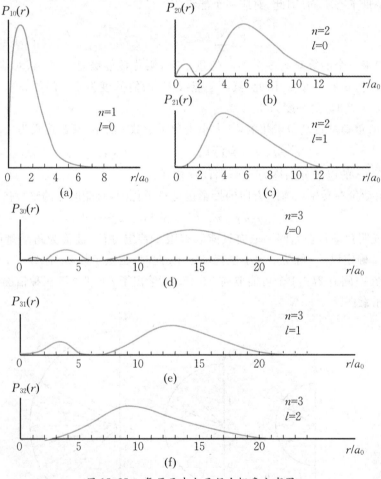

图 15.25　氢原子中电子径向概率分布图

如果对 r 从 0 到 ∞ 积分,则可以得到在(θ,φ)方向的立体角元 $d\Omega = \sin\theta d\theta d\varphi$ 内找到电子的概率:

$$P_{lm_l}(\theta)d\Omega = \int_0^\infty |R_{nl}(r)|^2 r^2 dr |\Theta_{lm_l}(\theta)|^2 |\Phi_{m_l}(\varphi)|^2 d\Omega$$

$$= |\Theta_{lm_l}(\theta)|^2 |\Phi_{m_l}(\varphi)|^2 d\Omega = |\Theta_{lm_l}(\theta)|^2 d\Omega. \tag{15.63}$$

这个概率分布称为电子的**角分布**. 角分布与 φ 无关, 即角分布是关于 z 轴对称的.

图 15.26 给出了 s, p, d 及 f 态电子的角向概率分布图. 从原点出发, 引出与 z 轴成 θ 角的射线, 图中阴影部分所截射线的长度就代表 $P_{lm_l}(\theta)$ 的大小. 这些图形实际是绕 z 轴旋转对称的立体图形.

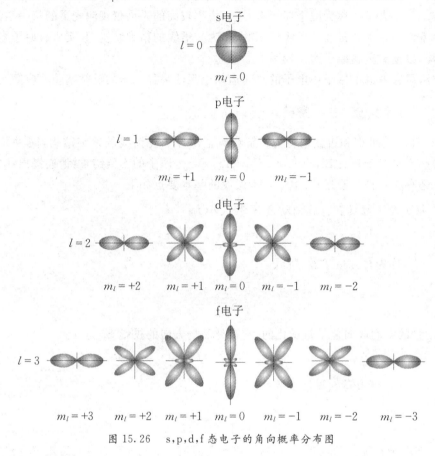

图 15.26　s, p, d, f 态电子的角向概率分布图

15.7　电子自旋

15.7.1　电子自旋的实验基础

许多实验事实表明电子具有自旋, 施特恩-格拉赫实验就是其中的一个. 该实验的主要思想是: 如果原子磁矩在磁场中可以任意取向且连续变化, 那么原子束经过不均匀磁场发生偏转后将在屏上形成一整片原子沉积; 而如果原子磁矩的空间取向是分立的, 那么在屏上就会形成斑纹 —— 几条分立的原子沉积线. 实验中若入射原子束为 Li, Na, K, Cu, Ag, Au 等基态原子, 则测得的斑纹数为 2. 任何原子的轨道角动量量子数都是整数, 在非均匀磁场中分裂产生的斑纹数应为奇数. Li, Na, K, Cu, Ag, Au 等基态 (s 态, $l = 0$) 原子的轨道角动量为零, 从

而原子的轨道磁矩也为零,在非均匀磁场中不应发生偏转.可见,这些基态原子的磁矩不是起源于原子中电子的绕核运动,而是起源于电子的内部运动.

光谱线的精细结构也不能用原子中电子的空间运动来解释.锂(Li)、钠(Na)、钾(K)、铷(Rb)、铯(Cs)、钫(Fr)称为碱金属元素.用分辨率较高的光谱仪观测光谱的每一条谱线,实验发现,每条谱线是由 2 条或 3 条线组成的,称为光谱线的精细结构.其实所有原子光谱线都有精细结构,只是碱金属原子谱线较为明显.

此外,尽管考虑了原子中电子的空间运动也无法解释原子的反常塞曼效应等实验事实.

15.7.2　乌伦贝克–古兹密特电子自旋假设

1925 年乌伦贝克和古兹密特为了解释碱金属原子光谱线的精细结构,同时又考虑施特恩–格拉赫实验对于基态 Li, Na, K, Cu, Ag, Au 等原子的实验结果,他们提出:除轨道运动外,电子还存在一种自旋运动.电子自旋假设的基本要点如下.

(1) 每个电子都具有自旋角动量 $\vec{S}$,其大小为

$$S = \sqrt{s(s+1)}\,\hbar, \tag{15.64}$$

式中 $s = \dfrac{1}{2}$,称为自旋量子数,所以

$$S = \frac{\sqrt{3}}{2}\hbar. \tag{15.65}$$

自旋角动量的空间取向也是量子化的,它在外磁场方向的投影 S_z 为

$$S_z = m_s \hbar, \tag{15.66}$$

式中 $m_s = \pm\dfrac{1}{2}$,称为自旋磁量子数,所以

$$S_z = \pm \frac{\hbar}{2}. \tag{15.67}$$

(2) 与电子自旋角动量相对应,每个电子都具有自旋磁矩 $\vec{\mu}_S$,自旋磁矩 $\vec{\mu}_S$ 与自旋角动量 $\vec{S}$ 的关系为

$$\vec{\mu}_S = -\frac{e}{m}\vec{S}. \tag{15.68}$$

负号表示 $\vec{\mu}_S$ 与 $\vec{S}$ 方向相反,它在外磁场方向的投影为

$$\mu_{Sz} = -\frac{e}{m}S_z = \mp\frac{e\hbar}{2m} = \mp\mu_B, \tag{15.69}$$

式中 $\mu_B = \dfrac{e\hbar}{2m}$ 是玻尔磁子.

值得注意的是,自旋磁矩大小 μ_S 与自旋角动量大小 S 的比值(称为自旋磁旋比)

$$\frac{\mu_S}{S} = \frac{e}{m}$$

是轨道磁矩大小 μ_L 与轨道角动量大小 L 的比值(称为轨道磁旋比)

$$\frac{\mu_L}{L} = \frac{e}{2m}$$

的两倍,这是电子自旋运动与电子轨道运动的重要差别.

另外,我们必须明确,所有的电子,不管它处于何种状态,其自旋量子数 s 都是 $\frac{1}{2}$,表征了电子的固有属性,并不反映电子的自旋运动状态.而电子的自旋磁量子数 m_s 可取 $+\frac{1}{2}$ 或 $-\frac{1}{2}$,描述其自旋角动量的两个不同取向.因此,自旋磁量子数 m_s 是描述电子自旋运动状态的量子数.

施特恩-格拉赫实验对 $\mathrm{Li},\mathrm{Na},\mathrm{K},\mathrm{Cu},\mathrm{Ag},\mathrm{Au}$ 等原子测得的斑纹条数为 2,是因为这些原子的磁矩取决于价电子,而价电子的轨道磁矩为零,所以原子的磁矩由电子自旋磁矩决定.自旋磁矩在 z 轴的投影 μ_{Sz} 只可能取两个数值,于是屏幕上得到两条斑纹.测出两条斑纹的距离 Δz,就可以算出 μ_{Sz}.测量结果为一个玻尔磁子,不但证实了电子自旋的正确性,同时也证明了自旋磁矩与自旋角动量关系的正确性.

产生碱金属光谱精细结构的原因是比电相互作用小的磁相互作用,是电子的轨道运动产生的磁场和电子自旋磁矩的作用,使得原子的能级发生改变.这种能量称为自旋-轨道相互作用能,是一个小量,因此表现为光谱线的精细结构.

电子的自旋运动是电子的重要特征.但是电子自旋的物理图像是什么?这是至今尚未解决的问题.但有一点是可以肯定的,就是不能把电子的"自旋"想象成宏观物体的"自转",因为微观粒子的运动与宏观物体的运动并不相同,简单的类比会产生错误的概念.现代物理实验表明,电子的自旋与电子的内部结构有关,而电子的内部结构至今尚不清楚.我们只能说电子的自旋是电子的一种内禀(内部)运动.

15.7.3 描述原子中电子状态的四个量子数

我们已经知道,氢原子中电子的空间运动由 n,l,m_l 三个量子数来描述,而电子的自旋运动用 m_s 来描述.因此,氢原子中电子的运动状态用 n,l,m_l,m_s 四个量子数来确定.对于多电子原子中的电子,每个电子除受到原子核的作用外,电子之间还有电磁相互作用,自旋与轨道运动之间也有相互作用,量子力学无法通过精确求解薛定谔方程得到其波函数.但量子力学用近似方法可以证明,多电子原子中电子的运动状态仍可用 n,l,m_l,m_s 四个量子数来表征.

(1) 主量子数 $n,n=1,2,\cdots$ 为整数.它决定原子中电子能量的主要部分.

(2) (轨道)角量子数 $l,l=0,1,2,\cdots,n-1$.它确定电子轨道角动量的值.一般地,处于同一主量子数 n 而角量子数 l 不同的电子,其能量也稍有不同.把 n 和 l 合在一起,常用 nl 表示电子态.

(3) (轨道)磁量子数 $m_l,m_l=0,\pm1,\pm2,\cdots,\pm l$.它确定电子轨道角动量在外磁场方向的分量.

(4) 自旋磁量子数 $m_s,m_s=\pm\frac{1}{2}$.它决定电子自旋角动量在外磁场方向的分量.

15.8　原子的壳层结构和元素周期律

15.8.1　原子内电子按壳层分布

原子核外电子是如何分布的呢?1916 年柯塞尔提出了形象化的壳层分布模型.主量子数 n 相同的电子组成一个主壳层,简称壳层.对应主量子数 $n=1,2,3,4,5,6,7$ 的壳层分别用大写字母 K,L,M,N,O,P,Q 来命名.如 $n=1$ 的壳层称为 K 壳层,$n=2$ 的壳层称为 L 壳层,$n=3$ 的壳层称为 M 壳层,等等.主量子数相同而角量子数不同的电子分布在不同的支壳层(分壳层)上.n 取一定值时,$l=0,1,2,\cdots,n-1$,因此由 n 决定的壳层,可分成由 l 决定的 n 个支壳层.$l=0,1,2,3,4,5,6,7,8,\cdots$ 相对应的支壳层称为 s,p,d,f,g,h,i,k,l,$\cdots$,例如 $l=0$ 的支壳层称为 s 支壳层,$l=1$ 的支壳层称为 p 支壳层,等等.若 $n=1$,则只有 $l=0$,说明 K 壳层只有一个 s 支壳层;$n=2,l=0,1$,说明 L 壳层有 s 和 p 两个支壳层;$n=3,l=0,1,2$,说明 M 壳层有 s,p,d 三个支壳层;$n=4$ 的 N 壳层有 s,p,d,f 四个支壳层;依此类推.那么每一个支壳层能容纳多少个电子?每个主壳层能容纳多少个电子?这就要考虑泡利不相容原理.

15.8.2　泡利不相容原理

泡利分析了大量光谱的数据后于 1925 年概括出一条基本原理:在同一个原子中,不可能有两个或两个以上的电子具有完全相同的四个量子数.这就是泡利不相容原理.泡利不相容原理不局限于原子体系,它是量子力学的一条基本原理.

下面先计算 l 支壳层中最多能容纳的电子数.给定 l 后,$m_l=l,l-1,l-2,\cdots,0,\cdots,-l+2,-l+1,-l$,共计 $2l+1$ 个值;而当 n,l,m_l 都给定时,m_s 只能取 $+\frac{1}{2}$ 和 $-\frac{1}{2}$ 两个可能的值,所以 l 支壳层中最多可以容纳 $2(2l+1)$ 个电子.当支壳层中电子数达到最大值时,称为满支壳层或闭合支壳层.

给定主量子数 n 后,角量子数 $l=0,1,2,\cdots,n-1$,共 n 个数值,因此在 n 值一定的主壳层中所能容纳的电子数最多为

$$\sum_{l=0}^{n-1}2(2l+1)=2n^2.$$

例如 $n=1$ 的 K 壳层,最多容纳两个电子,都在 s 支壳层上,以电子组态 $1s^2$ 表示.$n=2$ 的 L 壳层,最多容纳 8 个电子,其中 $l=0$ 的电子有两个,以 $2s^2$ 表示,$l=1$ 的电子有 6 个,以 $2p^6$ 表示,电子组态是 $2s^2 2p^6$,等等.表 15.2 列出了原子中各壳层最多可容纳的电子数.

表 15.2　原子中各壳层可容纳的最多电子数

n \ l	0 s	1 p	2 d	3 f	4 g	5 h	6 i	$2n^2$
1K	2	/	/	/	/	/	/	2
2L	2	6	/	/	/	/	/	8
3M	2	6	10	/	/	/	/	18
4N	2	6	10	14	/	/	/	32
5O	2	6	10	14	18	/	/	50
6P	2	6	10	14	18	22	/	72
7Q	2	6	10	14	18	22	26	98

15.8.3　能量最小原理

原子系统处于正常态(基态)时,每个电子总是首先占据能量最低的能级,因为这时整个原子最稳定.这就是 **能量最小原理**.能量首先取决于主量子数 n,总的趋势是先从主量子数小的壳层填起.但特别要注意的是,由于能量也取决于角量子数 l,因此填充次序并不总是简单地按 K,L,M,… 一层填满再填另一层.从 $n=4$ 起就有先填 n 较大 l 较小的支壳层,后填 n 较小 l 较大的支壳层的反常情况出现.总的说来,填充次序是

$$1s,2s,2p,3s,3p,[4s,3d],4p,[5s,4d],5p,[6s,4f,5d],6p,[7s,5f,6d],$$

方括号内是反常情况.这里的能级高低可用我国科学工作者根据大量实验事实总结出的规律($n+0.7l$)判断.($n+0.7l$)越大,能级越高.例如 4s 和 3d 比较,[$(4+0.7×0)=4$]<[$(3+0.7×2)=4.4$],所以先填 4s.再如 4f 和 5d 比较,[$(4+0.7×3)=6.1$]<[$(5+0.7×2)=6.4$],所以先填 4f 后填 5d.

15.8.4　元素周期律

用原子的壳层结构可以很好地解释元素的周期性质.各种原子基态的电子组态见表 15.3.可以看出,元素的周期性是电子组态周期性的反映.每个周期的第一个元素,都对应着开始填充一个新壳层,都只有一个价电子.价电子是外层电子,元素的性质主要由价电子决定,如果价电子相同,则物理、化学性质相似.每个周期末的元素,都对应着一个壳层或一个支壳层被填满.第一周期只有 H,He 两种元素,原子基态电子组态分别是 $1s^1$,$1s^2$,至 He,第一壳层填满.但要注意,以后的每一个周期不是以填满 n 壳层来划分的,而是从电子填充一个 s 支壳层开始,以填满 p 支壳层结束.

表 15.3　原子基态的电子组态和电离能

Z	符号	名称	基态组态	电离能 /eV	Z	符号	名称	基态组态	电离能 /eV
1	H	氢	$1s^1$	13.599	3	Li	锂	$[He]2s^1$	5.390
2	He	氦	$1s^2$	24.581	4	Be	铍	$2s^2$	9.320

Z	符号	名称	基态组态	电离能/eV	Z	符号	名称	基态组态	电离能/eV
5	B	硼	$2s^2 2p^1$	8.296	36	Kr	氪	$3d^{10} 4s^2 4p^6$	13.996
6	C	碳	$2s^2 2p^2$	11.256	37	Rb	铷	$[Kr]5s^1$	4.176
7	N	氮	$2s^2 2p^3$	14.545	38	Sr	锶	$5s^2$	5.692
8	O	氧	$2s^2 2p^4$	13.614	39	Y	钇	$4d^1 5s^2$	6.377
9	F	氟	$2s^2 2p^5$	17.418	40	Zr	锆	$4d^2 5s^2$	6.835
10	Ne	氖	$2s^2 2p^6$	21.559	41	Nb	铌	$4d^4 5s^1$	6.881
11	Na	钠	$[Ne]3s^1$	5.138	42	Mo	钼	$4d^5 5s^1$	7.10
12	Mg	镁	$3s^2$	7.644	43	Tc	锝	$4d^5 5s^2$	7.228
13	Al	铝	$3s^2 3p^1$	5.984	44	Ru	钌	$4d^7 5s^1$	7.365
14	Si	硅	$3s^2 3p^2$	8.149	45	Rh	铑	$4d^8 5s^1$	7.461
15	P	磷	$3s^2 3p^3$	10.484	46	Pd	钯	$4d^{10}$	8.334
16	S	硫	$3s^2 3p^4$	10.357	47	Ag	银	$4d^{10} 5s^1$	7.574
17	Cl	氯	$3s^2 3p^5$	13.01	48	Cd	镉	$4d^{10} 5s^2$	8.991
18	Ar	氩	$3s^2 3p^6$	15.755	49	In	铟	$4d^{10} 5s^2 5p^1$	5.785
19	K	钾	$[Ar]4s^1$	4.339	50	Sn	锡	$4d^{10} 5s^2 5p^2$	7.342
20	Ca	钙	$4s^2$	6.111	51	Sb	锑	$4d^{10} 5s^2 5p^3$	8.639
21	Sc	钪	$3d^1 4s^2$	6.538	52	Te	碲	$4d^{10} 5s^2 5p^4$	9.01
22	Ti	钛	$3d^2 4s^2$	6.818	53	I	碘	$4d^{10} 5s^2 5p^5$	10.454
23	V	钒	$3d^3 4s^2$	6.743	54	Xe	氙	$4d^{10} 5s^2 5p^6$	12.127
24	Cr	铬	$3d^5 4s^1$	6.764	55	Cs	铯	$[Xe]6s^1$	3.893
25	Mn	锰	$3d^5 4s^2$	7.432	56	Ba	钡	$6s^2$	5.210
26	Fe	铁	$3d^6 4s^2$	7.868	57	La	镧	$5d^1 6s^2$	5.61
27	Co	钴	$3d^7 4s^2$	7.862	58	Ce	铈	$4f^1 5d^1 6s^2$	6.54
28	Ni	镍	$3d^8 4s^2$	7.633	59	Pr	镨	$4f^3 6s^2$	5.48
29	Cu	铜	$3d^{10} 4s^1$	7.724	60	Nd	钕	$4f^4 6s^2$	5.51
30	Zn	锌	$3d^{10} 4s^2$	9.391	61	Pm	钷	$4f^5 6s^2$	5.55
31	Ga	镓	$3d^{10} 4s^2 4p^1$	6.00	62	Sm	钐	$4f^6 6s^2$	5.63
32	Ge	锗	$3d^{10} 4s^2 4p^2$	7.88	63	Eu	铕	$4f^7 6s^2$	5.67
33	As	砷	$3d^{10} 4s^2 4p^3$	9.81	64	Gd	钆	$4f^7 5d^1 6s^2$	6.16
34	Se	硒	$3d^{10} 4s^2 4p^4$	9.75	65	Tb	铽	$4f^9 6s^2$	6.74
35	Br	溴	$3d^{10} 4s^2 4p^5$	11.84	66	Dy	镝	$4f^{10} 6s^2$	6.82

Z	符号	名称	基态组态	电离能 /eV	Z	符号	名称	基态组态	电离能 /eV
67	Ho	钬	$4f^{11}6s^2$	6.02	86	Rn	氡	$4f^{14}5d^{10}6s^26p^6$	10.745
68	Er	铒	$4f^{12}6s^2$	6.10	87	Fr	钫	$[Rn]7s^1$	4.0
69	Tm	铥	$4f^{13}6s^2$	6.18	88	Ra	镭	$7s^2$	5.277
70	Yb	镱	$4f^{14}6s^2$	6.22	89	Ac	锕	$6d^17s^2$	6.9
71	Lu	镥	$4f^{14}5d^16s^2$	6.15	90	Th	钍	$6d^27s^2$	
72	Hf	铪	$4f^{14}5d^26s^2$	7.0	91	Pa	镤	$5f^26d^17s^2$	5.7
73	Ta	钽	$4f^{14}5d^36s^2$	7.88	92	U	铀	$5f^36d^17s^2$	6.08
74	W	钨	$4f^{14}5d^46s^2$	7.98	93	Np	镎	$5f^46d^17s^2$	5.8
75	Re	铼	$4f^{14}5d^56s^2$	7.87	94	Pu	钚	$5f^67s^2$	5.8
76	Os	锇	$4f^{14}5d^66s^2$	8.7	95	Am	镅	$5f^77s^2$	6.05
77	Ir	铱	$4f^{14}5d^76s^2$	9.2	96	Cm	锔	$5f^76d^17s^2$	
78	Pt	铂	$4f^{14}5d^96s^1$	8.88	97	Bk	锫	$5f^97s^2$	
79	Au	金	$4f^{14}5d^{10}6s^1$	9.223	98	Cf	锎	$5f^{10}7s^2$	
80	Hg	汞	$4f^{14}5d^{10}6s^2$	10.434	99	Es	锿	$5f^{11}7s^2$	
81	Tl	铊	$4f^{14}5d^{10}6s^26p^1$	6.106	100	Fm	镄	$5f^{12}7s^2$	
82	Pb	铅	$4f^{14}5d^{10}6s^26p^2$	7.415	101	Md	钔	$5f^{13}7s^2$	
83	Bi	铋	$4f^{14}5d^{10}6s^26p^3$	7.287	102	No	锘	$5f^{14}7s^2$	
84	Po	钋	$4f^{14}5d^{10}6s^26p^4$	8.43	103	Lr	铹	$5f^{14}6d^17s^2$	
85	At	砹	$4f^{14}5d^{10}6s^26p^5$	9.5					

 # 本 章 提 要

一、光的量子性

1. 黑体辐射

斯特藩-玻尔兹曼定律:黑体的辐射出射度与温度的关系为

$$M_B(T) = \sigma T^4,$$

其中 $\sigma = 5.670 \times 10^{-8} \text{ W} \cdot \text{m}^{-2} \cdot \text{K}^{-4}$.

维恩位移定律:峰值波长随着温度的升高向短波方向移动.

$$T\lambda_m = b,$$

其中 $b = 2.898 \times 10^{-3} \text{ m} \cdot \text{K}$.

普朗克能量子假设:谐振子的能量不连续,只能取一些离散值,即

$$E = nh\nu, \quad n = 1, 2, \cdots.$$

普朗克公式:黑体的单色辐射出射度为

$$M_{B\lambda}(T) = 2\pi hc^2\lambda^{-5}\frac{1}{e^{\frac{hc}{\lambda T}} - 1}.$$

2. 光电效应

爱因斯坦光电效应方程:

$$\frac{1}{2}mv_m^2 = h\nu - A.$$

红限频率:

$$\nu_0 = \frac{A}{h}.$$

光子的能量:

$$\varepsilon = h\nu.$$

光子的动量:

$$p = \frac{h}{\lambda}.$$

3. 康普顿效应

康普顿散射公式:

$$\Delta\lambda = \lambda - \lambda_0 = \frac{2h}{m_0 c}\sin^2\frac{\varphi}{2}.$$

电子的康普顿波长:

$$\lambda_C = \frac{h}{m_0 c} = 0.002\ 426\ 3\ \text{nm}.$$

二、玻尔的氢原子理论

1. 定态假设:氢原子系统只能处于一系列不连续的能量状态.

2. 频率假设:

$$h\nu = E_n - E_k.$$

3. 轨道角动量量子化假设:

$$L = n\frac{h}{2\pi}, \quad n = 1,2,\cdots.$$

三、粒子的波动性

1. 德布罗意关系:

$$E = h\nu, \quad \vec{p} = \frac{h}{\lambda}\vec{e}_n.$$

2. 戴维孙-革末的电子衍射实验证实了电子的波动性.

3. 测不准关系(不确定[度]关系)

$$\Delta x \Delta p_x \geqslant \frac{\hbar}{2},\ \Delta y \Delta p_y \geqslant \frac{\hbar}{2},\ \Delta z \Delta p_z \geqslant \frac{\hbar}{2}.$$

四、波函数　薛定谔方程

1. 微观粒子的状态用波函数 $\Psi(x,y,z,t)$ 描述.波函数的标准条件是单值、连续和有限.

2. 波函数的统计意义: $|\Psi(x,y,z,t)|^2$ 表示 t 时刻在 (x,y,z) 处粒子的概率密度.

3. 波函数满足薛定谔方程:

$$i\hbar\frac{\partial\Psi}{\partial t} = -\frac{\hbar^2}{2m}\nabla^2\Psi + V\Psi.$$

4. 如果粒子在外力场的势能 V 只是空间坐标的函数,则 $\Psi(x,y,z,t) = \varphi(x,y,z)\mathrm{e}^{-\frac{\mathrm{i}}{\hbar}Et}$,$\psi$ 服从定态薛定谔方程: $-\frac{\hbar^2}{2m}\nabla^2\psi + V\psi = E\psi.$

五、一维定态问题

1. 一维无限深势阱中的粒子

$$\psi_n(x) = \begin{cases} \sqrt{\dfrac{2}{a}}\sin\dfrac{n\pi}{a}x, & 0 \leqslant x \leqslant a; \\ 0, & x < 0, x > a. \end{cases}$$

$$E_n = \frac{\pi^2\hbar^2}{2ma^2}n^2, \quad n = 1,2,\cdots.$$

2. 一维谐振子

$$E_n = \left(n+\frac{1}{2}\right)\hbar\omega = \left(n+\frac{1}{2}\right)h\nu, \quad n = 1,2,\cdots.$$

六、氢原子的量子力学处理

氢原子中电子的空间运动状态由下面三个量子数决定.

主量子数 n 决定氢原子能级:

$$E_n = -\frac{me^4}{8\varepsilon_0^2 h^2}\frac{1}{n^2}, \quad n = 1,2,\cdots;$$

角量子数 l 决定角动量大小:

$$L = \sqrt{l(l+1)}\hbar, \quad l = 0,1,2,\cdots,n-1;$$

磁量子数 m_l 决定角动量空间取向:

$$L_z = m_l\hbar, \quad m_l = 0,\pm 1,\pm 2,\cdots,\pm l.$$

七、电子自旋

电子存在自旋运动,具有自旋角动量 $\vec{S}$,其取值为

$$S = \sqrt{s(s+1)}\hbar,$$

其中自旋量子数 $s = \dfrac{1}{2}$.

自旋角动量空间取向是量子化的.

$$S_z = m_s\hbar,$$

其中自旋磁量子数 $m_s = \pm\dfrac{1}{2}$.

原子中电子状态由四个量子数表征:主量子数 n,轨道角量子数 l,轨道磁量子数 m_l,自旋磁量子数 m_s.

八、原子的壳层结构和元素周期律

基态原子中电子分布遵守两条原理.

(1) 泡利不相容原理:在一个原子系统内,不可能有两个或两个以上的电子处于相同的状态,即不可能有两个或两个以上的电子具有相同的四个量子数.

(2) 能量最小原理:原子系统处于正常态时,每个电子趋向占有最低的能级.

习　题　15

15.1　已知从铝金属逸出一个电子至少需要 $A = 4.2$ eV 的能量,若用可见光投射到铝的表面,能否产生光电效应?为什么?

15.2　已知铂的逸出功为 8 eV,今用波长为 300 nm 的紫外光照射,能否产生光电效应?为什么?

15.3　红外线是否适宜于用来观察康普顿效应?为什么?

15.4　处于静止状态的自由电子是否能吸收光子,并把全部能量用来增加自己的动能?为什么?

15.5　已知某电子的德布罗意波长和光子的波长相同.

(1) 它们的动量大小是否相同?为什么?

(2) 它们的(总)能量是否相同?为什么?

15.6　用经典力学的物理量(例如坐标、动量等)描述微观粒子的运动时,存在什么问题?原因何在?

15.7　氢原子发射一条波长为 $\lambda = 4\,340$ Å 的光谱线.试问:该谱线属于哪一谱线系?氢原子是从哪个能级跃迁到哪个能级辐射出该光谱线的?

15.8　玻尔氢原子理论的成功和局限性分别是什么?

15.9　说明德布罗意波长公式的意义;德布罗意的假设是在物理学的什么发展背景下提出的?又最先被什么实验所证实?

15.10　根据量子力学理论,氢原子中电子的运动状态可用 n, l, m_l, m_s 四个量子数来描述.试说明它们各自确定的物理量.

15.11　在原子的电子壳层结构中,为什么 $n = 2$ 的壳层最多只能容纳 8 个电子?

15.12　根据泡利不相容原理,在主量子数 $n = 3$ 的电子壳层上最多可能有多少个电子?试写出每个电子所具有的四个量子数 n, l, m_l, m_s 之值.

15.13　用单色光照射某一金属产生光电效应,如果入射光的波长从 $\lambda_1 = 400$ nm 减到 $\lambda_2 = 360$ nm,遏止电压改变了多少?数值增加还是减小?

15.14　以波长 $\lambda = 410$ nm 的单色光照射某一金属,产生的光电子的最大动能 $E_k = 1.0$ eV,求能使该金属产生光电效应的单色光的最大波长.

15.15　处于基态的氢原子被外来单色光激发后发出的光仅有三条谱线,此外来光的频率为多少?

15.16　当电子的德布罗意波长与可见光波长 ($\lambda = 5\,500$ Å) 相同时,它的动能是多少电子伏?

15.17　光电管的阴极用逸出功 $A = 2.2$ eV 的金属制成,今用一单色光照射此光电管,阴极发射出光电子,测得截止电压为 5.0 V,试求:

(1) 光电管阴极金属的光电效应红限波长;

(2) 入射光波长.

15.18　频率为 ν 的一束光以入射角 i 照射在平面镜上并完全反射.设光束单位体积中的光子数为 n,求:

(1) 每一光子的能量、动量和质量;

(2) 光束对平面镜的光压(压强).

15.19　在一次光电效应实验中得出的曲线如习题 15.19 图所示.

(1) 求证:对不同材料的金属,直线 AB 的斜率相同;

(2) 由图上数据求出普朗克常量 h.

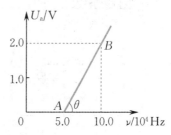

习题 15.19 图

15.20　波长为 λ 的单色光照射某金属 M 表面发生光电效应,发射的光电子(电荷绝对值为 e,质量为 m)经狭缝 S 后垂直进入磁感应强度为 $\vec{B}$ 的均匀磁场(见习题 15.20 图),今已测出电子在该磁场

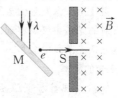

习题 15.20 图

中做圆运动的最大半径为 R. 求：

(1) 金属材料的逸出功 A；

(2) 截止电压 U_a.

15.21　已知 X 射线光子的能量为 0.60 MeV，若在康普顿效应中散射光子的波长为入射光子的 1.2 倍，试求反冲电子的动能.

15.22　红限波长为 $\lambda_0 = 0.15$ Å 的金属箔片置于 $B = 3 \times 10^{-3}$ T 的均匀磁场中. 今用单色 γ 射线照射而释放出电子，且电子在垂直于磁场的平面内做 $R = 0.1$ m 的圆周运动. 求 γ 射线的波长.

15.23　以波长为 $\lambda = 0.200$ μm 的单色光照射一铜球，铜球能放出电子. 现将此铜球充电，铜球的电势达到多高时不再放出电子？

15.24　假定在康普顿散射实验中，入射光的波长 $\lambda_0 = 0.003\ 0$ nm，反冲电子的速度 $v = 0.6c$，求散射光的波长 λ.

15.25　如习题 15.25 图所示，某金属 M 的红限波长 $\lambda_0 = 260$ nm，今用单色紫外线照射该金属，发现有光电子放出，其中速度最大的光电子可以匀速直线地穿过互相垂直的均匀电场（场强 $E = 5 \times 10^3$ V/m）和均匀磁场（磁感应强度 $B = 0.005$ T）区域，求：

(1) 光电子的最大速度 v；

(2) 单色紫外线的波长 λ.

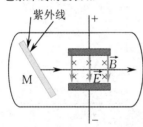

习题 15.25 图

15.26　氢原子激发态的平均寿命约为 10^{-8} s. 假设氢原子处于激发态时，电子做圆轨道运动，问求处于量子数 $n = 5$ 状态的电子在它跃迁到基态之前绕核转了多少圈？

15.27　处于第一激发态的氢原子被外来单色光激发后，发射的光谱中仅观察到三条巴耳末系光谱线. 试求这三条光谱线中波长最长的那条谱线的波长以及外来光的频率.

15.28　实验发现基态氢原子可吸收能量为 12.75 eV 的光子.

(1) 试问氢原子吸收该光子后将被激发到哪个能级？

(2) 受激发的氢原子向低能级跃迁时，可能发出哪几条谱线？请画出能级图（定性），并将这些跃迁画在能级图上.

15.29　已知氢原子光谱的某一线系的极限波长为 3 647 Å，其中有一谱线波长为 6 565 Å. 试由玻尔氢原子理论，求与该波长相应的始态与终态能级的能量.

15.30　在氢原子中，电子从某能级跃迁到量子数为 n 的能级，这时轨道半径改变 q 倍，求发射的光子的频率.

15.31　根据玻尔理论，

(1) 计算氢原子中电子在量子数为 n 的轨道上做圆周运动的频率；

(2) 计算当该电子跃迁到主量子数为 $(n-1)$ 的轨道上时所发出的光子的频率；

(3) 证明当 n 很大时，上述 (1) 和 (2) 结果近似相等.

15.32　试求氢原子线系极限的波数表达式及莱曼系（由各激发态跃迁到基态所发射的谱线构成）、巴耳末系、帕邢系（由各高能激发态跃迁到 $n = 3$ 的定态所发射的谱线构成）的线系极限的波数.

15.33　已知氢原子中电子的最小轨道半径为 5.3×10^{-11} m，求它绕核运动的速度.

15.34　已知电子在垂直于均匀磁场 $\vec{B}$ 的平面内运动，设电子的运动满足玻尔量子化条件，求电子轨道的半径 r_n.

15.35　当氢原子从某初始状态跃迁到激发能（从基态到激发态所需的能量）为 $\Delta E = 10.19$ eV 的状态时，发射出光子的波长是 $\lambda = 4\ 860$ Å，试求该初始状态的能量和主量子数.

15.36　若处于基态的氢原子吸收了一个能量为 15 eV 的光子后其电子成为自由电子，求该自由电子的速度 v.

15.37　α 粒子在磁感应强度为 $B = 0.025$ T 的均匀磁场中沿半径为 $R = 0.83$ cm 的圆形轨道运动.

(1) 试计算其德布罗意波长；

(2) 若使质量 $m = 0.1$ g 的小球以与 α 粒子相同的速率运动，则其波长为多少？

15.38　已知第一玻尔轨道半径 a，试计算当氢

原子中电子沿第 n 个玻尔轨道运动时,其相应的德布罗意波长是多少?

15.39　若不考虑相对论效应,则波长为 5 500 Å 的电子的动能是多少电子伏?

15.40　若电子运动速度与光速可以比拟,则当电子的动能等于静能的两倍时,其德布罗意波长为多少?

15.41　如习题 15.41 图所示,一电子以初速度 $v_0 = 6.0 \times 10^6$ m/s 逆着场强方向飞入电场强度为 $E = 500$ V/m 的均匀电场中,该电子在电场中要飞行多长距离,可使得电子的德布罗意波长达到 $\lambda = 1$ Å?

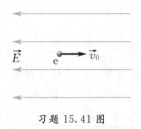

习题 15.41 图

15.42　已知粒子在无限深势阱中运动,其波函数为

$$\psi(x) = \sqrt{\frac{2}{a}} \sin \frac{\pi x}{a} \quad (0 \leqslant x \leqslant a),$$

求发现粒子概率最大的位置.

15.43　同时测量能量为 1 keV 且做一维运动的电子的位置与动量时,若位置的不确定量在 0.1 nm 内,则动量的不确定值的百分比 $\dfrac{\Delta p}{p}$ 至少为何值?

15.44　光子的波长为 $\lambda = 3\ 000$ Å,如果确定此波长的精确度 $\dfrac{\Delta \lambda}{\lambda} = 10^{-6}$,试求此光子位置的不确定量.

15.45　一维运动的粒子,设其动量的不确定量等于它的动量,试求此粒子的位置不确定量与它的德布罗意波长的关系.$(\Delta p_x \Delta x \geqslant h)$.

15.46　设氢原子光谱的巴耳末系中第一条谱线(H_α)的波长为 λ_a,第二条谱线(H_β)的波长为 λ_β,试证明:帕邢系(由各高能态跃迁到主量子数为 3 的定态所发射的各谱线组成的谱线系)中的第一条谱线的波长为

$$\lambda = \frac{\lambda_a \lambda_\beta}{\lambda_a - \lambda_\beta}.$$

15.47　测得氢原子光谱中的某一谱线系的极限波长为 $\lambda_k = 364.7$ nm.试推证此谱线系为巴耳末系.

15.48　试用玻尔理论推导氢原子在稳定态中的轨道半径.

15.49　试根据玻尔关于氢原子结构的基本假说,推导里德伯常量的理论表达式.

15.50　一束具有动量 p 的电子,垂直地射入宽度为 a 的狭缝,若在狭缝后远处与狭缝相距为 R 的地方放置一块荧光屏,试证明屏幕上衍射图样中央最大强度的宽度 $d = \dfrac{2Rh}{ap}$,式中 h 为普朗克常量.

阅读材料　施特恩-格拉赫实验简介

　　1921 年施特恩和格拉赫用实验证实了原子的磁矩在外磁场中取向是量子化的,这也证明了角动量空间取向的量子化.实验中让原子射线束通过一个不均匀磁场区域,观察原子磁矩在磁力作用下的偏转.实验发现在接收屏上是几条清晰可辨的黑斑,说明原子磁矩只能取几个特定的方向,也就是角动量只能取几个特定的方向,证明了角动量在外磁场方向的投影是量子化的.

　　(扫二维码阅读详细内容)

阅读材料　　应用拓展　　名家简介

附　　录

附录Ⅰ　矢　　量

1. 标量和矢量

在物理学中,有一类物理量,如时间、质量、功、能量、温度等,只有大小和正负,而没有方向,这类物理量称为标量.另一类物理量,如位移、速度、加速度、力、动量、冲量等,既有大小又有方向,而且相加减时遵从平行四边形运算定则,这类物理量称为矢量(也称为向量).通常用带箭头的字母(如$\vec{A}$)或黑体字母(如A)来表示矢量,以区别于标量.在作图时,可以在空间用一有向线段来表示,如图Ⅰ.1所示.线段的长度表示矢量的大小,箭头的指向表示矢量的方向.

1单位

　　　　　　(a)　　　　　　(b)

图Ⅰ.1　矢量的图示　　　　　　　　图Ⅰ.2　等矢量和负矢量

因为矢量具有大小和方向这两个特征,所以只有大小相等、方向相同的两个矢量才相等,如图Ⅰ.2(a)所示.如果有一矢量和另一矢量$\vec{A}$大小相等而方向相反,这一矢量就称为$\vec{A}$矢量的负矢量,用$-\vec{A}$来表示,如图Ⅰ.2(b)所示.

将一矢量平移后,它的大小和方向都保持不变.这样,在考察矢量之间的关系或对它们进行运算时,往往根据需要将矢量进行平移,如图Ⅰ.3所示.

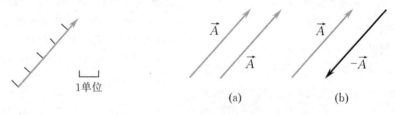
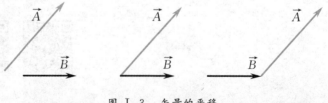

图Ⅰ.3　矢量的平移

2. 矢量的模和单位矢量

矢量的大小称为矢量的模.矢量 $\vec{A}$ 的模常用符号 $|\vec{A}|$ 或 A 表示.

如果矢量 $\vec{e}_A$ 的模等于1,且方向与矢量 $\vec{A}$ 相同,则 $\vec{e}_A$ 称为矢量 $\vec{A}$ 方向上的单位矢量.引入单位矢量之后,矢量 $\vec{A}$ 可以表示为

$$\vec{A} = |\vec{A}|\vec{e}_A = A\vec{e}_A.$$

这种表示方法实际上是把矢量 $\vec{A}$ 的大小和方向这两个特征分别表示出来.

对于空间直角坐标系 $(Oxyz)$,通常用 $\vec{i},\vec{j},\vec{k}$ 分别表示沿 x,y,z 三个坐标轴正方向的单位矢量.

3. 矢量的加法和减法

矢量的运算不同于标量的运算.例如,一个物体同时受到几个不同方向的力作用时,在计算合力时,不能简单地运用代数相加,而必须遵从平行四边形定则.

设有两个矢量 $\vec{A}$ 和 $\vec{B}$,如图 I.4 所示.将它们相加时,可将两个矢量的起点交于一点,再以这两个矢量 $\vec{A}$ 和 $\vec{B}$ 为邻边作平行四边形,从两个矢量的交点作平行四边形的对角线,此对角线即代表 $\vec{A}$ 和 $\vec{B}$ 两矢量之和,用矢量式表示为

$$\vec{C} = \vec{A} + \vec{B},$$

$\vec{C}$ 称为合矢量,而 $\vec{A}$ 和 $\vec{B}$ 则称为 $\vec{C}$ 矢量的分矢量.

因为平行四边形的对边平行且相等,所以两个矢量合成的平行四边形定则可简化为三角形定则:以矢量 $\vec{A}$ 的末端为起点,作矢量 $\vec{B}$,如图 I.5 所示,由 $\vec{A}$ 的起点到 $\vec{B}$ 的末端的有向线段就是合矢量 $\vec{C}$.同样,如以矢量 $\vec{B}$ 的末端为起点,作矢量 $\vec{A}$,由 $\vec{B}$ 的起点到 $\vec{A}$ 的末端的有向线段也就是合矢量 $\vec{C}$.

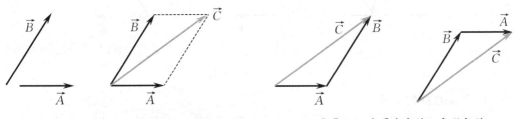

图 I.4　矢量的加法　　　　　　　图 I.5　矢量合成的三角形定则

对于两个以上的矢量相加,例如求 $\vec{A},\vec{B},\vec{C}$ 和 $\vec{D}$ 的合矢量,则可根据三角形定则,先求出其中两个矢量的合矢量,然后将该合矢量与第 3 个矢量相加,求出这三个矢量的合矢量,依此类推,就可以求出多个矢量的合矢量,如图 I.6 所示.从图中还可以看出,如果在第一个矢量的末端画出第二个矢量,再在第二个矢量的末端画出第三个矢量 …… 即把所有相加的矢量首尾相连,然后由第一个矢量的起点到最后一个矢量的末端作一矢量,该矢量就是它们的合矢量.由于所有的分矢量与合矢量在矢量图上围成一个多边形,这种求合矢量的方法常称为**多边形定则**.

合矢量的大小和方向也可以通过计算求得.如图 I.7 中,矢量 $\vec{A},\vec{B}$ 之间的夹角为 θ,那

么,合矢量 $\vec{C}$ 的大小和方向可分别表示为.

$$C = \sqrt{(A + B\cos\theta)^2 + (B\sin\theta)^2} = \sqrt{A^2 + B^2 + 2AB\cos\theta}, \quad \varphi = \arctan\frac{B\sin\theta}{A + B\cos\theta}.$$

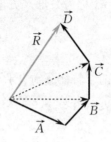

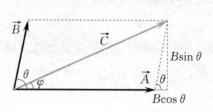

图 Ⅰ.6　多个矢量的合成　　　　　图 Ⅰ.7　两个矢量合成的计算

矢量的减法是按矢量加法的逆运算来定义的.例如,求 $\vec{A}, \vec{B}$ 两矢量之差 $\vec{A} - \vec{B}$,得到另一个矢量 $\vec{D}$,记作 $\vec{D} = \vec{A} - \vec{B}$,那么把 $\vec{D}, \vec{B}$ 相加起来就应该得到 $\vec{A}$.由图 Ⅰ.8(a) 还可以看出,$\vec{A} - \vec{B}$ 也等于 $\vec{A}$ 和 $-\vec{B}$ 的合矢量,即

$$\vec{A} - \vec{B} = \vec{A} + (-\vec{B}).$$

求矢量差 $\vec{A} - \vec{B}$ 可按图 Ⅰ.8(a) 所示的三角形定则或平行四边形定则.

如果求矢量差 $\vec{B} - \vec{A}$,则等于由 $\vec{A}$ 的末端到 $\vec{B}$ 的末端的矢量,如图 Ⅰ.8(b) 所示,它的大小同 $\vec{A} - \vec{B}$ 的大小相等,但方向相反.

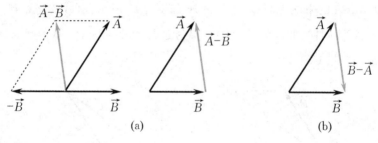

(a)　　　　　　　　　　(b)

图 Ⅰ.8　矢量的减法

4. 矢量合成的解析法

两个或两个以上的矢量可以合成为一个矢量.同样,一个矢量也可以分解为两个或两个以上的分矢量.一个矢量分解为两个分矢量时,有无限多组解答,如图 Ⅰ.9 所示.如果先限定了两个分矢量的方向,则解答是唯一的.我们常将一矢量沿直角坐标轴分解,由于坐标轴的方向已确定,任一矢量分解在各轴上的分矢量只需用带有正号或负号的数值表示即可,这些分矢量的量值都是标量,一般叫作分量.如图 Ⅰ.10 所示,矢量 $\vec{A}$ 在 x 轴和 y 轴上的分量分别为

$$A_x = A\cos\theta, \quad A_y = A\sin\theta.$$

显然,矢量 $\vec{A}$ 的模与分量 A_x, A_y 之间的关系为 $|\vec{A}| = \sqrt{A_x^2 + A_y^2}$,矢量 $\vec{A}$ 的方向可用与 x 轴的夹角 θ 来表示,即

$$\theta = \arctan \frac{A_y}{A_x}.$$

运用矢量的分量表示法,可以使矢量的加减运算得到简化.如图 Ⅰ.11 所示,设有两个矢量 $\vec{A}$ 和 $\vec{B}$,其合矢量 $\vec{C}$ 可由平行四边形定则求出.如矢量 $\vec{A}$ 和 $\vec{B}$ 在坐标轴上的分量分别为 A_x,A_y 和 B_x,B_y.由图中很容易得出合矢量 $\vec{C}$ 在坐标轴上的分量满足关系式:

$$C_x = A_x + B_x, \quad C_y = A_y + B_y.$$

这就是说,合矢量在任一直角坐标轴上的分量等于分矢量在同一坐标轴上各分量的代数和.这样,通过分矢量在坐标轴上的分量就可以求得合矢量的大小和方向.

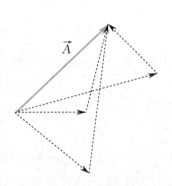

图 Ⅰ.9　矢量的分解

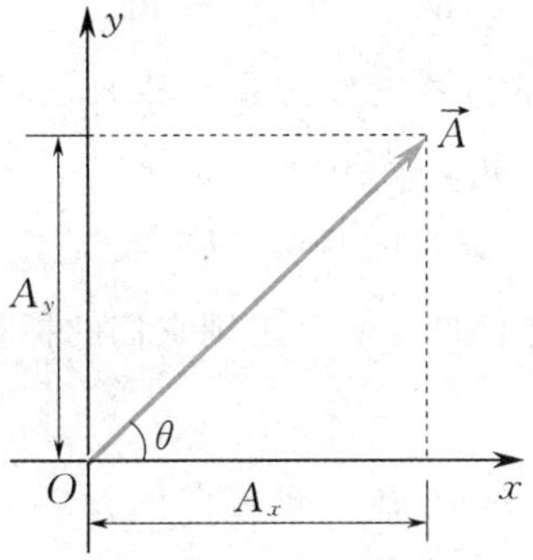

图 Ⅰ.10　矢量的正交分解

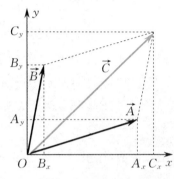

图 Ⅰ.11　矢量合成的解析法

5. 矢量的数乘

一个数 m 和矢量 $\vec{A}$ 相乘,那么得到另一个矢量 $m\vec{A}$.其大小是 mA,如果 $m > 0$,其方向与 $\vec{A}$ 相同;如果 $m < 0$,其方向与 $\vec{A}$ 相反.

6. 矢量的坐标表示

矢量的合成与分解是密切相联的.在空间直角坐标系中,任一矢量 $\vec{A}$ 都可沿坐标轴方向分解为三个分矢量,如图 Ⅰ.12 所示,由矢量合成的三角形定则不难得到

$$\vec{A} = A_x \vec{i} + A_y \vec{j} + A_z \vec{k},$$

其中 A_x,A_y,A_z 为矢量 $\vec{A}$ 在坐标轴上的分量,上式即为矢量的坐标表示.于是矢量 $\vec{A}$ 的模为

$$|\vec{A}| == \sqrt{A_x^2 + A_y^2 + A_z^2}.$$

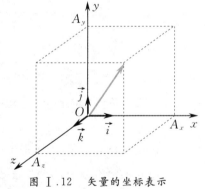

图 Ⅰ.12　矢量的坐标表示

而矢量 $\vec{A}$ 的方向则由该矢量与坐标轴的夹角 α, β, γ 来确定:

$$\cos \alpha = \frac{A_x}{|\vec{A}|}, \quad \cos \beta = \frac{A_y}{|\vec{A}|}, \quad \cos \gamma = \frac{A_z}{|\vec{A}|}.$$

由此,又可得到矢量加减法的坐标表示式.设 $\vec{A}$ 和 $\vec{B}$ 两矢量的坐标表达式为

$$\vec{A} = A_x \vec{i} + A_y \vec{j} + A_z \vec{k}, \quad \vec{B} = B_x \vec{i} + B_y \vec{j} + B_z \vec{k},$$

于是

$$\vec{A} \pm \vec{B} = (A_x \pm B_x)\vec{i} + (A_y \pm B_y)\vec{j} + (A_z \pm B_z)\vec{k}.$$

7. 矢量的标积和矢积

在物理学中,我们常常遇到两个矢量相乘的情形.例如,元功 dA 与力 $\vec{F}$ 和元位移 $d\vec{r}$ 的关系为

$$dA = F \mid d\vec{r} \mid \cos\theta,$$

其中 θ 是力与元位移之间的夹角.力 $\vec{F}$ 和元位移 $d\vec{r}$ 都是矢量,而元功 dA 是只有大小与正负、没有方向的量,即标量.又如力矩 $\vec{M}$ 的大小为

$$M = Fd = Fr\sin\theta,$$

其中 d 是力臂, $\vec{r}$ 是力的作用点的位置矢量, θ 是 $\vec{r}$ 和 $\vec{F}$ 之间的夹角; $\vec{r}$ 和 $\vec{F}$ 都是矢量,而力矩 $\vec{M}$ 也是矢量.由此可知,两个矢量相乘有两种结果:两个矢量相乘得到一个标量的叫作**标积**(或**点积**);两个矢量相乘得到一个矢量的叫作**矢积**(或**叉积**).

设 $\vec{A}, \vec{B}$ 为任意两个矢量,它们的夹角为 θ,则它们的标积通常用 $\vec{A} \cdot \vec{B}$ 来表示,定义为

$$\vec{A} \cdot \vec{B} = AB\cos\theta.$$

上式说明,标积 $\vec{A} \cdot \vec{B}$ 等于矢量 $\vec{A}$ 在 $\vec{B}$ 矢量方向的投影 $A\cos\theta$ 与矢量 $\vec{B}$ 的模的乘积,如图 Ⅰ.13(a) 所示,也等于矢量 $\vec{B}$ 在 $\vec{A}$ 矢量方向上的投影 $B\cos\theta$ 与矢量 $\vec{A}$ 的模的乘积,如图 Ⅰ.13(b) 所示.

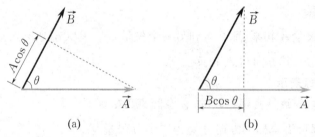

(a) 　　　　　　　　　　　　(b)

图 Ⅰ.13　矢量的标积

引入了矢量的标积后,元功就可以用力和元位移的标积来表示,即

$$dA = \vec{F} \cdot d\vec{r}.$$

根据标积的定义,可以得出下列结论.

(1) 当 $\theta = 0$,即 $\vec{A}, \vec{B}$ 两矢量平行时, $\cos\theta = 1$,所以 $\vec{A} \cdot \vec{B} = AB$.当 A 和 B 相等时, $\vec{A} \cdot \vec{A} = A^2$.

(2) 当 $\theta = \dfrac{\pi}{2}$,即 $\vec{A}, \vec{B}$ 两矢量垂直时, $\cos\theta = 0$,所以 $\vec{A} \cdot \vec{B} = 0$.

(3) 根据以上两点结论可知,直角坐标系的单位矢量 $\vec{i}, \vec{j}, \vec{k}$ 具有正交性,即

$$\vec{i} \cdot \vec{i} = \vec{j} \cdot \vec{j} = \vec{k} \cdot \vec{k} = 1, \quad \vec{i} \cdot \vec{j} = \vec{j} \cdot \vec{k} = \vec{k} \cdot \vec{i} = 0.$$

利用上述性质,对 $\vec{A}, \vec{B}$ 两矢量求标积有

$$\vec{A} \cdot \vec{B} = (A_x\vec{i} + A_y\vec{j} + A_z\vec{k}) \cdot (B_x\vec{i} + B_y\vec{j} + B_z\vec{k}) = A_xB_x + A_yB_y + A_zB_z.$$

矢量 $\vec{A}$ 和 $\vec{B}$ 的矢积 $\vec{A} \times \vec{B}$ 是另一矢量 $\vec{C}$,其定义如下:

$$\vec{C} = \vec{A} \times \vec{B}.$$

矢量 $\vec{C}$ 的大小为

$$C = AB \sin \theta,$$

其中 θ 为 $\vec{A}, \vec{B}$ 两矢量间的夹角, $\vec{C}$ 矢量的方向则垂直于 $\vec{A}, \vec{B}$ 两矢量所组成的平面,指向由右手螺旋定则确定,即从 $\vec{A}$ 经由小于 $180°$ 的角转向 $\vec{B}$ 时大拇指伸直所指的方向决定,如图 I.14 所示.

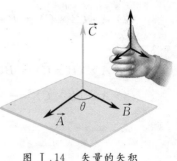

图 I.14　矢量的矢积

引入了矢量的矢积后,力矩就可以用力作用点的位置矢量 $\vec{r}$ 与力 $\vec{F}$ 的矢积来表示,即

$$\vec{M} = \vec{r} \times \vec{F}.$$

根据矢量矢积的定义,可以得出下列结论.

(1) 当 $\theta = 0$,即 $\vec{A}, \vec{B}$ 两矢量平行时, $\sin \theta = 0$,所以 $\vec{A} \times \vec{B} = 0$.

(2) 当 $\theta = \dfrac{\pi}{2}$,即 $\vec{A}, \vec{B}$ 两矢量垂直时, $\sin \theta = 1$,矢积 $\vec{A} \times \vec{B}$ 具有最大值,它的大小为 AB.

(3) 矢积 $\vec{A} \times \vec{B}$ 的方向与 $\vec{A}, \vec{B}$ 两矢量的次序有关. $\vec{A} \times \vec{B}$ 与 $\vec{B} \times \vec{A}$ 所表示的两个矢量的方向正好相反,即

$$\vec{A} \times \vec{B} = -(\vec{B} \times \vec{A}).$$

(4) 在直角坐标系中,单位矢量之间的矢积为

$$\vec{i} \times \vec{i} = \vec{j} \times \vec{j} = \vec{k} \times \vec{k} = 0, \quad \vec{i} \times \vec{j} = \vec{k}, \quad \vec{j} \times \vec{k} = \vec{i}, \quad \vec{k} \times \vec{i} = \vec{j}.$$

利用上述性质,对 $\vec{A}, \vec{B}$ 两矢量求矢积有

$$\vec{A} \times \vec{B} = (A_x \vec{i} + A_y \vec{j} + A_z \vec{k}) \times (B_x \vec{i} + B_y \vec{j} + B_z \vec{k})$$
$$= (A_y B_z - A_z B_y) \vec{i} + (A_z B_x - A_x B_z) \vec{j} + (A_x B_y - A_y B_x) \vec{k}.$$

利用行列式的表达式,上式可写成

$$\vec{A} \times \vec{B} = \begin{vmatrix} \vec{i} & \vec{j} & \vec{k} \\ A_x & A_y & A_z \\ B_x & B_y & B_z \end{vmatrix}.$$

在矢量计算中,有时会遇到三个矢量所构成的乘积,如 $\vec{A} \cdot (\vec{B} \times \vec{C})$ 和 $\vec{A} \times (\vec{B} \times \vec{C})$. 前者是求两个矢量 $\vec{A}$ 和 $\vec{B} \times \vec{C}$ 的标积,结果是一标量,后者是求两个矢量 $\vec{A}$ 和 $\vec{B} \times \vec{C}$ 的矢积,结果是一矢量. 不难证明:

(1) $\vec{A} \cdot (\vec{B} \times \vec{C}) = A_x (B_y C_z - B_z C_y) + A_y (B_z C_x - B_x C_z) + A_z (B_x C_y - B_y C_x)$

$$= \begin{vmatrix} A_x & A_y & A_z \\ B_x & B_y & B_z \\ C_x & C_y & C_z \end{vmatrix},$$

此式在数值上恰好等于以 $\vec{A}, \vec{B}, \vec{C}$ 三个矢量为棱边的平行六面体的体积.

(2) $\vec{A} \cdot (\vec{B} \times \vec{C}) = \vec{B} \cdot (\vec{C} \times \vec{A}) = \vec{C} \cdot (\vec{A} \times \vec{B}) = -\vec{A} \cdot (\vec{C} \times \vec{B})$

$\qquad = -\vec{B} \cdot (\vec{A} \times \vec{C}) = -\vec{C} \cdot (\vec{B} \times \vec{A}).$

(3) $\vec{A} \times (\vec{B} \times \vec{C}) = \vec{B}(\vec{A} \cdot \vec{C}) - \vec{C}(\vec{A} \cdot \vec{B}).$

(4) $\vec{A} \times (\vec{B} \times \vec{C}) = -\vec{A} \times (\vec{C} \times \vec{B}) = (\vec{C} \times \vec{B}) \times \vec{A} = -(\vec{B} \times \vec{C}) \times \vec{A}.$

附录 Ⅱ   国际单位制(SI)

鉴于国际上使用的单位制种类繁多,换算十分复杂,对科学与技术交流带来许多困难,根据1954年国际度量衡会议的决定,自1978年1月1日起实行国际单位制,国际单位制代号为 SI. 我国国务院于1977年5月27日颁发《中华人民共和国计量管理条例(试行)》,其中第三条规定:"我国的基本计量制度是米制(即'公制'),逐步采用国际单位制." 这样做不仅有利于加强同世界各国人民的经济文化交流,而且可以使我国的计量制度进一步统一.

国际单位制是在国际公制和米千克秒制基础上发展起来的. 在国际单位制中,规定了七个基本单位,即米(长度单位)、千克(质量单位)、秒(时间单位)、安[培](电流单位)、开[尔文](热力学温度单位)、摩[尔](物质的量单位)、坎[德拉](发光强度单位). 还规定了两个辅助单位,即弧度(平面角单位)、球面度(立体角单位). 其他单位均由这些基本单位和辅助单位导出. 现将国际单位制的基本单位及辅助单位的名称、符号及其定义列于表 Ⅱ.1、表 Ⅱ.2、表 Ⅱ.3.

表 Ⅱ.1   国际单位制的基本单位

量的名称	单位名称	单位符号	定义
长度	米	m	"米是光在真空中 1/299 792 458 s 的时间间隔内所经路程的长度". (第 17 届国际计量大会,1983 年)
质量	千克 (公斤)	kg	"千克是质量单位,等于国际千克原器的质量". (第 1 届(1889 年)和第 3 届(1901 年)国际计量大会)
时间	秒	s	"秒是铯-133 原子基态的两个超精细能级之间跃迁所对应的辐射的 9 192 631 770 个周期的持续时间". (第 13 届国际计量大会,1967 年,决议 1)
电流	安[培]	A	"在真空中,截面积可忽略的两根相距 1 m 的无限长平行圆直导线内通以等量恒定电流时,若导线间相互作用力在每米长度上为 2×10^{-7} N,则每根导线中的电流为 1 A". (国际计量委员会,1946 年,决议 2;1948 年第 9 届国际计量大会批准)
热力学温度	开[尔文]	K	"热力学温度单位开尔文是水三相点热力学温度的1/273.16". (第 13 届国际计量大会,1967 年,决议 4)

量的名称	单位名称	单位符号	定义
物质的量	摩[尔]	mol	"(1)摩尔是一系统的物质的量,该系统中所包含的基本单元数与0.012 kg 碳-12 的原子数目相等.(2)在使用摩尔时,基本单元应予指明,可以是原子、分子、离子、电子及其他粒子,或是这些粒子的特定组合". (国际计量委员会 1969 年提出,1971 年第 14 届国际计量大会通过,决议 3)
发光强度	坎[德拉]	cd	"坎德拉是一光源在给定方向上的发光强度,该光源发出频率 540×10^{12} Hz 的单色辐射,且在此方向上的辐射强度为 $(1/683)\mathrm{W/sr}$ ". (第 16 届国际计量大会,1979 年,决议 3)

表 Ⅱ.2　国际单位制的辅助单位

量的名称	单位名称	单位符号	定义
平面角	弧度	rad	"弧度是一个圆内两条半径之间的平面角,这两条半径在圆周上截取的弧长与半径相等". (国际标准化组织建议书 R31 第 1 部分,1965 年 12 月第 2 版)
立体角	球面度	sr	"球面度是一个立体角,其顶点位于球心,而它在球面上所截取的面积等于以球半径为边长的正方形面积".(同上)

表 Ⅱ.3　国际单位制中的单位词头

词头	符号	幂	词头	符号	幂
尧[它]yotta	Y	10^{24}	分 deci	d	10^{-1}
泽[它]zetta	Z	10^{21}	厘 centi	c	10^{-2}
艾[可萨]exa	E	10^{18}	毫 milli	m	10^{-3}
拍[它]peta	P	10^{15}	微 micro	μ	10^{-6}
太[拉]tera	T	10^{12}	纳[诺]nano	n	10^{-9}
吉[咖]giga	G	10^{9}	皮[可]pico	p	10^{-12}
兆 mega	M	10^{6}	飞[母托]femto	f	10^{-15}
千 kilo	k	10^{3}	阿[托]atto	a	10^{-18}
百 hecto	h	10^{2}	仄[普托]zepto	z	10^{-21}
十 deca	da	10	幺[科托]yocto	y	10^{-24}

附录 Ⅲ 常用基本物理常量表

物理量	符号	计算用数值
真空中光速	c	299 792 458 m/s
真空磁导率	μ_0	$4\pi \times 10^{-7}$ H/m
真空介电常量	ε_0	$8.854\,188 \times 10^{-12}$ F/m
万有引力常量	G	6.67×10^{-11} m³/(kg·s²)
普朗克常量	h	6.626×10^{-34} J·s
$h/2\pi$	$\hbar$	1.05×10^{-34} J·s
阿伏伽德罗常量	N_A	6.022×10^{23} mol⁻¹
普适气体常量	R	8.31 J/(mol·K)
玻尔兹曼常量	k	1.38×10^{-23} J/K
斯特藩-玻尔兹曼常量	σ	5.67×10^{-8} W/(m²·K⁴)
摩尔体积(理想气体, $T = 273.15$ K, $p = 101\,325$ Pa)	V_m	0.022 4 m³/mol
维恩常量	b	2.897×10^{-3} m·K
基本电荷	e	1.60×10^{-19} C
电子静质量	m_e	9.11×10^{-31} kg
质子静质量	m_p	1.67×10^{-27} kg
中子静质量	m_n	1.67×10^{-27} kg
电子荷质比	e/m	-1.76×10^{-11} C/kg
电子磁矩	μ_e	9.28×10^{-24} A·m²
质子磁矩	μ_p	1.41×10^{-26} A·m²
中子磁矩	μ_n	9.66×10^{-27} A·m²
电子的康普顿波长	λ_C	2.43×10^{-12} m
磁通量子,$h/2e$	Φ	2.07×10^{-15} Wb
玻尔磁子,$\dfrac{e\hbar}{2m_e}$	μ_B	9.27×10^{-24} A·m²
核磁子,$\dfrac{e\hbar}{2m_p}$	μ_N	5.05×10^{-27} A·m²
里德伯常量	R_∞	1.097×10^7 m⁻¹
原子质量常量	m_u	1.660×10^{-27} kg

附录 Ⅳ　物理量的名称、符号和单位(SI) 一览表

下表列出本书中常用物理量的名称、符号和单位.

物理量名称	物理量符号	单位名称	单位符号
长度	l, L	米	m
面积	S, A	平方米	m^2
体积,容积	V	立方米	m^3
时间	t	秒	s
[平面]角	$\alpha, \beta, \gamma, \theta, \varphi$ 等	弧度	rad
立体角	Ω	球面度	sr
角速度	ω	弧度每秒	rad/s
角加速度	β	弧度每二次方秒	rad/s^2
速度	v, u, c	米每秒	m/s
加速度	a	米每二次方秒	m/s^2
周期	T	秒	s
频率	ν, f	赫[兹]	Hz(1 Hz = 1/s)
角频率	ω	弧度每秒	rad/s
波长	λ	米	m
波数	$\tilde{\nu}$	每米	m^{-1}
振幅	A	米	m
质量	m	千克(公斤)	kg
密度	ρ	千克每立方米	kg/m^3
面密度	σ	千克每平方米	kg/m^2
线密度	λ	千克每米	kg/m
动量 / 冲量	$\vec{p} / \vec{I}$	千克米每秒	kg · m/s
动量矩,角动量	L	千克二次方米每秒	kg · m^2/s
转动惯量	J	千克二次方米	kg · m^2

续表

物理量名称	物理量符号	单位名称	单位符号
力	F,f	牛[顿]	N
力矩	M	牛[顿]米	N·m
压力,压强	p	帕[斯卡]	N/m², Pa
相[位]	φ	弧度	rad
功,能[量] 动能 势能	W,A,E E_k E_p	焦[耳] 电子伏	J eV
功率	P	瓦[特]	J/s, W
热力学温度	T	开[尔文]	K
摄氏温度	t	摄氏度	℃
热量	Q	焦[耳]	J
热导率 (导热系数)	k,λ	瓦[特]每米开[尔文]	W/(m·K)
热容	C	焦[耳]每开[尔文]	J/K
质量热容	c	焦[耳]每千克开[尔文]	J/(kg·K)
摩尔质量	M_{mol}	千克每摩[尔]	kg/mol
摩尔定压热容 摩尔定容热容	$C_{p,m}$ $C_{V,m}$	焦[耳]每摩[尔]开[尔文]	J/(mol·K)
内能	U,E	焦[耳]	J
熵	S	焦[耳]每开[尔文]	J/K
平均自由程	$\bar{\lambda}$	米	m
扩散系数	D	二次方米每秒	m²/s
电量	Q,q	库[仑]	C
电流	I,i	安[培]	A
电荷密度	ρ	库[仑]每立方米	C/m³
电荷面密度	σ	库[仑]每平方米	C/m²
电荷线密度	λ	库[仑]每米	C/m
电场强度	E	伏[特]每米	V/m
电势 电势差,电压	U,V U_{12},U_1-U_2	伏[特]	V
电动势	$\mathscr{E}$	伏[特]	V

续表

物理量名称	物理量符号	单位名称	单位符号
电位移	D	库[仑]每平方米	C/m^2
电位移通量	Ψ, Φ_D	库[仑]	C
电容	C	法[拉]	$F(1\ F = 1\ C/V)$
介电常量(电容率)	ε	法[拉]每米	F/m
相对介电常量 (相对电容率)	ε_r	一	1
电[偶极]矩	p, p_e	库[仑]米	$C \cdot m$
电流密度	J, δ	安[培]每平方米	A/m^2
磁场强度	H	安[培]每米	A/m
磁感应强度	B	特[斯拉]	$T(1\ T = 1\ Wb/m^2)$
磁通量	Φ_m	韦[伯]	$Wb(1\ Wb = 1\ V \cdot s)$
自感 互感	L M	亨[利]	$H(1\ H = 1\ Wb/A)$
磁导率	μ	亨[利]每米	H/m
磁矩	m, p_m	安[培]平方米	$A \cdot m^2$
电磁能密度	w	焦[耳]每立方米	J/m^3
坡印亭矢量	$\vec{S}$	瓦[特]每平方米	W/m^2
[直流]电阻	R	欧[姆]	$\Omega(1\ \Omega = 1\ V/A)$
电阻率	ρ	欧[姆]米	$\Omega \cdot m$
光强	I	瓦[特]每平方米	W/m^2
相对磁导率 折射率	μ_r n	一 一	1 1
发光强度	I	坎[德拉]	cd
辐[射]出[射]度 辐[射]照度	M_λ	瓦[特]每平方米	W/m^2
声强级	L_I	分贝	dB
核的结合能	E_B	焦[耳]	J
半衰期	τ	秒	s

附录 V　空气、水、地球、太阳系的一些常用数据

表 V.1　空气和水的一些性质(在 20℃、101 kPa 时)

	空气	水
密度	1.20 kg/m³	1.00×10³ kg/m³
比热容(c_p)	1.00×10³ J/(kg·K)	4.18×10³ J/(kg·K)
声速	343 m/s	1.48×10³ m/s

表 V.2　有关地球的一些常用数据

密度	5.49×10³ kg/m³
半径	6.37×10⁶ m
质量	5.98×10²⁴ kg
大气压强(地球表面)	1.01×10⁵ Pa
地球与月球间平均距离	3.84×10⁸ m

表 V.3　有关太阳系一些常用数据

星体	平均轨道半径 /m	星体半径 /m	轨道周期 /s	星体质量 /kg
太阳	5.6×10²⁰(银河)	6.96×10⁸	8×10¹⁵	1.99×10³⁰
水星	5.79×10¹⁰	2.42×10⁶	7.51×10⁶	3.35×10²³
金星	1.08×10¹¹	6.10×10⁶	1.94×10⁷	4.89×10²⁴
地球	1.50×10¹¹	6.37×10⁶	3.15×10⁷	5.98×10²⁴
火星	2.28×10¹¹	3.38×10⁶	5.94×10⁷	6.46×10²³
木星	7.78×10¹¹	7.13×10⁷	3.74×10⁸	1.90×10²⁷
土星	1.43×10¹²	6.04×10⁷	9.35×10⁸	5.69×10²⁶
天王星	2.87×10¹²	2.38×10⁷	2.64×10⁹	8.73×10²⁵
海王星	4.50×10¹²	2.22×10⁷	5.22×10⁹	1.03×10²⁶
月球	3.84×10⁸(地球)	1.74×10⁶	2.36×10⁶	7.35×10²²

习题参考答案

第 10 章

10.1 (1) $-\dfrac{\sqrt{3}}{3}q$;(2) 与边长无关.

10.2 $\pm 2l\sin\theta\sqrt{4\pi\varepsilon_0 mg\tan\theta}$.

10.3 略.

10.4 略.

10.5 3.24×10^4 V/m,方向与 BC 夹角 $33.7°$.

10.6 (1) 2.41×10^3 N/C;(2) 5.27×10^3 N/C.

10.7 略.

10.8 (1) $\dfrac{qr}{4\pi\varepsilon_0\left(r^2+\dfrac{l^2}{4}\right)\sqrt{r^2+\dfrac{l^2}{2}}}$,方向沿轴线;

  (2) 略.

10.9 12.5×10^{-13} C/m.

10.10 $\dfrac{\sigma\pi R^2}{2\varepsilon_0}$.

10.11 (1) $\dfrac{q}{6\varepsilon_0}$;(2) $\dfrac{q}{24\varepsilon_0}$ 和 0.

10.12 (1) 4.43×10^{-13} C/m³;

  (2) -8.9×10^{-10} C/m².

10.13 0;3.48×10^4 N/C;4.10×10^4 N/C.

10.14 (1) $r<R_1$ 时,$E_1=0$;

  (2) $R_1<r<R_2$ 时,$E_2=\dfrac{\lambda}{2\pi\varepsilon_0 r}$;

  (3) $r>R_2$ 时,$E_3=0$.

10.15 板内:$\dfrac{\rho x}{\varepsilon_0}$,$x$ 为到带电板中面的距离;

  板外:$\pm\dfrac{\rho d}{2\varepsilon_0}$.

10.16 $\dfrac{a^2\rho_0 r}{2\varepsilon_0(a^2+r^2)}$.

10.17 $\vec{E}_O=\dfrac{r^3\rho}{3\varepsilon_0 d^3}\vec{d}$;$\vec{E}_{O'}=\dfrac{\rho}{3\varepsilon_0}\vec{d}$;

  空腔内 $\vec{E}=\dfrac{\rho}{3\varepsilon_0}\vec{d}$,$\vec{d}=\overrightarrow{OO'}$.

10.18 2.0×10^{-4} N·m.

10.19 6.55×10^{-6} J.

10.20 $\dfrac{qq_0}{6\pi\varepsilon_0 R}$.

10.21 $\dfrac{-\lambda}{2\pi\varepsilon_0 R}$,"$-$" 表示垂直于直导线向下;

  $\dfrac{\lambda}{4\varepsilon_0}+\dfrac{\lambda}{2\pi\varepsilon_0}\ln 2$.

10.22 (1)略;(2)略;(3) $\dfrac{na}{n^2-1}$.

10.23 略.

10.24 (1) $\dfrac{q}{8\pi\varepsilon_0 l}\left|\ln\dfrac{r+l}{r-l}\right|$,$|r|>l$;

  (2) $\dfrac{q}{4\pi\varepsilon_0 l}\ln\dfrac{l+\sqrt{r^2+l^2}}{r}$;

  (3) 延长线上:$\dfrac{\pm q}{4\pi\varepsilon_0(r^2-l^2)}$("$+$":$r>l$;

  "$-$":$r<l$);中垂面上:$\dfrac{q}{4\pi\varepsilon_0 r\sqrt{r^2+l^2}}$.

10.25 $U_{12}=\dfrac{\lambda}{2\pi\varepsilon_0}\ln\dfrac{r_2}{r_1}$.

第 11 章

11.1 (1) $\dfrac{3}{8}F_0$;(2) $\dfrac{4}{9}F_0$.

11.2 场强:$\dfrac{q}{4\pi\varepsilon_0 r^2}(r<R_1)$;$0(R_1<r<R_2)$;

  $\dfrac{q}{4\pi\varepsilon_0 r^2}(r>R_2)$;

  电势:$\dfrac{q}{4\pi\varepsilon_0}\left(\dfrac{1}{r}-\dfrac{1}{R_1}+\dfrac{1}{R_2}\right)(r<R_1)$;

  $\dfrac{q}{4\pi\varepsilon_0 R_2}(R_1<r<R_2)$;$\dfrac{q}{4\pi\varepsilon_0 r}(r>R_2)$.

11.3 $0(r<a)$;$\dfrac{\lambda_1}{2\pi\varepsilon_0 r}(a<r<b)$;$0(b<r<c)$;

  $\dfrac{\lambda_1+\lambda_2}{2\pi\varepsilon_0 r}(r>c)$.

11.4 (1)-1.0×10^{-7} C,-2.0×10^{-7} C,2.3×10^3 V;

  (2)-2.14×10^{-7} C,-0.86×10^{-7} C,9.7×10^2 V.

11.5 $\dfrac{1}{2}\left(U+\dfrac{qd}{2\varepsilon_0 S}\right)$.

11.6 $\dfrac{U}{r\ln\dfrac{R_2}{R_1}}$.

11.7 (1) $\dfrac{Q_0}{4\pi\varepsilon_0\varepsilon_r r^2},\dfrac{Q_0}{4\pi\varepsilon_0 r^2}$;

   (2) $\dfrac{Q_0}{4\pi\varepsilon_0\varepsilon_r}\left(\dfrac{1}{r}+\dfrac{\varepsilon_r-1}{R_2}\right),\dfrac{Q_0}{4\pi\varepsilon_0 r}$;

   (3) $\dfrac{Q_0}{4\pi\varepsilon_0\varepsilon_r}\left(\dfrac{1}{R_1}+\dfrac{\varepsilon_r-1}{R_2}\right)$.

11.8 (1) 电位移：$\dfrac{Q_0}{4\pi r^2}$；场强：$\dfrac{Q_0}{4\pi\varepsilon_0\varepsilon_r r^2},\dfrac{Q_0}{4\pi\varepsilon_0 r^2}$；

   (2) $\dfrac{Q_0}{4\pi\varepsilon_0}\left[\dfrac{1}{R}+\dfrac{(\varepsilon_r-1)(b-a)}{ab\varepsilon_r}\right]$,

   $\dfrac{Q_0}{4\pi\varepsilon_0}\left[\dfrac{1}{r}+\dfrac{(\varepsilon_r-1)(b-a)}{ab\varepsilon_r}\right]$,

   $\dfrac{Q_0}{4\pi\varepsilon_0\varepsilon_r}\left[\dfrac{1}{r}+\dfrac{\varepsilon_r-1}{b}\right]$,

   $\dfrac{Q_0}{4\pi\varepsilon_0 r}$;

   (3) $\dfrac{4\pi\varepsilon_0\varepsilon_r abR}{R(b-a)+\varepsilon_r b(a-R)}$.

11.9 $\dfrac{\pi\varepsilon_0\varepsilon_r}{\ln\dfrac{d}{R}}$.

11.10 (1) $\dfrac{2[\varepsilon_r d+(1-\varepsilon_r)t]Q_0 d}{\varepsilon_0 S[2\varepsilon_r d+(1-\varepsilon_r)t]}$;

   (2) $\dfrac{\varepsilon_0 S[2\varepsilon_r d+(1-\varepsilon_r)t]}{2[\varepsilon_r d+(1-\varepsilon_r)t]d}$;

   (3) $\dfrac{2(\varepsilon_r-1)Q_0 d}{S[2\varepsilon_r d+(1-\varepsilon_r)t]}$.

11.11 1.5×10^4 V.

11.12 (1) 120 pF；(2) 击穿.

11.13 略.

11.14 (1) $q_1=\dfrac{C_1(C_1-C_2)}{C_1+C_2}U,q_2=\dfrac{C_2(C_1-C_2)}{C_1+C_2}U$;

   (2) $\dfrac{2C_1 C_2}{C_1+C_2}U^2$.

11.15 略.

11.16 (1) 1.11×10^{-2} J/m³，2.21×10^{-2} J/m³；

   (2) 8.88×10^{-8} J，2.65×10^{-7} J；

   (3) 3.54×10^{-7} J.

11.17 (1) 1.82×10^{-4} J；

   (2) 1.01×10^{-4} J，4.5×10^{-12} F.

11.18 (1) $\dfrac{Q_0^2}{8\pi^2\varepsilon_0\varepsilon_r l^2 r^2},\dfrac{Q_0^2 dr}{4\pi\varepsilon_0\varepsilon_r lr}$;

   (2) $\dfrac{Q_0^2}{4\pi\varepsilon_0\varepsilon_r l}\ln\dfrac{R_2}{R_1}$;

   (3) $\dfrac{2\pi\varepsilon_0\varepsilon_r l}{\ln\dfrac{R_2}{R_1}}$.

11.19 (1) 3.0×10^5 V/m，不变；(2) 1.2×10^{-5} J.

11.20 $\dfrac{3Q^2}{20\pi\varepsilon_0 R}$.

第 12 章

12.1 不能；因为磁场作用于运动电荷的磁力方向不仅与磁感应强度 $\vec{B}$ 的方向有关，而且与电荷速度方向有关，即磁力方向并不是唯一由磁场决定的，所以不把磁力方向定义为 $\vec{B}$ 的方向.

12.2 $\pi R^2 c$.

12.3 不正确.

12.4 4.0×10^5 T.

12.5 1.73×10^{-3} T，方向为垂直纸面向外.

12.6 $\dfrac{\mu_0 Q\omega}{4\pi b}\ln\dfrac{a+b}{a}$.

12.7 (1) 0.24 Wb；(2) 0；(3) -0.24 Wb.

12.8 $\dfrac{\mu_0 I}{2\pi R}\left(1-\dfrac{\sqrt{3}}{2}+\dfrac{\pi}{6}\right)$，方向垂直纸面向里.

12.9 (1) $B_A=1.2\times10^{-4}$ T，方向垂直纸面向里；

   $B_B=1.3\times10^{-5}$ T，方向垂直纸面向外；

   (2) 长直导线 L_2 距导线 $r=0.1$ m 处.

12.10 2.2×10^{-6} Wb.

12.11 $\dfrac{\mu_0 I}{4}\left(1-\dfrac{1}{\pi}\right)\left(\dfrac{1}{R_2}+\dfrac{1}{R_1}\right)$，垂直纸面向里.

12.12 0.

12.13 $6.37\times10^{-5}\vec{i}$ T.

12.14 13 T，9.2×10^{-24} A·m².

12.15 (1) $\dfrac{I\pi R^2}{4}(-\sin\omega t\vec{i}+\cos\omega t\vec{k})$,

   $\dfrac{I\pi R^2}{4}B\cos\omega t\vec{j}$;

   (2) $-IRB\vec{k}$.

12.16 略.

12.17 (1) $\dfrac{\mu_0 Ir}{2\pi R^2}$；(2) $\dfrac{\mu_0 I}{2\pi r}$；

   (3) $\dfrac{\mu_0 I(c^2-r^2)}{2\pi r(c^2-b^2)}$；(4) 0.

12.18 (1) $\dfrac{\mu_0 Ir^2}{2\pi a(R^2-r^2)}$；(2) $\dfrac{\mu_0 Ia}{2\pi(R^2-r^2)}$.

12.19 $F_{AB}=\dfrac{\mu_0 I_1 I_2 a}{2\pi d}$，方向垂直 AB 向左；

   $F_{AC}=\dfrac{\mu_0 I_1 I_2}{2\pi}\ln\dfrac{d+a}{d}$，方向垂直 AC 向下；

   $F_{BC}=\dfrac{\mu_0 I_1 I_2}{\sqrt{2}\pi}\ln\dfrac{d+a}{d}$，方向垂直 BC 向上.

12.20 (1) $F_{CD}=8.0\times10^{-4}$ N，方向垂直 CD 向左；$F_{FE}=8.0\times10^{-5}$ N，方向垂直 FE 向右

$F_{ED} = F_{CF} = 9.2 \times 10^{-5}\,\text{N}$, $\vec{F}_{CF}$ 方向垂直
CF 向上，$\vec{F}_{ED}$ 方向垂直 ED 向下；

(2) $7.2 \times 10^{-4}\,\text{N}$,0.

12.21 (1) $F_{ab} = 0.866\,\text{N}$,方向垂直纸面向外；

$F_{ca} = 0.866\,\text{N}$,方向垂直纸面向里；$F_{bc} = 0$；

(2) $4.33 \times 10^{-2}\,\text{N} \cdot \text{m}$；

(3) $4.33 \times 10^{-2}\,\text{J}$.

12.22 $\dfrac{mg}{2NlB}$.

12.23 $2\pi \sqrt{\dfrac{J}{Na^2 IB}}$.

12.24 $3.6 \times 10^{-6}\,\text{N} \cdot \text{m}$,方向垂直纸面向外.

12.25 $9.3 \times 10^{-3}\,\text{T}$.

12.26 略.

12.27 (1) 略；(2) $3.7 \times 10^7\,\text{m/s}$；

(3) $6.2 \times 10^{-16}\,\text{J}$.

12.28 (1) $7.57 \times 10^6\,\text{m/s}$；

(2) 磁场 $\vec{B}$ 的方向沿螺旋线轴线，或向上或向下，由电子旋转方向确定.

12.29 (1) $6.7 \times 10^{-4}\,\text{m/s}$；(2) $2.8 \times 10^{29}\,\text{m}^{-3}$.

12.30 曲线 Ⅱ 是顺磁质，曲线 Ⅲ 是抗磁质，曲线 Ⅰ 是铁磁质.

12.31 (1) $200\,\text{A/m}$,$2.5 \times 10^{-4}\,\text{T}$；

(2) $200\,\text{A/m}$,$1.05\,\text{T}$；

(3) $2.5 \times 10^{-4}\,\text{T}$,$1.05\,\text{T}$.

第 13 章

13.1 A 点的电势高.

13.2 vBR.

13.3 $-8.89 \times 10^{-2}\,\text{V}$,顺时针方向.

*13.4 $-By\sqrt{\dfrac{8a}{\alpha}}$,方向从 $D \to C$.

13.5 $\dfrac{\mu_0 Iv}{2\pi} \ln \dfrac{a+b}{a-b}$,沿 NeM 方向；

$U_M - U_N = \dfrac{\mu_0 Iv}{2\pi} \ln \dfrac{a+b}{a-b}$.

13.6 (1) $\dfrac{\mu_0 Il}{2\pi} \left(\ln \dfrac{b+a}{b} - \ln \dfrac{d+a}{d} \right)$；

(2) $\dfrac{\mu_0 l}{2\pi} \left(\ln \dfrac{d+a}{d} - \ln \dfrac{b+a}{b} \right) \dfrac{\mathrm{d}I}{\mathrm{d}t}$.

13.7 (1) $B\pi R^2 \omega \cos \omega t$；

(2) $\left(\dfrac{\pi}{8} - \dfrac{1}{4} \right) BR^2 \omega \cos \omega t$.

13.8 $\dfrac{\pi^2 r^2 Bf}{R}$.

13.9 $1.6 \times 10^{-8}\,\text{V}$,方向沿顺时针.

13.10 $klvt$,顺时针方向.

13.11 $\dfrac{3\mu_0 I\pi r^2}{2N^4 R^2} v$.

13.12 $Kv^3 \tan\theta \left(\dfrac{1}{3} \omega t^3 \sin \omega t - t^2 \cos \omega t \right)$.

13.13 $\left(\dfrac{\sqrt{3}R^2}{4} + \dfrac{\pi R^2}{12} \right) \dfrac{\mathrm{d}B}{\mathrm{d}t}$,方向从 $a \to c$.

13.14 $-\left(\dfrac{\pi R^2}{6} - \dfrac{\sqrt{3}}{4} R^2 \right) \dfrac{\mathrm{d}B}{\mathrm{d}t}$,方向沿 $acba$,逆时针方向.

13.15 (1) $U_a = U_b$；(2) $U_c > U_d$.

13.16 $\dfrac{\mu_0 a}{2\pi} \ln 2$.

13.17 略.

13.18 $0.15\,\text{H}$.

13.19 (1) $\dfrac{\mu_0 N^2 h}{2\pi} \ln \dfrac{b}{a}$；(2) $\dfrac{\mu_0 N^2 I^2 h}{4\pi} \ln \dfrac{b}{a}$.

13.20 $\dfrac{\mu_0 I^2}{16\pi}$.

13.21 $\dfrac{\varepsilon k}{r \ln \dfrac{R_2}{R_1}}$.

13.22 略.

13.23 $\dfrac{qa^2 v}{2(x^2 + a^2)^{\frac{3}{2}}}$.

13.24 (1) $720 \times 10^5 \pi \varepsilon_0 \cos 10^5 \pi t\,\text{A/m}^2$；

(2) $t = 0$ 时，$H_P = 3.6 \times 10^5 \pi \varepsilon_0\,\text{A/m}$,垂直纸面向里；$t = \dfrac{1}{2} \times 10^{-5}\,\text{s}$ 时，$H_P = 0$.

13.25 $2.8\,\text{A}$；$B_r = \dfrac{\mu_0 \varepsilon_0 r}{2} \dfrac{\mathrm{d}E}{\mathrm{d}t}$；当 $r = R$ 时，$B_R = 5.6 \times 10^{-6}\,\text{T}$.

*13.26 (1) $4 \times 10^2\,\text{A/m}$；

(2) $7.53 \times 10^{-2}\,\text{V/m}$；(3) $30.1\,\text{W/m}^2$.

*13.27 (1) $\rho \dfrac{I_0}{\pi a^2}$,方向与电流方向一致；

(2) $\dfrac{I_0 r}{2\pi a^2}$,方向与电流成右手螺旋关系；

(3) $\dfrac{\rho I_0^2 r}{2\pi^2 a^4}$,方向垂直于导线侧面而进入导线；

(4) $W_1 = W_2 = \dfrac{I_0^2 \rho l r^2}{\pi a^4}$.

*13.28　(1) $-\dfrac{\mu_0 nr}{2}\dfrac{\mathrm{d}i}{\mathrm{d}t}$,方向沿圆周切向;

　　　　(2) $\dfrac{\mu_0 n^2 ri}{2}\dfrac{\mathrm{d}i}{\mathrm{d}t}$,方向指向轴心.

第 14 章

14.1　$x^2 + y^2 + z^2 = (ct)^2$,

　　　$x'^2 + y'^2 + z'^2 = (ct')^2$.

14.2　(1) -1.5×10^8 m/s;(2) 5.2×10^4 m.

14.3　(1) $0.816c$;(2) 0.707 m.

14.4　$c\sqrt{1-\left(\dfrac{a}{l_0}\right)^2}$.

14.5　8.89×10^{-8} s.

14.6　(1) 1.8×10^8 m/s;(2) 9×10^8 m.

14.7　$\dfrac{4}{5}c$.

14.8　略.

14.9　略.

14.10　能到达.

14.11　$0.98c$.

14.12　6.17 s.

14.13　(1) $0.946c$;

　　　　(2) $0.88c$,与 x' 轴夹角 46.8°.

14.14　与 x' 轴夹角 98.2°.

14.15　(1) 2.57×10^3 eV;(2) 3.21×10^5 eV.

14.16　725.

14.17　9.1%.

14.18　2.0×10^3 V,2.7×10^7 m/s.

14.19　8 m/s,1.49×10^{-18} kg・m/s.

14.20　1.75×10^7 eV.

14.21　$0.284m_0$,$0.284m_0c^2$.

14.22　$0,\dfrac{2m_0}{\sqrt{1-\left(\dfrac{v}{c}\right)^2}}$.

第 15 章

15.1 ～ 15.12　略.

15.13　0.345 V,增加.

15.14　612 nm.

15.15　2.92×10^{15} Hz.

15.16　5.0×10^{-6} eV.

15.17　(1) 565 nm;(2) 173 nm.

15.18　(1) $\varepsilon = h\nu$,$p = \dfrac{h}{\lambda} = \dfrac{h\nu}{c}$,$m = \dfrac{h\nu}{c^2}$;

　　　　(2) $2h\nu n\cos^2 i$.

15.19　(1) 略;(2) 6.4×10^{-34} J・s.

15.20　(1) $\dfrac{hc}{\lambda} - \dfrac{R^2 e^2 B^2}{2m}$;(2) $\dfrac{R^2 eB^2}{2m}$.

15.21　0.10 MeV.

15.22　0.137 Å.

15.23　$U \geqslant 2.12$ V 时,铜球不再放出电子.

15.24　0.004 34 nm.

15.25　(1) 10^6 m/s;(2) 163 nm.

15.26　5.23×10^5.

15.27　656 nm,6.91×10^{14} Hz.

15.28　(1) $n = 4$;

(2) 可以发出 6 条谱线,能级图如习题

15.28 解图所示.

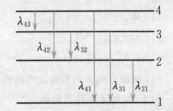

习题 15.28 解图

15.29　始态:$n = 3$,$E_3 = -1.51$ eV;终态:$n = 2$,
$E_2 = -3.4$ eV.

15.30　$\dfrac{Rc}{n^2}\left(1 - \dfrac{1}{q}\right)$.

15.31　(1) $\dfrac{me^4}{4\varepsilon_0^2 h^3} \cdot \dfrac{1}{n^3}$;(2) $\dfrac{me^4}{8\varepsilon_0^2 h^3} \cdot \dfrac{2n-1}{n^2 (n-1)^2}$;

　　　　(3) 略.

15.32　$\tilde{\nu} = \dfrac{R}{k^2}$;莱曼系:$k = 1$,$\tilde{\nu} = 1.097 \times 10^7$ m^{-1}

巴耳末系:$k = 2$,$\tilde{\nu} = 0.274 \times 10^7$ m^{-1};帕邢

系:$k = 3$,$\tilde{\nu} = 0.122 \times 10^7$ m^{-1}.

15.33　2.18×10^6 m/s.

15.34　$\left(\dfrac{\hbar}{eB}\right)^{1/2} \cdot \sqrt{n}$　$(n = 1,2,\cdots)$.

15.35　-0.85 eV,4.

15.36　7.0×10^5 m/s.

15.37　(1) 1.00×10^{-2} nm;(2) 6.64×10^{-34} m.

15.38　$2\pi na$.

15.39　4.98×10^{-6} eV.

15.40　8.58×10^{-13} m.

15.41　9.68 cm.

15.42　$\dfrac{1}{2}a$.

15.43　6.2%.

15.44　48 mm.

15.45　$\Delta x \geqslant \lambda$.

15.46　略.

15.47　略.

15.48　$r_n = \dfrac{n^2 \varepsilon_0 h^2}{\pi m_e e^2}, n = 1,2,\cdots$.

15.49　$R = \dfrac{m_e e^4}{8 \varepsilon_0^2 h^3 c}$.

15.50　略.

参考文献

程守洙,江之永.普通物理学:上册[M].7版.北京:高等教育出版社,2016.

程守洙,江之永.普通物理学:下册[M].7版.北京:高等教育出版社,2016.

郭奕玲,沈慧君.物理学史[M].2版.北京:清华大学出版社,2005.

李金锷.大学物理:上册[M].2版.北京:科学出版社,2001.

李金锷.大学物理:下册[M].2版.北京:科学出版社,2001.

陆果.基础物理学教程:上卷[M].2版.北京:高等教育出版社,2006.

陆果.基础物理学教程:下卷[M].2版.北京:高等教育出版社,2006.

马文蔚.物理学:上册[M].6版.北京:高等教育出版社,2014.

马文蔚.物理学:下册[M].6版.北京:高等教育出版社,2014.

潘根.基础物理述评教程[M].北京:科学出版社,2002.

唐立军,黄祖洪.大学物理学(一)[M].上海:复旦大学出版社,2010.

唐立军,黄祖洪.大学物理学(二)[M].上海:复旦大学出版社,2010.

唐立军,黄祖洪.大学物理学(三)[M].上海:复旦大学出版社,2010.

吴锡珑.大学物理教程:第一册[M].2版.北京:高等教育出版社,1999.

吴锡珑.大学物理教程:第二册[M].2版.北京:高等教育出版社,1999.

吴锡珑.大学物理教程:第三册[M].2版.北京:高等教育出版社,1999.

杨兵初,李旭光.大学物理学:上册[M].2版.北京:高等教育出版社,2017.

杨兵初,李旭光.大学物理学:下册[M].2版.北京:高等教育出版社,2017.

张三慧.大学物理学:力学、电磁学[M].3版.北京:清华大学出版社,2009.

张三慧.大学物理学:热学、光学、量子物理[M].3版.北京:清华大学出版社,2009.

赵凯华,陈熙谋.新概念物理教程:电磁学[M].2版.北京:高等教育出版社,2006.

赵近芳,王登龙.大学物理学:上[M].4版.北京:北京邮电大学出版社,2014.

赵近芳,王登龙.大学物理学:下[M].4版.北京:北京邮电大学出版社,2014.

周世勋,陈灏.量子力学教程[M].2版.北京:高等教育出版社,2009.

图书在版编目（CIP）数据

大学物理学. 第二册 / 鲁耿彪，黄祖洪主编. —北京：北京大学出版社，2019.5
ISBN 978-7-301-30512-6

Ⅰ . ①大⋯　Ⅱ . ①鲁⋯ ②黄⋯　Ⅲ . ①物理学—高等学校—教材　Ⅳ . ①O4

中国版本图书馆 CIP 数据核字 (2019) 第 088725 号

书　　　　名	大学物理学（第二册）	
	DAXUE WULIXUE（DI-ER CE）	
著作责任者	鲁耿彪　黄祖洪　主　编	
责 任 编 辑	陈小红	
标 准 书 号	ISBN 978-7-301-30512-6	
出 版 发 行	北京大学出版社	
地　　　　址	北京市海淀区成府路 205 号　100871	
网　　　　址	http://www.pup.cn	
电 子 信 箱	zpup@pup.cn	
新 浪 微 博	@北京大学出版社	
电　　　　话	邮购部 010-62752015　发行部 010-62750672　编辑部 010-62752021	
印 刷 者	长沙超峰印刷有限公司	
经 销 者	新华书店	
	787 毫米×1092 毫米　16 开本　14.75 印张　362 千字	
	2019 年 5 月第 1 版　2019 年 5 月第 1 次印刷	
定　　　　价	48.00 元	